圆锥角膜 Pentacam & Corvis ST 图像解析

（第二版）

主编　张晓宇　孙　玲

主审　周行涛

上海科学技术文献出版社
Shanghai Scientific and Technological Literature Press

图书在版编目（CIP）数据

圆锥角膜 Pentacam & Corvis ST 图像解析 / 张晓宇，孙玲主编．—2 版．—上海：上海科学技术文献出版社，2024

ISBN 978-7-5439-9080-7

Ⅰ．①圆…　Ⅱ．①张…②孙…　Ⅲ．①角膜疾病—诊疗—医疗器械　Ⅳ．① TH786

中国国家版本馆 CIP 数据核字（2024）第 093135 号

责任编辑：徐　静

圆锥角膜 Pentacam & Corvis ST 图像解析（第二版）

主编　张晓宇　孙　玲　主审　周行涛

出版发行：上海科学技术文献出版社

地　　址：上海市淮海中路 1329 号 4 楼

邮政编码：200031

经　　销：全国新华书店

印　　刷：商务印书馆上海印刷有限公司

开　　本：720mm×1000mm　1/16

印　　张：17

版　　次：2024 年 8 月第 2 版　2024 年 8 月第 1 次印刷

书　　号：ISBN 978-7-5439-9080-7

定　　价：218.00 元

http://www.sstlp.com

前 言

作为一名屈光手术医生，术前检查，我最担心没有筛查出眼部隐患；角膜激光手术，我特别顾虑的是隐匿的圆锥角膜。亚临床期的圆锥角膜，以及具有潜在扩张风险的角膜，是屈光手术的大忌，务必尽一切方法筛排，避免漏诊和误诊。在角膜激光手术蓬勃开展的今天，也出现了更多有效的检测工具帮助我们更早发现角膜形态高度及生物力学的异常，可以更好地应对角膜扩张。

Pentacam 眼前节全景仪可以采集到较为丰富的眼前节数据，对角膜形态评估特别是角膜屈光手术及角膜病的诊治提供切实的帮助。Corvis ST 角膜生物力学测量仪采用气压脉冲引起角膜压陷形变，动态采集丰富的角膜中央形变数据，成为角膜生物力学评估的得力助手。Pentacam 与 Corvis ST 联合，更加有助于角膜的全面评估。

在数十年的临床工作中，本团队始终致力于角膜形态学及生物力学测量，通过丰富的临床实践，团队已经形成一套实用严谨的圆锥角膜评价体系，并将读图心得凝练成书，帮助了一批又一批新的屈光手术医生认识圆锥，提高术前筛排准确性。2009 年团队出版《眼前节全景仪》,2015年编写《圆锥角膜Pentacam图像解析》,2020年撰写《圆锥角膜Pentacam & Corvis ST图像解析》。本书在既往出版内容的基础上,结合最新角膜生物力学软件,包括以中国人数据库为基础的c-CBI评价体系,做出更新与改进,希望为临床工作提供更加前沿实用的指导,但愿对相关专业医务人员,Pentacam及Corvis ST一线使用医生、技术人员有所裨益。

本书的解析源于团队临床经验,不当之处或较多,敬请广大读者批评指正!

周行涛

2024年1月于上海

目 录

第一章　Pentacam 眼前节全景仪测量原理与功能简述　/1

第二章　Pentacam 眼前节全景仪使用与分析设置　/4

第三章　Pentacam 读图标准流程　/7

第四章　角膜生物力学分析仪(Corvis ST)测量原理与功能简述　/26

第五章　Corvis ST 结果解读　/32

第六章　不同角膜屈光力圆锥角膜 Pentacam 图像解析　/60

第一节　陡峭轴角膜屈光力(≤40.0D)　/60

第二节　陡峭轴角膜屈光力(40.1D～43.0D)　/64

第三节　陡峭轴角膜屈光力(43.1D～46.0D)　/80

第四节　陡峭轴角膜屈光力(46.1D～49.0D)　/98

第五节　陡峭轴角膜屈光力(49.1D～52.0D)　/107

第六节　陡峭轴角膜屈光力(52.1D～55.0D)　/114

第七节　陡峭轴角膜屈光力(55.1D～58.0D)　/126

第八节　陡峭轴角膜屈光力(58.1D～61.0D)　/138

第九节　陡峭轴角膜屈光力(61.1D～64.0D)　/144

第十节　陡峭轴角膜屈光力(＞64.0D)　/150

第七章　特殊病例 Pentacam 图像与 Corvis ST 解析　/160

第一节　圆锥角膜　/160

第二节　扩张性角膜疾病　/178

第三节　角膜异常表现集萃　/183

第四节　角膜激光术后　/230

第五节　角膜基质环植入术后　/242

第六节　角膜混浊　/248

第七节　角膜移植术后　/259

致谢　/263

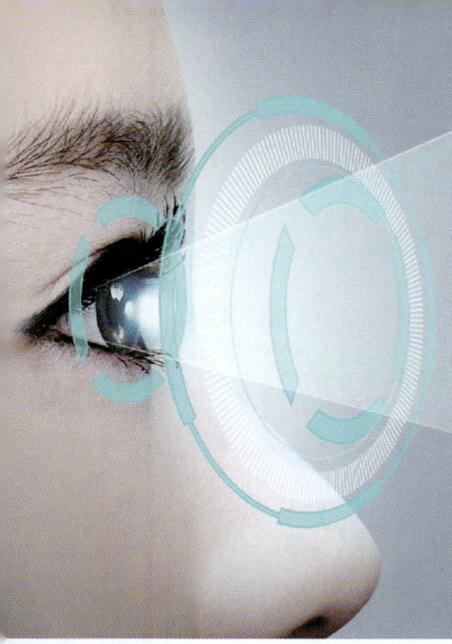

第一章

Pentacam 眼前节全景仪测量原理与功能简述

Pentacam 眼前节全景仪以向鲁甫(Scheimpflug)摄像原理为基础，光源为波长 475μm 的二极管激光，采用 360°旋转的测量探头进行眼前段扫描，通过旋转摄像，从 0°～180°旋转拍摄 50 张裂隙图像，每张图像可获取 500 个真实的高度点，共可获取 25 000 多个高度点，自动扫描旋转测量更可获得 138 000 个高度点(图 1－1)，得到的 Scheimpflug 图像根据测量数据计算分析并模拟眼前节的三维像。

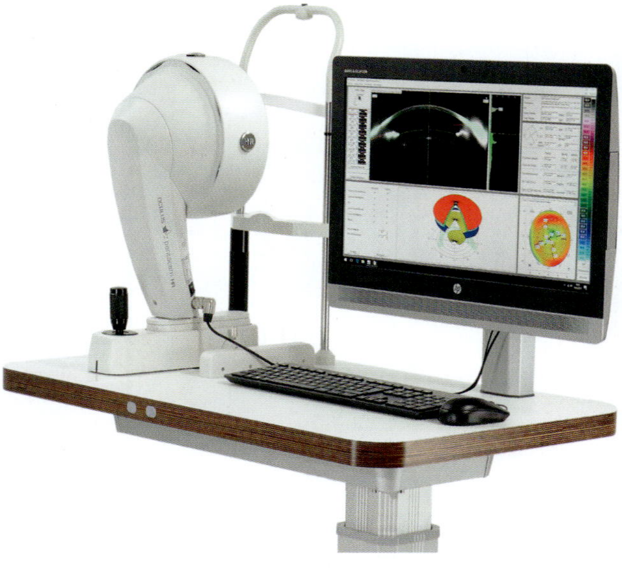

图 1－1　Pentacam 眼前节全景仪

Pentacam眼前节全景仪不仅可以提取角膜中央和周边任意一点的角膜厚度以及全角膜前后表面高度，而且对每一点的前后表面曲率、前房深度及前后房空间、房角宽窄、晶状体位置与密度等都能提供有效数据，从这个角度而言，是兼具角膜地形图仪、角膜测厚仪的功能以及前节光学相干断层扫描(OCT)和超声生物显微镜检查(UBM)的部分功能。

Pentacam眼前节全景仪是基于Sheimpflug成像原理图像。Scheimpflug定律是当镜头平面的延长线和被摄对象平面及胶片平面的延长线在某点相交时，则整个被摄对象平面记录在胶片平面的影像是清晰的(图1-2)。

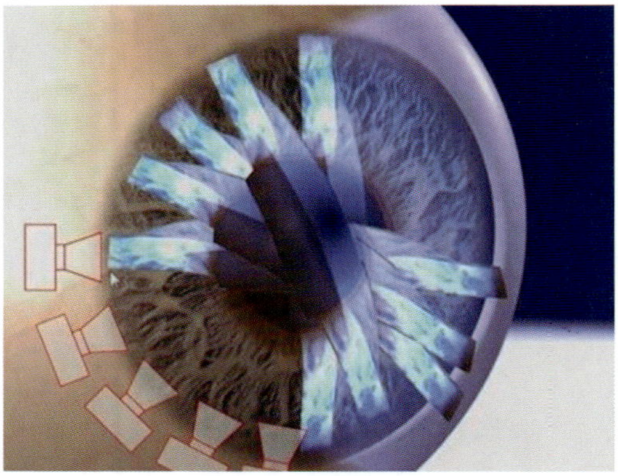

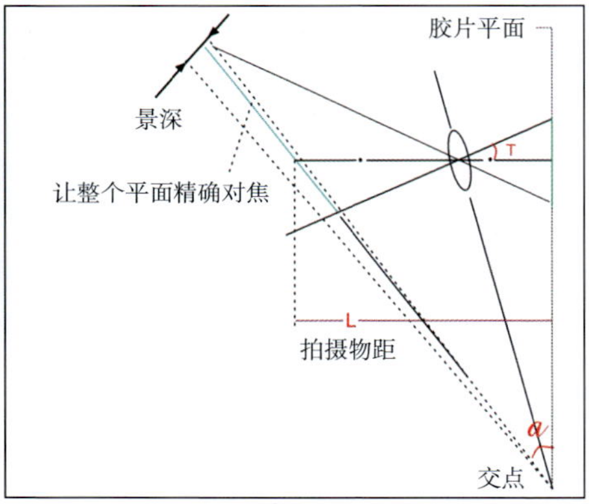

图1-2 Scheimpflug成像原理

移轴镜头通过镜头倾斜的控制，可以拍摄到整个被摄物面清晰的图片。移轴镜头与普通镜头的最大区别就是光轴可以偏移与倾斜。移轴镜头拥有更大的成像圈，拥有更佳的光学表现与成像质量。镜头旋转倾斜及移轴具有更大的覆盖角。移轴镜头的倾斜可以改变光轴与胶片平面的夹角，细微的倾角改变可令景深发生较大变化。

旋转摄像的主要优势在于中心角膜测量值精确。旋转摄像校正了患者眼球的移动度，并且摄像时间非常短。检查方式又为非接触式无创性，每次检查耗时不超过 2 秒，且对整个检查区域可进行实时测量，便于眼球静止状态下获得图像，并避免全方位扫描所产生的误差。自动扫描的重复性好，避免人工检测误差。旋转测量在角膜中心获得 138 000 个甚至更多的数据，中心的测量结果准确性得到提高。

Pentacam/Pentacam HR 通过旋转扫描获得矩阵样数据点，生成三维 Scheimpflug 图像，在 2 秒内完成检查，获得眼前节完整图像。在检查过程中，有另外一台相机检测并修正眼球运动情况。可获得全角膜前表面、后表面角膜地形图，全角膜各点角膜厚度。眼前节分析可获得房角、前房容积、前房中央深度，并可手工测量前房任意点深度。实际测量中可生成虹膜、晶状体前后表面图像，自动测量晶状体密度。图像数字化保存，并可保存至电脑。电脑可获得眼前节三维模型及全部数据。

Pentacam 眼前节全景仪目前拥有的功能如下。

（1）全景角膜地形图的作用：测量角膜前后表面地形及高度变化、角膜厚度、角膜混浊或瘢痕的深度检测等，对于角膜手术特别是角膜屈光手术意义重大，对于圆锥角膜的筛查和早期诊断不可或缺。

（2）前房与房角测量的作用：前房三维分析、中央和周边前房深度的探测有助于发现潜在的青光眼相关结构性风险，更好地进行手术评估与随访。

（3）晶状体检测与分析：进行白内障程度分析，有助于超声能量的设定，并可对人工晶体和屈光晶体手术前后的分析与处理提供辅助分析。

（4）角膜接触镜配适评估与预测的应用，包括硬性角膜接触镜（RGP）和角膜塑形镜（OK 镜），特别是接触镜预测和模拟应用。

（5）在角膜胶原交联的个性化处理及微波技术的应用中 Pentacam 也有望发挥作用。

除上述功能外，相信在今后的临床实践中，会开拓更多的应用空间。

第二章

Pentacam 眼前节全景仪使用与分析设置

Pentacam 眼前节全景仪的正确使用和 Pentacam 图像的正确分析及鉴别比较，必须使用统一的设置。

本书中的读图都是基于以下设置。

(1) 扫描菜单：每次扫描 25 幅图，并自动拍摄。

(2) 高度图：最佳拟合球面直径为 8mm 或 9mm，并且选择 FLOAT 状态。

(3) 角膜曲率：Rflat/Rsteep，屈光度(dpt)。

(4) 角膜非球面性 Q 值：

$Q<0$　未手术角膜，正常角膜；

$Q>0$　行准分子激光手术后角膜。

(5) 色阶设置：

正常宽度(10μm)　厚度图；

正常宽度(1dpt)　地形图；

正常宽度(至少 2.5μm)　高度图。

1. LASIK，PRK，LASEK，Epi-LASIK，全飞秒 SMILE 等术前筛查

(1) Belin/Ambrosio 增强扩张图。

(2) Scheimpflug 图像 (→ clear lens)。

(3) Zernike 分析，特别适用于二次手术观察是否存在高阶像差(以红色高亮标出)。

(4) 重要数值：K1、K2、Asti and Axis、Q-value、QS，最薄处以及瞳孔中央曲率，高度图的周边数值。

2. pIOL 及 ICL 术前筛查

(1) pIOL 模拟(Pentacam HR 提供)。

(2) 前房四图：观察前房深度，特别是周边前房深度(参考前房深度大彩图)。Sagittal radii 地形图以及 True Net Power 图同时显示，提供包括角膜是否经过治疗，角膜后表面显示的非正常性等可能导致屈光度改变的数据以供参考。

(3) Scheimpflug 图像：采集前房及虹膜曲度的数据，同时显示房角的开闭情况。

(4) 重要数值：K1、K2、Asti and Axis、Q-value、QS、ACD，最薄处以及瞳孔中央曲率。

3. 青光眼筛查

(1) 预览图：在 Scheimpflug 图像中观察房角(<25°为异常)及角膜厚度。用内置校正表校正压力法眼压计测得的 IOP。前房深度和前房容积明显变小，小于 $100mm^3$，通常提示潜在闭角型青光眼。

(2) 重要数值：前房深度和前房容积、房角、QS、角膜曲率、IOP 矫正值。

4. 人工晶体计算(正常角膜及术后角膜)

Holladay 报告对角膜进行综合考量，地形图、厚度图、角膜前后表面高度图被同时显示。ACD、SimKs、EKRS、前后表面曲率比等数据均可显示，更方便综合考虑评价。医生可依据哪个数据可以给患者带来最好的疗效，选择使用 EKR's、SimK's 或者 Rm。

BESSt 公式需要 Rm anterior、Rm posterior、CCT 及 ACD。

5. 眼前节全景仪的 OK 镜预测分析、眼压校正、晶状体密度的测定及前房深度预测模拟等，需在医生具体指导下进行

第三章

Pentacam 读图标准流程

1. 读图流程

第一步　概貌图(Overview) 解析

角膜、前房、晶状体等情况等同于裂隙灯下观察眼表，首要查看 QS 质量监控，确保检查结果真实有效，能用于临床诊断。

第二步　屈光四联图(4 Maps Refractive) 解析

角膜前表面曲率、角膜前后表面高度、角膜厚度等常规信息，标准报告，联动对位分析用于日常诊断，并可打印报告。

第三步　地形数据图(Topometric) 解析

非球面性数据、圆锥角膜指数，TKC 典型圆锥角膜分级等典型参数呈现。

第四步　强化膨隆图(Belin /Ambrosio Enhanced Ectasia BAD)解析

早期圆锥角膜筛查程序，FFKC 顿挫型圆锥角膜适用。

第五步　双眼对照图(Show 2 Exams) 解析

早期圆锥角膜通常单眼首先发病，后表面最先发生异常，通过应用双眼对照功能，可有效提示可疑圆锥角膜。

2. 界面

(1) 概貌图(Overview)解析(图 3 - 1)。

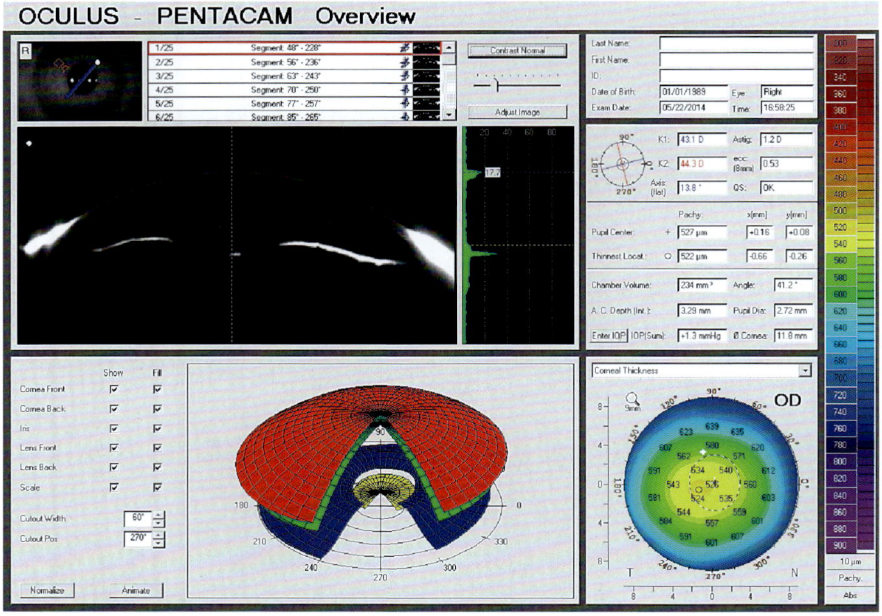

图 3 - 1 界面概貌图

如果“QS”按钮显示 OK,则测量结果重复性可以再现,可用于临床诊断;

如果“QS”按钮显示红色,则测量结果无效,必须重新测量;

如果“QS”按钮显示黄色,请点击它查看具体原因。若为次要因素引起,则结果可用。

QS 对话框显示如下(图 3 - 2)。

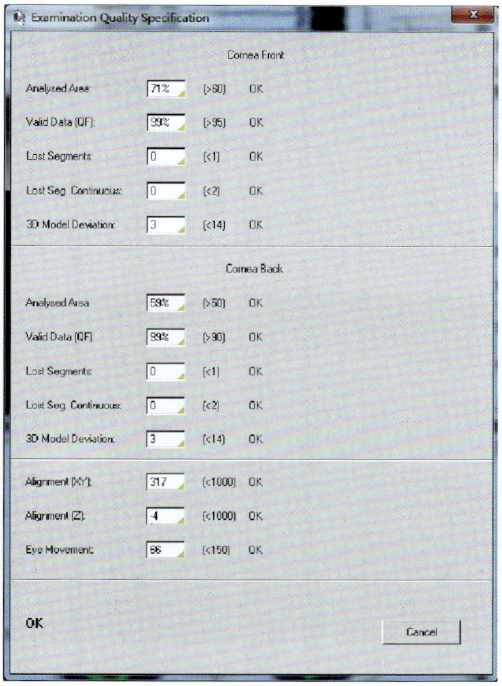

图 3-2　QS 对话框

参数注释

分析区域(Analysed Area)

如果数值小于允许阈值，则测量范围不够，患者须睁大眼睛重新测量。

有效数据(Valid Data)

如果数值小于允许阈值，则数据精度不达标，可尝试在暗环境下重新测量。

一张或多张断层图像丢失(Lost Segments and Lost Seg. Continuous)

如果其中一项超出了允许阈值，须要求患者配合时尽量保持稳定，不要频繁眨眼。

XY、Z空间对位偏差［Alignment（XY）and Alignment（Z）］

如果其中一项超出了允许阈值，需要在开始测量时移动手柄调节。

眼动（Eye Movement）

如果数值超出了允许阈值，可能是患者在测量中有眼位移动或眼球震颤，需重做。角膜形态图如下（图3－3）。

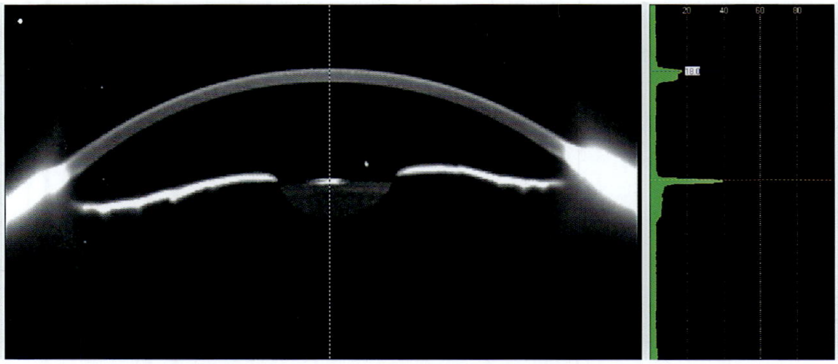

图3－3　角膜形态图

读图要点

角膜： 形态是否规则对称、厚度情况、眼表或层间是否有混浊（光学密度有无特殊改变）、是否有外伤、手术瘢痕等。

前房： 中央、周边前房深度是否正常，观察全周房角、瞳孔及虹膜状态，排查青光眼。

晶状体： 是否透明、有无混浊（光密度有无特殊改变）、混浊的部位及大小、前后囊膜情况。

（2）屈光四联图（4 Maps Refractive）解析（图 3－4）。

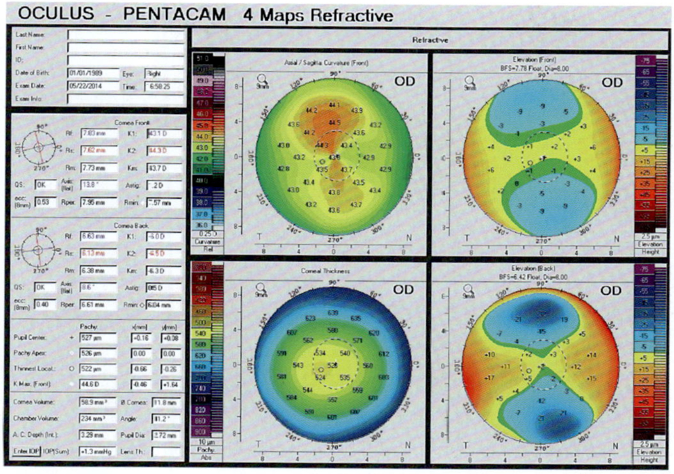

图 3－4 屈光四联图

标准设置

右键点击轴向曲率图（图 3－5），设置图像参数如下。

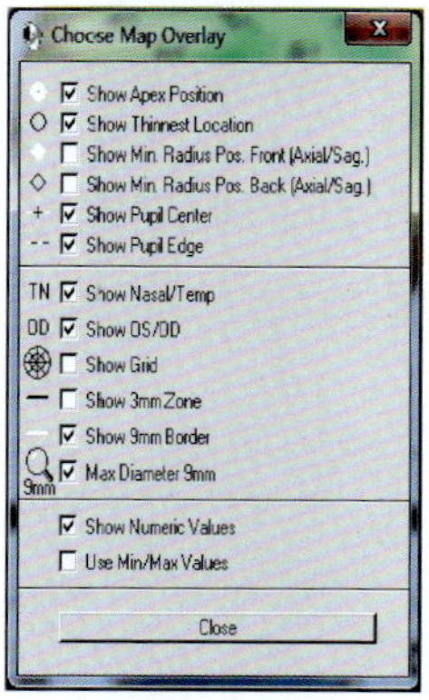

图 3－5 轴向曲率图设置区

左键点击色阶条（图 3－6），设置参数如下。

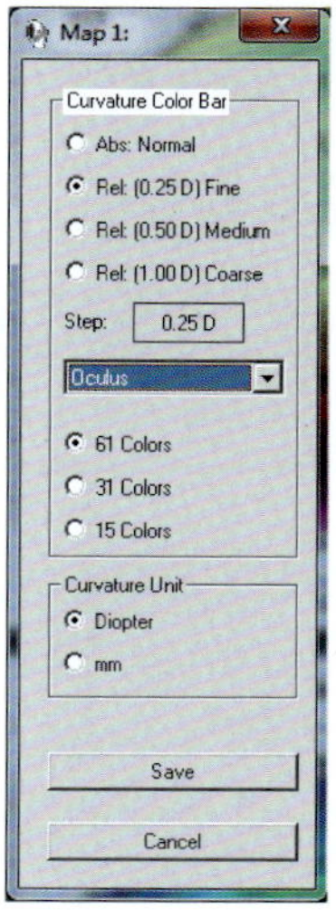

图 3－6 色阶设置区

读图要点

前表面曲率图（Sagittal Curvature）

形态　圆形、椭圆形、对称领结、不对称领结、不规则形态；

数值　最大值、最小值、散光大小、散光轴位。

前表面高度图[Elevation(Front)](参考直径：8mm)

形态　对称、不对称、C状或中央岛；

数值　可疑圆锥角膜：+8μm至+11μm；典型圆锥角膜：大于+11μm。

后表面高度图[Elevation(Back)](参考直径：8mm)

形态　对称、不对称、C状或中央岛；

数值　可疑圆锥角膜：+13μm至+16μm；典型圆锥角膜：大于+16μm。

角膜厚度图(Corneal Thickness)

形态　同心圆分布、偏心分布；

数值　最薄点厚度、定位；

典型圆锥角膜判断：Red on Red

前表面最高点、后表面最高点、角膜最薄点位置和曲率最大值的对应关系。

(3) 地形数据图(Topometric，图3-7)解析(TKC典型圆锥分级)。

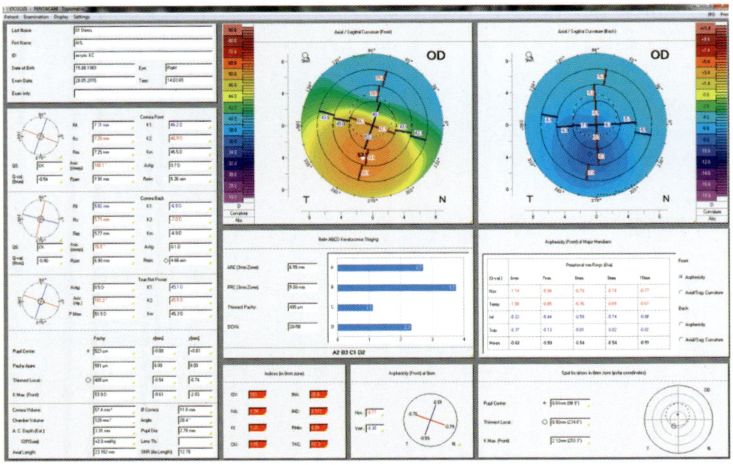

图3-7　Topometric 地形数据图

指数说明(表 3-1,图 3-8)

表 3-1 阈值边界参考值(仅供参考)

指数	异常(黄色)	病理性(红色)
ISV	≥37	≥41
IVA	≥0.28	≥0.32
KI	—	>1.07
CKI	—	≥1.03
Rmin	—	<6.71
IHA	≥19	>21
IHD	≥0.014	≥0.016

表面变异指数(Index of Surface Variance,ISV):测量个别角膜半径与中位数的偏差。所有不规则角膜表面(瘢痕、散光、接触镜引起的形变、圆锥角膜等等),该值会升高。

垂直非对称性指数(Index of Vertical Asymmetry,IVA):以水平子午线作为对称轴,比较角膜上半部和下半部的对称性。圆锥角膜或者边缘扩张,该值升高。

圆锥角膜指数(Keratoconus Index,KI):典型圆锥角膜,该值异常升高。

中心圆锥角膜指数(Center Keratoconus Index,CKI):中央圆锥角的这个值会异常升高。

高度非对称性指数(Index of Height Asymmetry,IHA):以水平子午线作为对称轴,比较角膜上半部和下半部高度数据的对称性。类似于 IVA 指数,但更客观和敏感。

高度偏心指数(Index of Height Decentration,IHD):测量垂直方向的高度数据轴位偏离程度(非集中化)。圆锥角膜时该值升高。

最小半径(Smallest Radius,RMin):测量范围内的最小(轴向)曲率半径。圆锥角膜(较陡峭),该值较大。

基于地形图的圆锥分级(Topographical Keratoconus Classification, TKC):综合以上角膜前表面数据结果,对角膜地形图进行分级,可用于诊断前表面圆锥。

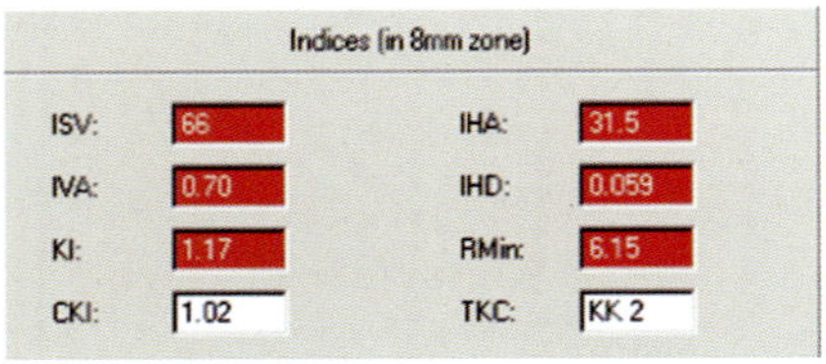

图 3-8　指数图示

根据当前检查结果与正常人群的偏差,数值背景可自动显示为白色、黄色或红色。

白色:小于 2.5 个标准差(SD);

黄色:为 2.5 至 3 个 SD;

红色:大于 3 个 SD。

读图要点

TKC 分为 1～4 级,可有效提示典型圆锥角膜特征,规避手术风险。

Belin ABCD 圆锥角膜分级

根据角膜前后表面曲率半径、角膜厚度和矫正远视力(Distance Corrected Visual Acuity, DCVA),将圆锥角膜分为 0 级、Ⅰ级、Ⅱ级、Ⅲ级、Ⅳ级。0 级为健康角膜,Ⅰ～Ⅳ级圆锥角膜越来越严重(图 3-9)。

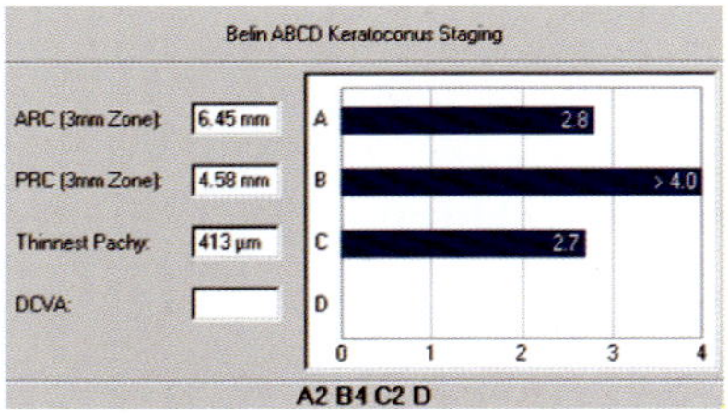

图 3-9　Belin ABCD 圆锥角膜分期图示

图 3－10 中提供了圆锥角膜 ABCD 分级的标准。

ABCD Criteria	A	B	C	D	
	ARC (3 mm Zone)	PRC (3 mm Zone)	Thinnest Pach um	BDVA	Scarring
STAGE 0	> 7.25 mm (< 46.5 D)	> 5.90 mm	> 490 um	= 20/20 (= 1.0)	-
STAGE I	> 7.05 mm (< 48.0 D)	> 5.70 mm	> 450 um	< 20/20 (< 1.0)	-, +, ++
STAGE II	> 6.35 mm (< 53.0 D)	> 5.15 mm	> 400 um	< 20/40 (< 0.5)	-, +, ++
STAGE III	> 6.15 mm (< 55.0 D)	> 4.95 mm	> 300 um	< 20/100 (< 0.2)	-, +, ++
STAGE IV	< 6.15 mm (> 55.0 D)	< 4.95 mm	= 300 um	< 20/400 (< 0.05)	-, +, ++

图 3－10 Belin ABCD 圆锥角膜分级标准

ABCD 标准的含义：

标准 A。ARC(3mm 区域)：以角膜最薄点为中心 3mm 区域的前表面曲率半径均值。

标准 B。PRC(3mm 区域)：以角膜最薄点为中心 3mm 区域的后表面曲率半径均值。

标准 C。最薄厚度：角膜最薄点厚度(μm)。

标准 D。DCVA：最佳矫正远视力。注意：DCVA 并非由 Pentacam 软件生成，是通过单击左键相应字段手动输入。

Belin ABCD 进展报告

每只眼最多可加载 8 次检查数据，每项参数具体分级数值会呈现在各条形图上方(图 3－11)。系统默认第一次检查数据为参考基准(可修改)，参考基准即为 0 点，治疗前后数据用黑白线分割。数据图表中红线代表圆锥角膜组病人数据，绿线代表健康人群数据，虚线代表 80％置信区间(CI)，实线代表 95％置信区间(CI)。CI 实际反映的是 Pentacam 测量数据的重复性，在图表中相对于参考基准的差值是固定不变的。80％和 95％CI 能为医生提供风险效益分析，但仍需综合考虑患者年龄、视力、家族史、对侧眼等因素。

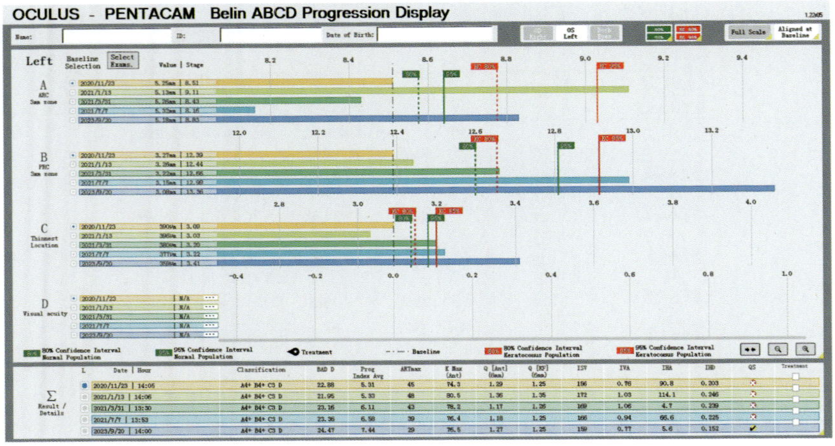

图 3 - 11　圆锥角膜不同随访时间点的 ABCD 图示

圆锥角膜进展的判断标准

1 个参数进展超过 95%置信区间(CI)或 2 个参数进展超过 80%置信区间(CI)即可判断为圆锥角膜进展。

图 3 - 12 患者 17 岁男性,2020 年 11 月 23 日因左眼视力下降首次来诊,地形图显示角膜屈光力 K1 58.3D,K2 69.1D,最大角膜屈光力为 74.3D。前表面最高点(+44μm)与后表面最高点(+152μm)数值明显异常增高,与角膜最薄点(390μm)基本重合,位于角膜中央,圆锥角膜诊断明确(图 3 - 12)。

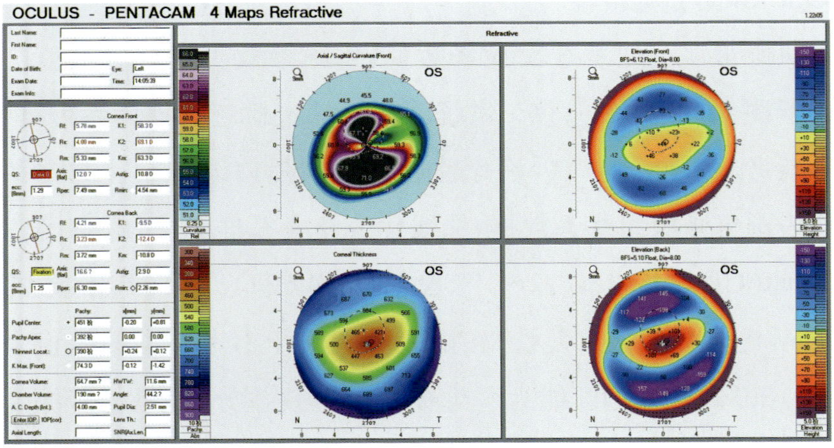

图 3 - 12　屈光四联图

其后患者进行数次随访及角膜交联治疗。Belin ABCD 进展报告，以 2020 年 11 月 23 日数值为基线(图 3 - 13)，2021 年 1 月 13 日数值可见前表面曲率数值 CI 大于 95%，后表面曲率 CI 小于 80%，最薄角膜厚度 CI 小于 80%，根据单个参数进展大于 95%可判断为圆锥角膜进展。继续观察，2021 年 3 月 31 日数值可见前表面曲率数值 CI 小于 80%，后表面曲率 CI 大于 80%，最薄角膜厚度 CI 接近 95%，判断为圆锥角膜进展。2021 年 3 月 31 日数值较 2020 年 11 月 23 日数值，可见角膜厚度变薄，前后表面高度增加，故圆锥进展明确，予以快速角膜交联。

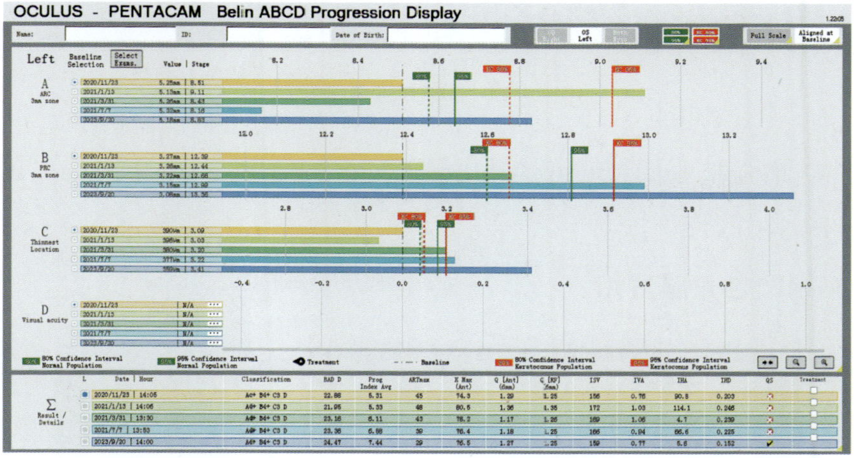

图 3 - 13　ABCD 进展报告 1

术后 Belin ABCD 进展报告以 2021. 3. 31 数值为基线(图 3 - 14)，2021 年 7 月 7 日数值可见前表面曲率数值 CI 小于 80%，后表面曲率 CI 大于 80%，最薄角膜厚度 CI 小于 80%，仅单个参数进展超过 80%置信区间，不可判断圆锥角膜进展，考虑交联术后早期，圆锥角膜基本保持稳定。2023 年 9 月 20 日数值可见前表面曲率数值 CI 大于 80%，后表面曲率 CI 大于 95%，最薄角膜厚度 CI 大于 95%，3 个参数进展大于 80%，2 个参数进展大于 95%可判断为圆锥角膜进展，必要时应进行进一步治疗。

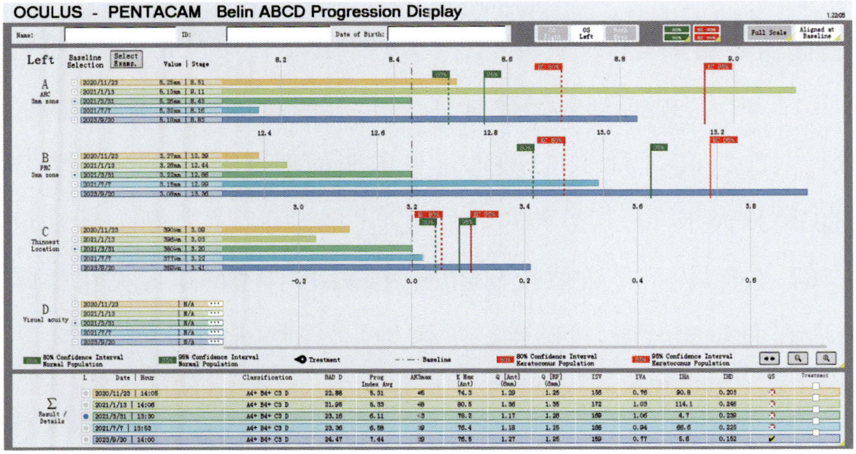

图 3－14　ABCD 进展报告 2

(4) 增强扩张图(Belin/Ambrosio Enhenced Ectasia Display,BAD)解析(图 3－15)。

早期圆锥角膜适用。

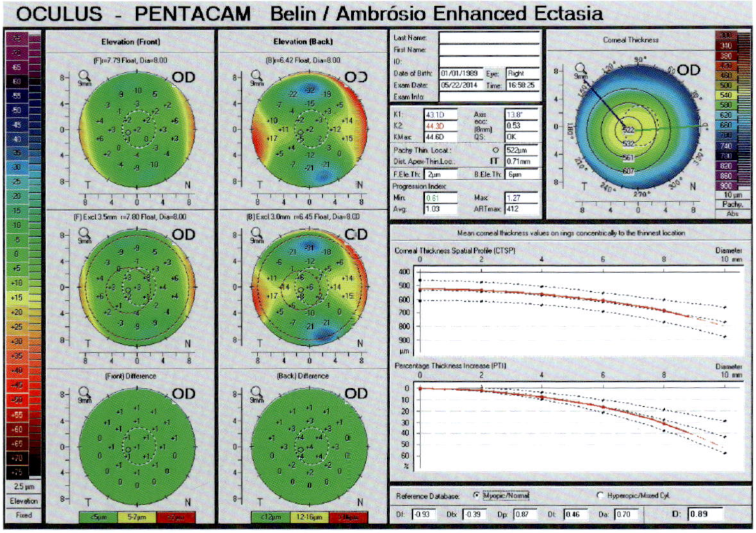

图 3－15　角膜增强扩张分析图

包含前/后表面的高度数据和厚度数据。

高度图解读

基线高度图

图 3－15 左侧六联图第一行显示角膜前表面（左图）和后表面（右图）的高度数据，是采用有效的 8mm 直径内的角膜数据生成最佳拟合球面 BFS[以毫米（mm）为单位显示 BFS 的曲率半径]。

注意：如果用于计算的直径<8mm，将会显示为黄色或红色。这种情况下，应要求患者尽可能睁大眼睛配合，重新测量。多数情况下黄色尚可分析，红色结果无效，必须弃用。

增强高度图

图 3－15 左侧六联图第二行增强高度图显示与基线图相同的高度数据，但是用于计算最佳拟合球面的方法已经改进，动态排除角膜最薄点周边的 3.5mm 区域数据，用余下的数据计算第二个 BFS 最佳拟合球面，以突显扩张或者异常角膜区域。

差异图

图 3－15 左侧六联图第三行基线高度图和增强高度图之间的差异图，对应显示了基线高度图与增强高度图之间的相对高度改变，由 3 种颜色表达差异程度，标准偏差比例尺在下方显示。红色预警意味着包含中央数据与否对于生成高度图影响显著，即提示患者有早期圆锥角膜风险。

厚度变化图

角膜厚度图（Corneal Thickness Map）

角膜厚度图显示在图 3－15 右上。

角膜厚度空间分布图（Corneal Thickness Spatial Profile Graph，CTSP）

角膜从最薄点到周边逐渐增厚的角膜厚度信息。

横坐标显示到角膜最薄点的距离，纵坐标显示角膜厚度的绝对值。以角膜最薄点为中心的22个同心环上分析角膜厚度的中间值。这些环的直径以0.4mm增加(0.4mm、0.8mm、1.2mm，以此类推，直到8.8mm)。当前检查的值用红线显示，标准值用虚线表示(中心虚线为中间值，上下两条虚线为标准差的2倍)。

厚度增长百分比(Percentage Thickness Increase，PTI)

角膜从最薄点到周边厚度增长的百分比。

横坐标显示到角膜最薄点的距离，纵坐标显示与最薄点相关的角膜厚度的增加百分比。PTI根据以下公式来计算：

PTI=(同心环上的平均角膜厚度－最薄角膜厚度)/最薄角膜厚度

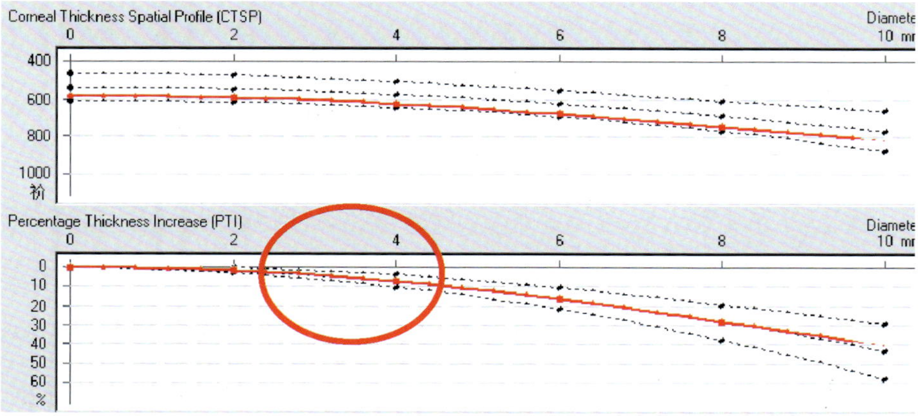

图3-16 正常薄角膜厚度变化图

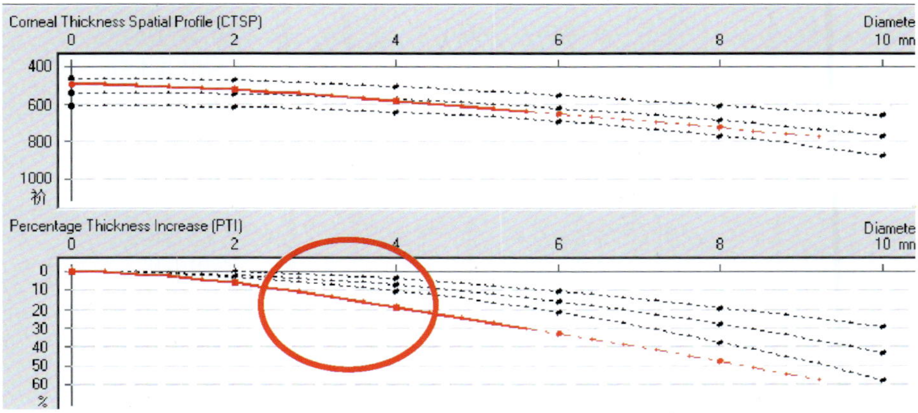

图 3－17　圆锥角膜厚度变化图

图 3－16、图 3－17 的数据都以最薄点为中心的 22 个同心环的厚度值计算得出。

注意：图 3－16、图 3－17 中的 3 条黑虚线表示正常人的分布状况，正常人的检查结果应与 3 条虚线平行。红线代表当前患者的检查结果，若红线下降过快，明显低于虚线，提示患者的角膜厚度变化异常。指标 Progression Index Avg ≤1.2 视为正常，Progression Index Avg≥1.32 视为异常。

Belin/Ambrósio 增强扩张软件整合 5 个关键参数并对正常角膜标准数据进行回归分析。

选择与患者对应的数据库(图 3－18)进行解析，此选择影响角膜后表面差异图的阈值，进而影响结果。

Myopic/Normal：正视眼或近视患者数据库。

Hyperopic/Mixed Cyl：远视患者数据库。

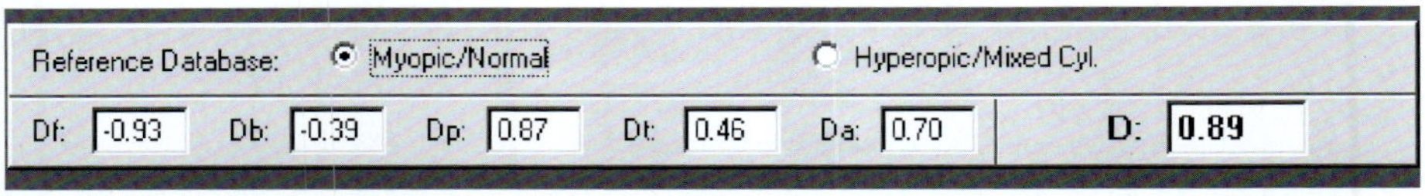

图 3－18　数据库的选择

整体读数

该软件报告参数(平均标准差的 D 值),具体代表如下。

Df:角膜前表面差异图的偏差。

Db:角膜后表面差异图的偏差。

Dp:平均厚度进展的偏差。

Dt:最薄点角膜厚度的偏差。

Da:Ambrosio关联厚度(Ambrosio Relational Thickness, ARTmax)参数偏差。

D:考虑各个参数的最终整体结果,也是诊断的最终依据。

每个单独参数 D 和最终 D 编号用平均值标准化,报告为平均值的标准差(SD)。

单独参数也都依据与标准值的比较进行颜色提示。

white＜1.6 SD 正常范围:偏差＜1.6 均值标准差;

yellow＜2.6 SD 可疑参数:偏差＜2.6 均值标准差;

red＞2.6 SD 异常参数:偏差＞2.6 均值标准差。

最终 D 限值≥3SD。

注意:当一个单独参数可能在标准范围外,但最终整体综合读数 D 在正常范围内,可视为正常。但多个黄色或者可疑参数可能对最终读数 D 报黄色或红色有意义。

切记:一个正常或者异常的综合 D 值,并不能代替患者的详细病理检查来做出临床诊断。

BAD 早期圆锥角膜分析,是对趋势的预判,而非当前角膜状态的描述。

厚度分析和进展指数

F. Ele. Th：最薄点位置的前高度。

角膜最薄位置的高度值，前表面。

B. Ele. Th：最薄点位置的后高度。

角膜最薄位置的高度值，后表面。

ARTmax：Ambrosio 关联厚度。

角膜最薄点厚度与最大厚度变化率比值。

Pentacam 软件配有 Help Function 功能，全部参数都有对应解释。必要时参考数值右角的小黄标，点击后提示说明。

（5）双眼图（Show 2 Exams，图 3－19）解析。

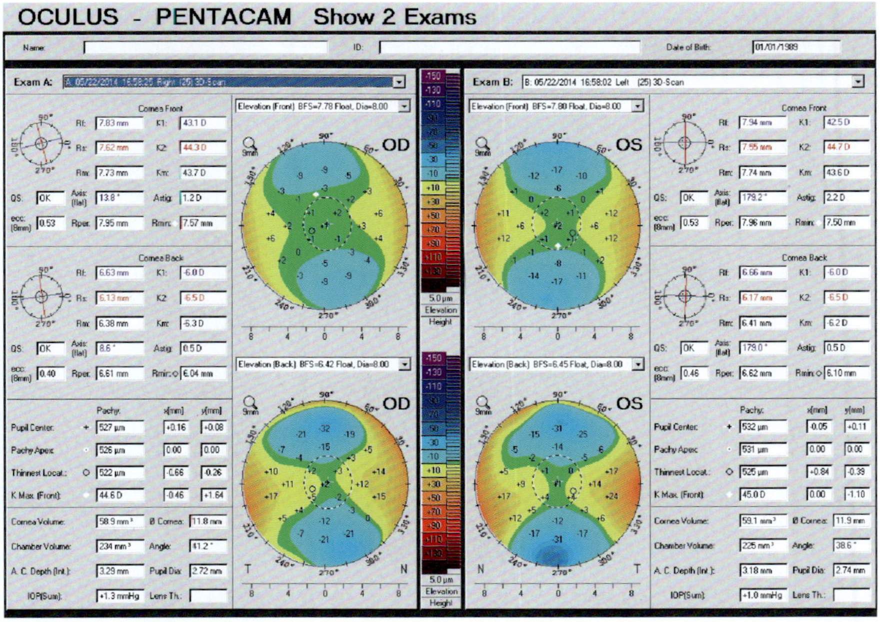

图 3－19 双眼角膜图

要点：

选择左眼和右眼的前、后表面高度图进行比较（Back Elevation Map），观察形态和数值差异。

Show 2 Exams 允许 2 个不同的检查并排显示，因此能够对右眼和左眼的检查进行比较（图 3 - 20）。

圆锥角膜常单眼先发生，可通过另一正常眼进行对比，可提示病变进展情况。观察形态的同时，注意高度数值差异，同时注意双眼的曲率和厚度差异。

为了提高诊断圆锥角膜可疑病例的准确性，用双眼图先观察角膜形态的差异，再根据数值判断，可使用“五分法”来评估患者圆锥角膜的风险（图 3 - 21）。

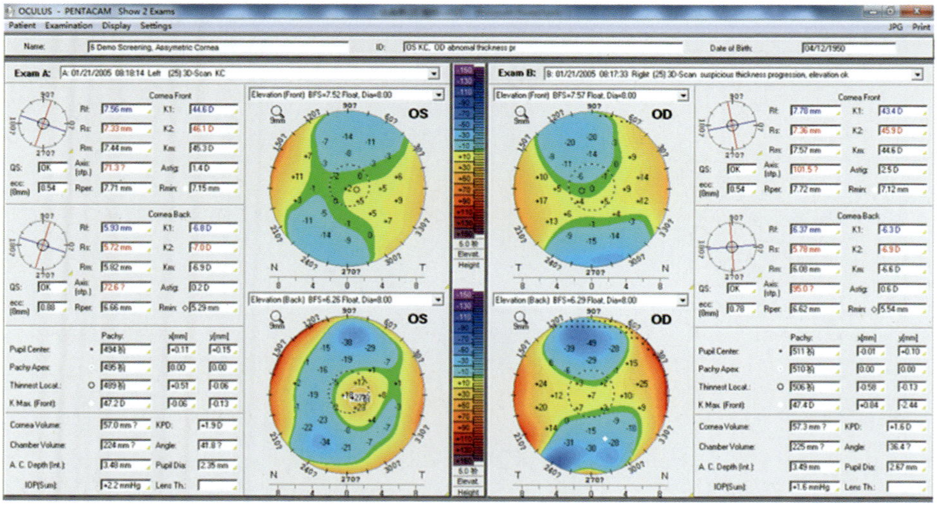

图 3 - 20　双眼图显示角膜形态差异

Galletti等发表的《Corneal Asymmetry Analysis by Pentacam Scheimpflug Tomography for Keratoconus Diagnosis》给出具体建议，供参考。

评分标准	如双眼间差异，则阳性(+1分)	
前表面平均曲率Km	≥0.3D	3分：可见于6%~11%健康眼
后表面平均曲率Km	≥0.1D	4分：可见于少于4%健康眼
最薄点角膜厚度	≥12μm	5分：可见于少于1%健康眼
最薄点位置前表面高度	≥2μm	
最薄点位置后表面高度	≥5μm	

图 3-21 “五分法”评估方法

（6）比较图(Compare 2 Exams)解析

除了并排显示两次不同的检查外，Compare 2 Exams 还可以显示并计算两次检查之间的差异(图 3-22)。左侧图(A)和中央图(B)分别显示一项检查，检查 A 和检查 B 的差值(A－B)在右侧图中显示。注意：在比较同一眼的前、后表面高度时，必须将两次检查的最佳拟合球面(BFS)设置一致。

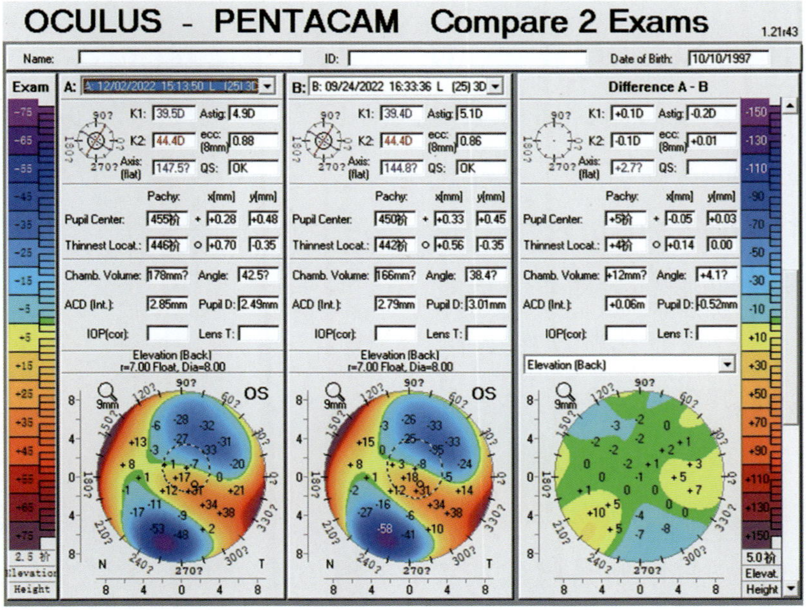

图 3-22 两次检查后表面 A－B 比较图(BFS 设置一致)(BFS 红框标示)

第四章

角膜生物力学分析仪(Corvis ST)测量原理与功能简述

角膜生物力学分析仪(Corvis ST,图 4－1)使用喷气的方式使角膜变形,并利用 Scheimpflug 超高速摄像,以每秒 4300 帧以上的速度捕获角膜水平子午线(8mm 直径)的形变图像,在 30 毫秒的喷气过程中共摄取 140 张图像[1]。

角膜具有黏弹性,这意味着生物力学特性受施加的载荷大小、传递载荷的速度以及眼内压(IOP)影响[2]。进行 Corvis ST 检查过程中,角膜均在相同的时间内承受相同的负荷,从而有利于不同个体之间的生物力学比较。此外,由于角膜和巩膜都会随着 IOP 的增加而变硬,从而影响形变反应,Corvis ST 开发出生物力学矫正的 IOP(bIOP)也十分重要。较硬的巩膜会对眼内的液体移位产生更大的阻力,将限制角膜的最大形变量[3]。

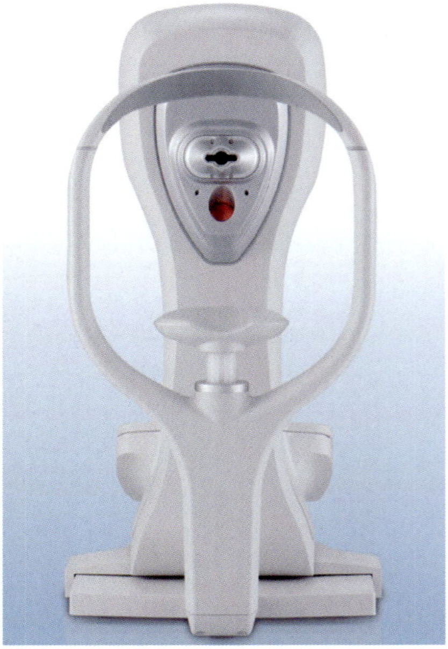

图 4－1　角膜生物力学分析仪(Corvis ST)

当Corvis ST喷出的气体到达角膜时(图4-2),角膜顶点开始向后方移位,同时引起全眼运动,即向后方运动。包括全眼运动的动态角膜响应(Dynamic Corneal Response, DCR)参数,称之为“形变(Deformation)”参数;将去除全眼运动的动态角膜响应参数称之为“偏离”(Deflection)参数。

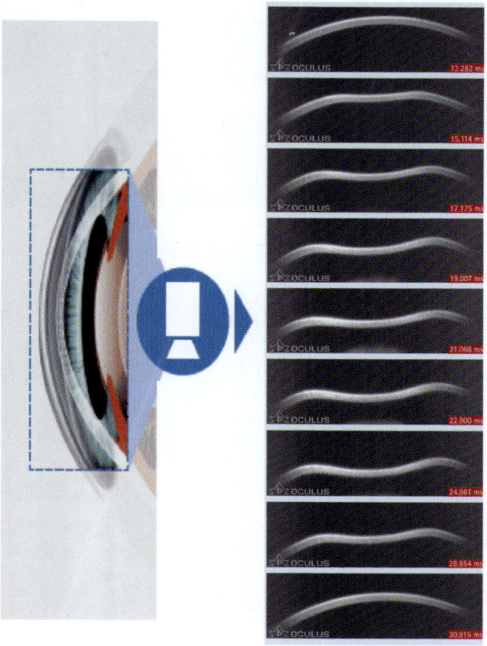

图4-2 Corvis ST喷气后角膜动态变化矢状位图示

图4-3及一些DCR参数对此过程进行了描述。第一次压平(First Applanation, A1)参数包括第一次压平时间、第一次压平距离、第一次压平速度、第一次压平形变幅度及第一次压平偏离幅度。最大凹陷(Highest Concavity, HC)参数包括最大凹陷时间、峰距、角膜凹面半径、最大凹陷形变幅度(等于最大形变幅度)及最大凹陷偏离幅度。第二次压平(Second Applanation,A2)参数包括第二次压平时间、第二次压平距离、第二次压平速度、第二次压平形变幅度及第二次压平偏离幅

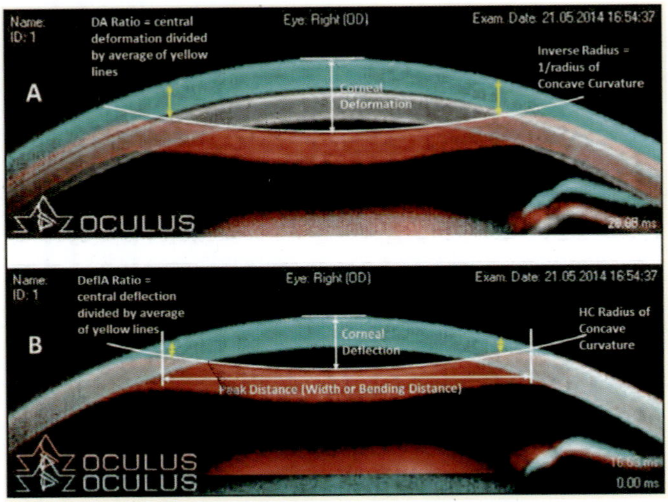

图 4-3 全眼运动中角膜形变图示

度。其他参数包括最大偏离幅度(可能不是最大凹陷度);形变幅度比(Deformation Amplitude Ratio, DA Ratio),即中央形变量除以中央左右 2mm 处形变量平均值,也是 A1 之前的最大值;偏离幅度比(Deflection Amplitude Ratio, DefAmp Ratio)与形变幅度比相似,是矫正了全眼运动后的形变幅度比。全眼运动最大值的发生时间位于 A2 附近。

隐匿的角膜扩张性疾病是角膜屈光手术的重大安全隐患,角膜屈光手术可加速其进展,因此,对轻度或亚临床角膜扩张性疾病的早期诊断一直是医学广泛关注的方向[4,5]。

Corvis 生物力学指数(Corvis Biomechanical Index,CBI)是辅助诊断圆锥角膜的新参数。CBI 结合角膜地形图 BAD-D 等参数并利用人工智能技术进一步优化诊断模型创建了角膜断层形态学联合生物力学指数(Tomographic Biomechanical Index,TBI),可以更敏感地筛查屈光手术后可能出现角膜扩张的患者。

圆锥角膜 E-Stage 分级

根据最新的圆锥角膜进展相关研究，圆锥角膜的生物力学改变早于形态学改变，因此，角膜生物力学改变能及早发现风险。E-Stage 的测量来自角膜生物力学分析仪(Corvis ST)，利用 Corvis 角膜生物力学指数(CBI)的线性形式，计算出 Corvis 生物力学因子(CBiF)，再根据 CBiF 的 2.5%及 97.5%值确定了代表不同严重程度的 E-Stage 参数值，从 E1 至 E4，小于 2.5%的 CBiF 值被定义为 E0 阶段。

E-Stage 可以作为圆锥角膜 ABCD 分级的补充，对圆锥角膜的严重程度进行更加细化的划分。

图 4-4 中 E-Stage 向下取整，例如:3.9 等于 E3，E-Staging>E4 标记为 E4+。

表 4-1 中 E-Stage:四舍五入至一位小数，可以大于 4。

表 4-1 圆锥角膜 E-Stage 分级标准

E	CBiF 范围	间 距
Stage 0 (E0)	CBiF≥5.94	
Stage Ⅰ(E1)	5.36≤CBif<5.94	0.58
Stage Ⅱ(E2)	4.78≤CBif<5.36	0.58
Stage Ⅲ(E3)	4.20≤CBiF<4.78	0.58
Stage Ⅳ(E4)	CBiF<4.2	

图 4-5 中的 4 个 E-stage 分别代表 4 次检查结果，以第一次检查作为基线，可用来判断圆锥角膜是否进展。

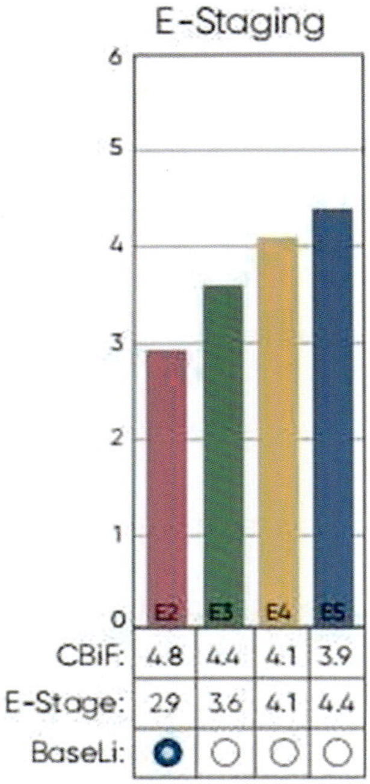

图 4-4　E-Stage 的显示方式

圆锥角膜进展分析：No Prog 表示无进展，Progression 表示进展。

Changes from baseline exam

Diff. time:		0.4y	2.6y	2.8y
Diff. Stage:		0.4y	2.6y	2.8y
No Prog.:				
Progress. :		✓	✓	✓

图 4-5　检查结果与基线比较

参考文献

[1] AMBRÓSIO JR R, RAMOS I, LUZ A, et al. Dynamic Ultra-High-Speed Scheimpflug imaging for assessing corneal biomechanical properties [J]. Rev Bras. Oftalmol, 2013, 72(2):99-102.

[2] ROBERTS C J. Concepts and Misconceptions in Corneal Biomechanics [J]. J Cataract Refract Surg, 2014, 40:862-869.

[3] METZLER K, MAHMOUD A M, LIU J, et al. Deformation Response of Paired Donor Corneas to An Air Puff: Intact Whole Globe vs Mounted Corneoscleral Rim [J]. J Cataract Refr Surg, 2014, 40(6):888-896.

[4] BINDER P S, LINDSTROM R L, STULTING R D, et al. Keratoco-nus and corneal ectasia after LASIK [J]. J Refract Surg, 2005, 21:749-752.

[5] AMBRÓSIO JR R, RANDLEMAN J B. Screening for ectasia risk: what are we screening for and how should we screen for it [J]. J Refract Surg, 2013, 29:230-232.

第五章

Corvis ST 结果解读

Corvis ST 检查软件可以通过以下几种界面显示测量结果。

- 眼压/厚度(Tono/Pachy)
- 动态角膜反应参数(Dynamic Corneal Response，DCR)
- Vinciguerra 筛查报告(Vinciguerra Screening Report)
- 生物力学/断层成像评估(Biomechanical/Tomographical Assessment)

Scheimpflug 图像信息显示如图 5－1 所示。

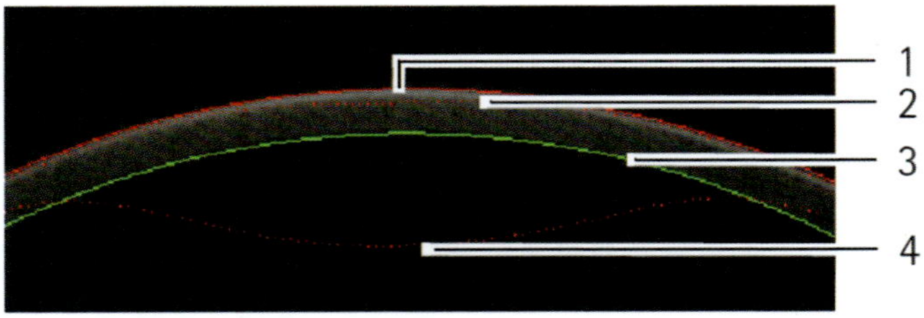

1—角膜前表面；2—第一次压平；3—角膜后表面；4—角膜最大形变

图 5－1　Scheimpflug 图像上各线条含义

1. 眼压/厚度(Tono/Pachy)

此界面显示眼压（IOP）和厚度(CCT）的测量结果(图 5－2)。

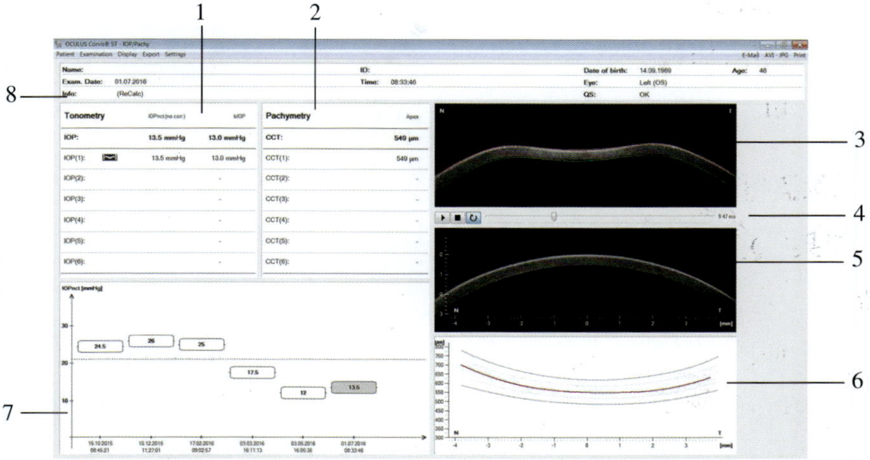

1—IOP 眼压值；2—角膜厚度值；3—图像；4—视频功能；5—具有测量刻度的图像；6—角膜厚度进展图；7—平均 IOP 进度图；8—患者和检查数据

图 5-2 “眼压/厚度”(Tono/Pachy)界面

患者资料和检查数据(Patient and Examination Data)

患者资料和检查数据显示在 Corvis ST 软件的每个界面上。

图 5-3 患者资料及检查信息(Patient and examination data)

在此个人视图中，将显示最重要的患者资料和检查数据(图 5-3)，在[信息]字段中，具体意义如下。

- Name：姓名。
- Date of Birth：出生日期。
- Age：年龄。
- Exam Date：检查日期。
- Time：时间。
- Eye：检查眼别。

- QS：质量监控因子。
- Info：注释的输入字段，可以输入注释（注释会自动保存，并在以后加载检查时显示，还可以覆盖注释）。

质量监控因子（Quality Factor QS）

如果“QS”按钮显示OK，则测量结果重复性可以再现，可用于临床诊断。

如果“QS”按钮显示红色，则测量结果无效，必须重新测量。

如果“QS”按钮显示黄色，请点击查看具体原因。若由次要因素引起，结果仍可供参考。

如果需要有关质量因子QS的更多信息，请在“QS”字段中右键单击，将打开以下菜单（图5－4）。

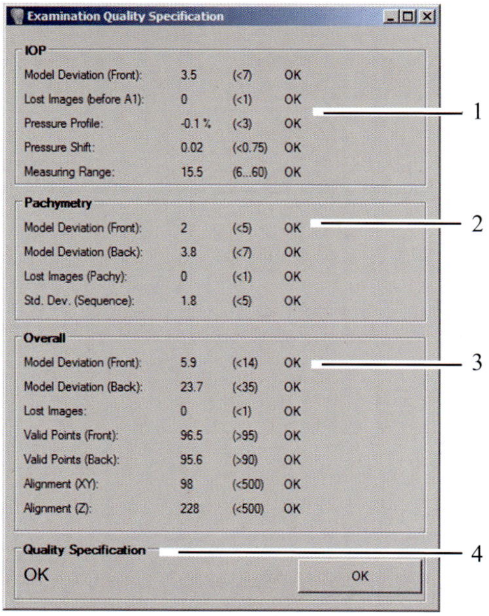

1— 眼压组框（IOP）；2— 厚度组框（Pachymetry）；
3— 总览组框（Overall）；4— 质量组框（Quality Specification）

图5－4 检查的质量监控（Quality Specification for an Examination）

眼压组框(IOP)

- 前表面模型偏差[Model Deviation (Front)]：
  评估角膜第一次压平前的边缘点和模型调整。
- 丢失图像，压平 A1 前[Lost Images (before A1)]：
  评估是否由于眨眼或睫毛等原因丢失了整个或单个图像。
- 压力分布和压力偏移(Pressure Profile and Pressure Shift)：
  这些参数与空气脉冲内部测量有关，分析了喷气廓线随时间的变化及偏移。
- 测量范围(Measuring Range)：
  如果眼压超出测量范围(6～60mmHg)，则 QS 显示为 MR。

厚度组框(Pachymetry)

- 前后表面模型偏差[Model Deviation (Front) and Model Deviation (Back)]：
  分析了前表面和后表面的边缘识别和模型调整。
- 丢失图片厚度[Lost Images (Pachy)]：
  分析在开始吹气之前图像的哪些边缘点不可用。
- 标准偏差(一系列测量)[Std. Dev. (Sequence)]：
  指示五幅图像产生的厚度测量的标准偏差。每次测量时，计算五幅图像的平均值。

总览组框(Overall)

分析了整个变形过程中的 140 幅图像。

- 前后表面模型偏差[Model Deviation (Front) and Model Deviation (Back)]：
  分析了测定点的边缘识别和模型调整。

- 丢失片段(Lost Images)：

  分析哪些边缘点丢失。

- 前后表面有效点[Valid Points (Front) and Valid Points (Back)]：

  表示与正常预期数据的有效数据点的偏离百分比。

- 对齐(XY)和对齐(Z)方向[Alignment (XY) and Alignment (Z)]：

  比较分析3个维度的测量对准，如果在某个方向上有误，就会得到警告。

质量标准(Quality Specification)

QS质量监控因子的简要结果。

Pachymetry	Apex	
CCT:	394 μm	1
CCT(1):	394 μm	2
CCT(2):	-	
CCT(3):	-	
CCT(4):	-	
CCT(5):	-	
CCT(6):	-	

1—厚度平均值；
2—单次厚度测量值列表

图5-5 角膜厚度值表格
(Table of pachymetric values)

角膜厚度值(Pachymetric values)

图5-5显示了水平方向上角膜顶点处的厚度测量值及单次厚度测量值和平均厚度测量值。

中央角膜厚度(CCT)最多可以显示6次测量结果。这些单次测量值用于计算角膜厚度平均值。综合校正表包括(bIOP、Dresden公式、Ehlers公式等)，可用于根据测量的角膜厚度校正眼压值。此外，Corvis ST软件确定了沿水平横截面方向的角膜厚度情况，并指示出角膜最薄点的位置。

眼压值(IOP tonometric values,图 5－6)

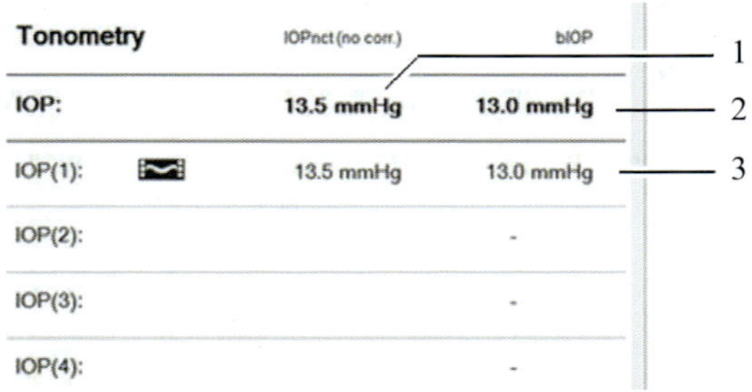

Tonometry		IOPnct(no corr.)	bIOP
IOP:		13.5 mmHg	13.0 mmHg
IOP(1):		13.5 mmHg	13.0 mmHg
IOP(2):			-
IOP(3):			-
IOP(4):			-

1—IOP 平均值；2—校正眼压值平均值（这里指 bIOP 值）；3—单个值列表(测量值和校正值)

图 5－6　眼内压 IOP 数值表格(Table of tonometric values)

眼压的测量值可显示高达六个测量值,主要用于计算眼压平均值。在未校正的 IOP(IOPnct)旁边是校正的 IOP 值(取决于所选的校正方式)。bIOP 值(生物力学校正眼压值)是预调的，如果有 6 个以上的测量值,则系统自动删除最早的一个眼压测量值。

生物力学校正的 IOP(bIOP)

利用有限元分析算法,数学建模,建立 bIOP 的校正方程(校正了角膜厚度、年龄、角膜生物力学对眼内压的影响)。

(1) 基于数值分析而非特定人群研究,所以适用于所有患者。

(2) 补偿角膜厚度和生物力学影响。

(3) 已经过 6 个独立临床数据库验证 。

显示图像(Display images)

可以查看生物力学响应视频或冻结帧,见图 5－2(3)。

带刻度测量图像(Image with measurement scale)

Scheimpflug 图像显示了角膜发生形变前水平子午线方向上角膜图像的坐标刻度,见图 5－2(5)。

厚度变化图(Diagram for Pachymetric Progression)

显示了整个水平子午线的角膜厚度和正常范围以及正常范围外的1个标准差和2个标准差,见图5-2(6)。

2. 动态角膜反应参数界面(Dynamic Corneal Response, DCR)

Corvis ST利用高速Scheimpflug摄影机从喷气开始30毫秒内拍摄140张照片,详细显示了喷气过程中角膜的生物力学动态反应变化过程的信息。提供的重要信息包括形变幅度、第一次压平长度、第二次压平长度、最大形变时角膜反向凹陷曲率半径等。

以下使用Scheimpflug图像/视频和图表来对DCR动态角膜反应参数进行解读(图5-7)。例如在相同的IOP条件下,相比硬度更高的角膜,硬度较低的角膜将产生较高的形变幅度,压平长度较短,并且在

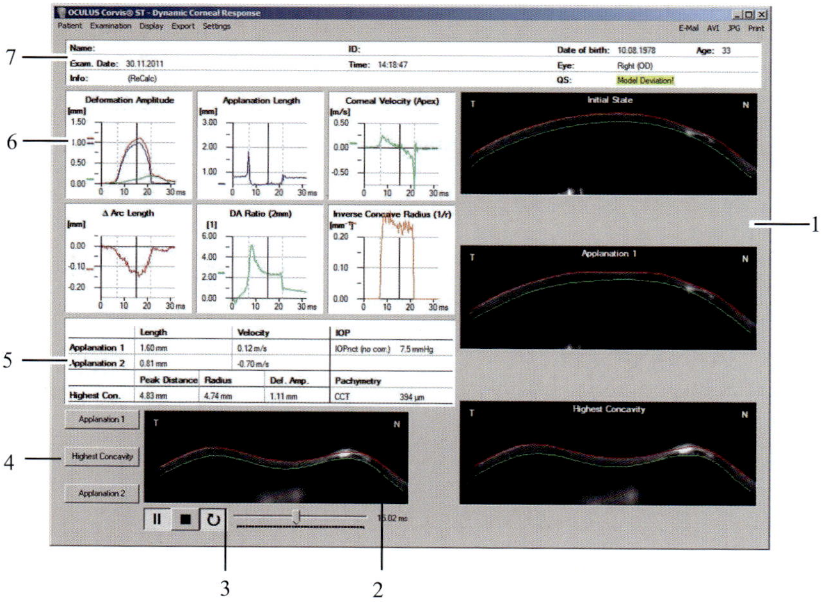

1—Scheimpflug 图像; 2—Scheimpflug 图像/视频; 3—视频按钮; 4—不同形变阶段显示按钮; 5—形变反应相关参数表格; 6—形变反应相关参数图表; 7—患者和检查信息

图5-7 动态角膜反应参数界面(DCR)

最大形变时的角膜反向凹陷曲率半径较小。DCR 图像针对这些参数特征，对角膜的生物力学变化进行评估。

有关 DCR 参数的正态分布值，请参阅 Vincigura 筛查报告。

显示图像（Display Images）

可以将图 5－7(1)视为视频的冻结帧。可以使用视频功能，见图 5－7(2)。

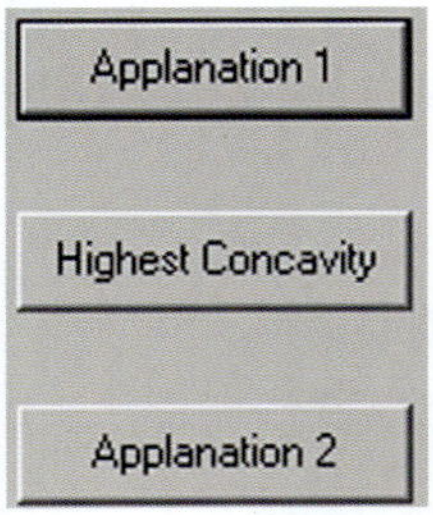

图 5－8　不同形变阶段显示按钮

仔细研究角膜的图像（Hone in on images of the cornea）

可以在特定的时间点查看角膜图像：第一次压平，最大凹陷形变和第二次压平（图 5－8）。

图表（Table）

表 5－1 显示了以下值。

表 5－1　形变反应相关参数表格

参数	含义
长度(Length)	压平长度
速度(Velocity)	角膜顶点在垂直方向上的速度
峰间距离(Peak Distance)	角膜未变形区域最高点之间的距离
综合半径(Radius)	最大变形时角膜顶点的弯曲半径
偏离幅度(Def. Amp.)	角膜顶点在垂直方向上的偏移
眼压(IOP)	眼压
厚度(Pachymetry)	中央角膜厚度

动态角膜反应参数分析(Parameters of DCR Analysis)

利用 Scheimpflug 图像分析说明 DCR 参数。

Scheimpflug 图像(Scheimpflug Images)

图 5-9 显示了角膜变形过程中 3 个特定时间点的 Scheimpflug 图像。

第一次压平(Applanation 1)：也称压平 1，显示了角膜第一次被空气脉冲压平所用的时间。第一次压平显示了角膜从凸面形状过渡到凹

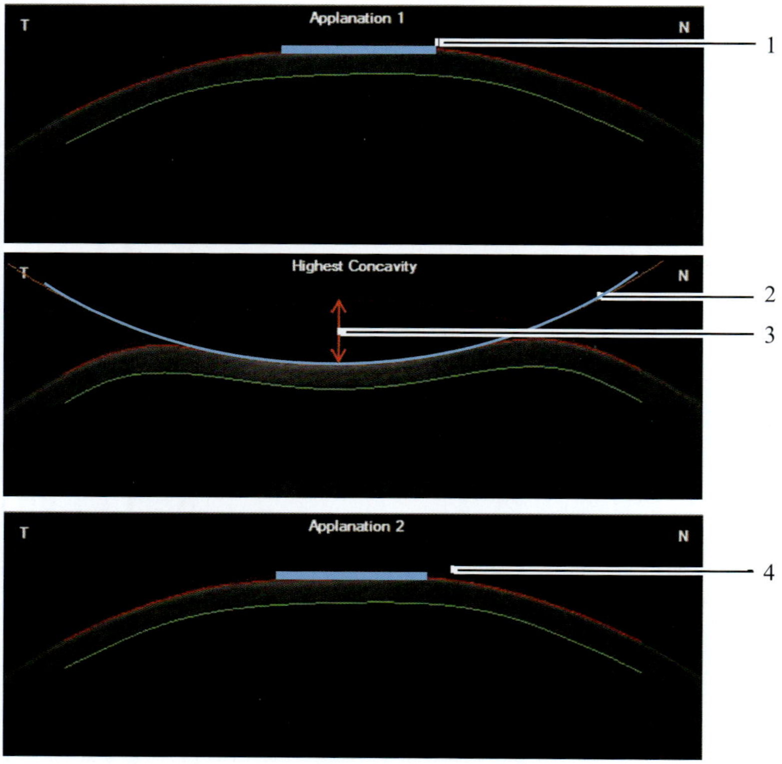

1—第一次压平长度(Length of 1st Applanation)；2—凹面半径(Bend Radius)；3—偏离幅度(Deflection amplitude)；4—第二次压平长度(Length of 2nd Applanation)

图 5-9 角膜变形过程中 3 个特定时间点的 Scheimpflug 图像

面形状时角膜的中心区域(顶点直径 0.5mm 范围内)的状态。相机开始记录的时间取为 0。基于第一次压平的时间,计算出此时喷出气体的力,用于导出 IOP 值。

最大形变(Highest Concavity):在空气脉冲作用下角膜的最大形变凹陷,即当角膜顶点离其初始位置最远时。在产生最大形变时,可以测量出角膜凹面半径和偏离幅度及峰值距离。

第二次压平(Applanation 2):也称压平 2,显示角膜达到最大形变后回弹时的压平状态,压平 2 是由角膜中央区域从凹形到凸形(顶点直径 0.5mm范围内)的过渡决定的。

Diagrams 图表

图 5-10 显示了角膜变形时的数值,图 5-10(1)表示角膜速率图,图 5-10(2)黑线显示当前点的变形时间。由于特定图表支持特定时间点的参数,因此它们在相应的时间点进行分析。“角膜速率图”描绘了角膜顶点在垂直方向上的速度。正值时,曲线向上;负值时,曲线向下。

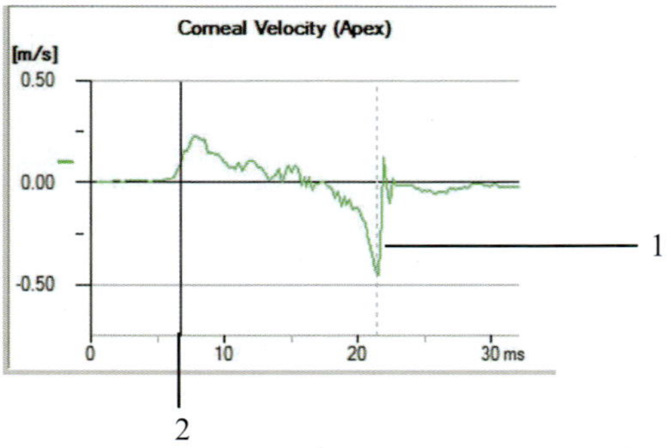

1—角膜速率;2—形变时间点

图 5-10 角膜速率图

第一次压平和第二次压平参数（Parameters of the First and Second Applanation）

对于第一次压平和第二次压平，以下参数很重要。

压平长度参数（Applanation length parameter，图 5－11 和图 5－12）

描述角膜压平区的直线长度。角膜压平长度是角膜生物力学的一个重要特征参数。

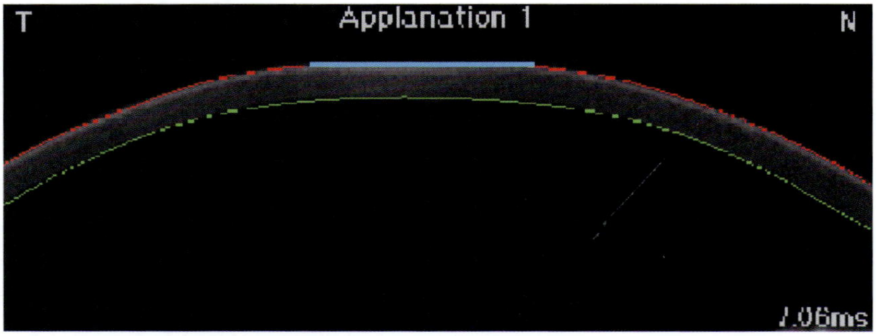

图 5－11　第一次压平（Applanation 1）图像

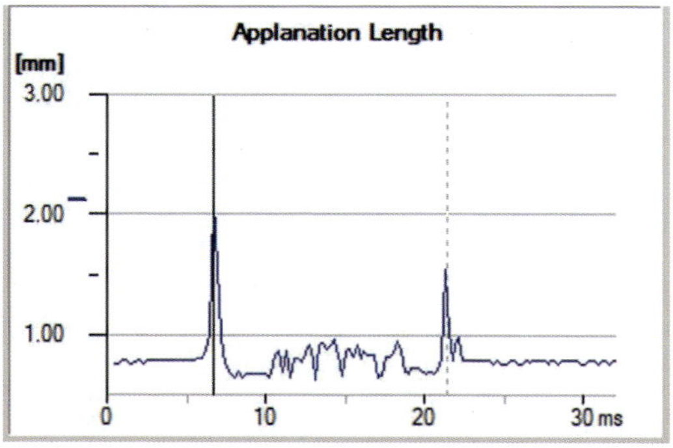

图 5－12　压平长度变化图

压平长度图表示不同时间点的压平长度。

最大形变凹陷时的参数（Parameters at the Time of Highest Concavity）

形变/偏离幅度（Deformation/Deflection Amplitude）（图 5－13）

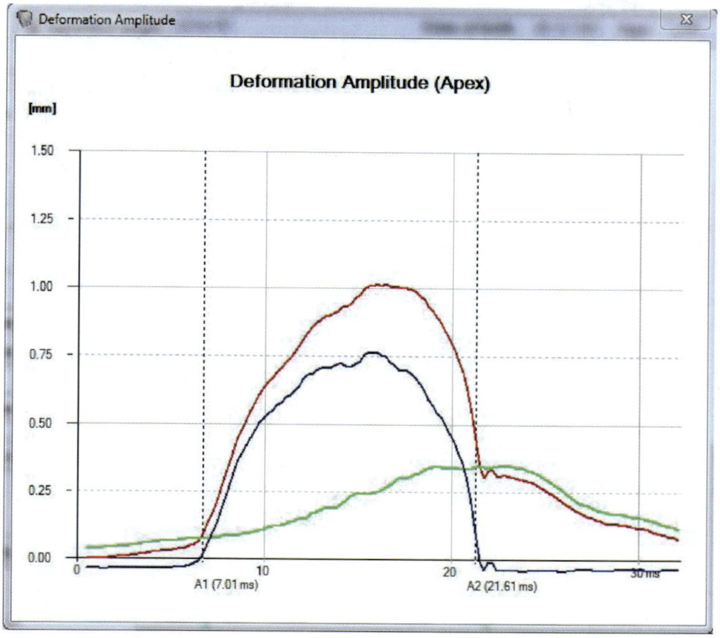

形变幅度(红线)—描述角膜顶点在垂直方向上的运动,它由偏离幅度和全眼运动之和组成；偏离幅度(蓝线)—描述了纯粹的角膜位移,是在形变幅度的基础上去除了全眼运动后,得出的真实角膜位移；全眼运动(绿线)—描述全眼受脉冲气流喷击后发生的运动(通过周边测量点的运动来进行测定)

图 5-13 形变/偏离幅度图示

反向凹陷曲率半径相关参数(Bend radius parameter,图 5-14)

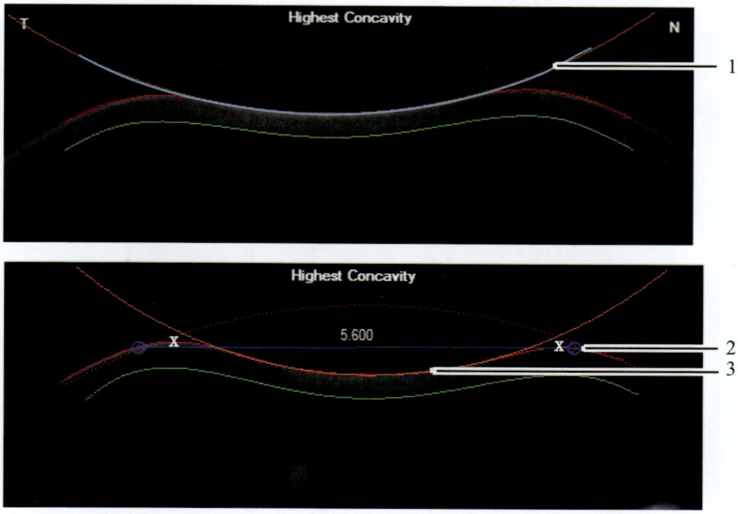

1—凹面半径(Bend Radius)；2—偏离长度(Deflection Length)；3—最大形变(Highest Concavity)

图 5-14 反向凹面半径相关参数(Bend radius)

综合半径(Inverse Concave Radius,ICR):该参数描述了在最大变形时的中心弯曲半径(图 5－15)。为此,进行抛物线调整(拟合),用于导出中心弯曲半径。

反向弯曲半径(1/r)在角膜发生形变时可测得,并随时间变化绘制在图表中。

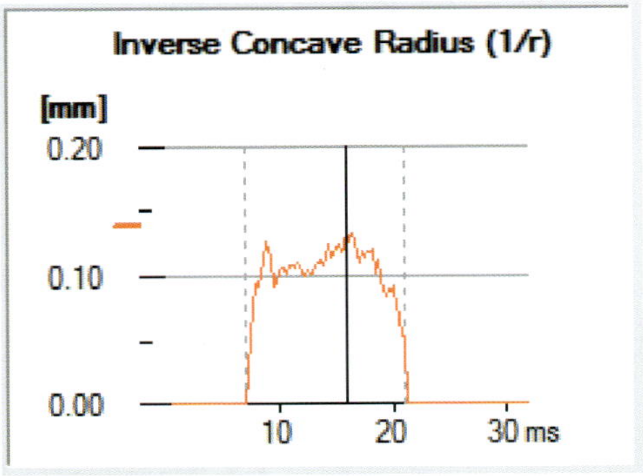

图 5－15　综合半径(inverse concave radius)

最大反向凹面半径:角膜形变在凹相阶段的反向凹面半径最大值。

峰间距离(Peak Distance)

描述了角膜凹相过程中,角膜顶点前表面两个最高点(红色圆圈)之间的距离(图 5－16)。

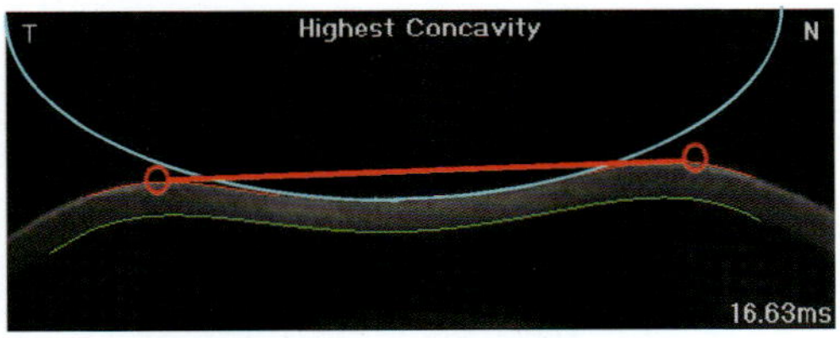

图 5－16　峰间距离(Peak distance)

弧长变化量(Delta Arc Length)

反映定义的 7mm 区域中的弧长(图 5－17)。

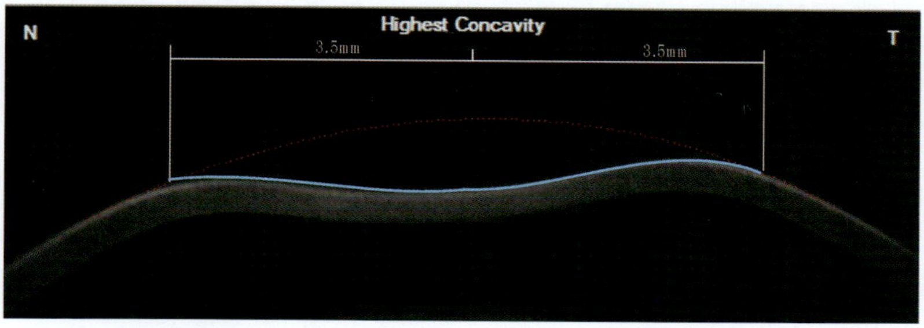

图 5－17 弧长变化量(Delta Arclength)

首先，确定非变形状态下的绝对弧长。该区域在两个方向上都精确地设置在距顶点 3.5mm 处。在完全相同的区域，描述在形变期间，从角膜顶点到 3.5mm 范围内两侧的弧长改变(图 5－18)。

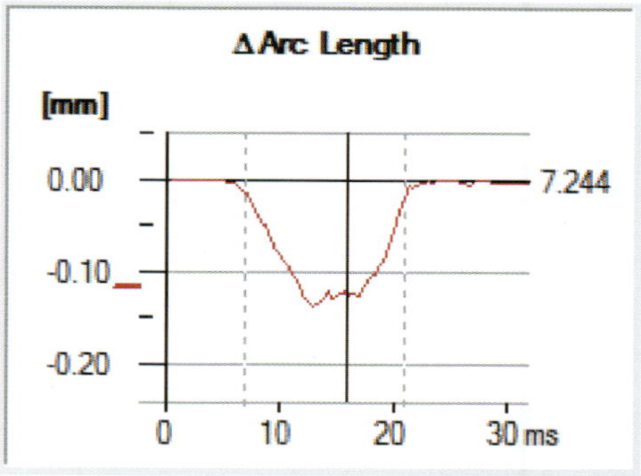

图 5－18 弧长变化量图示

DA Ratio 2mm

描述角膜顶点和 2mm 处之间的形变幅度比值(图 5－19)。

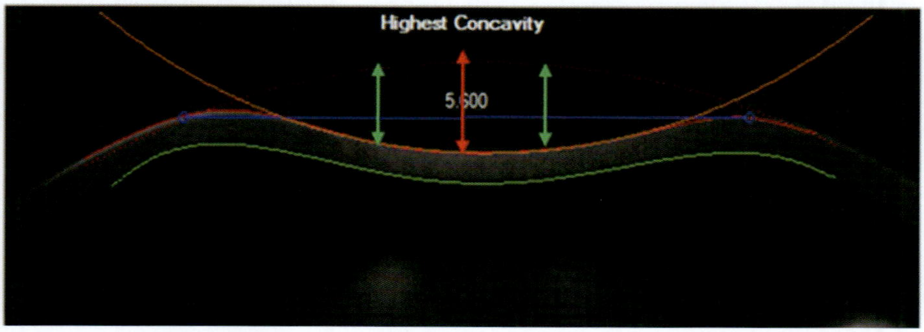

图 5－19 DA Ratio 2mm

对于硬度较低的角膜，形变从角膜中央开始，并且在旁中心区域内的变化幅度较小。因此，硬度较低的角膜相对硬度较高的角膜 DA 比更高（图 5－20）。

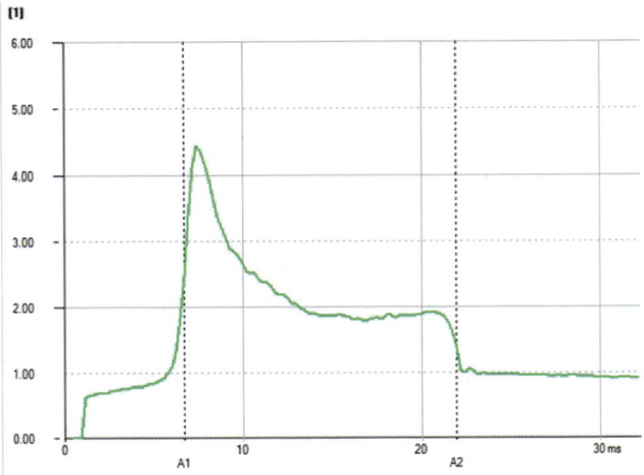

图 5－20　DA 比 2mm 变化图示

3. Vinciguerra 筛查报告（Vinciguerra Screening Report）

Vincigura 筛查报告可对具有不同生物力学特征的角膜进行筛查（图 5－21）。该报告将生物力学信息与厚度变异数据相结合，并在此基础上计算了 Corvis 生物力学指数（CBI）。CBI 可以对角膜扩张进行检测评估。圆锥角膜是由生物力学变化引起的，导致角膜逐渐变薄。Corvis ST 能够在早期检测到这种情况。动态角膜反应（DCR）参数的正常参考范围是基于 bIOP 建立的。

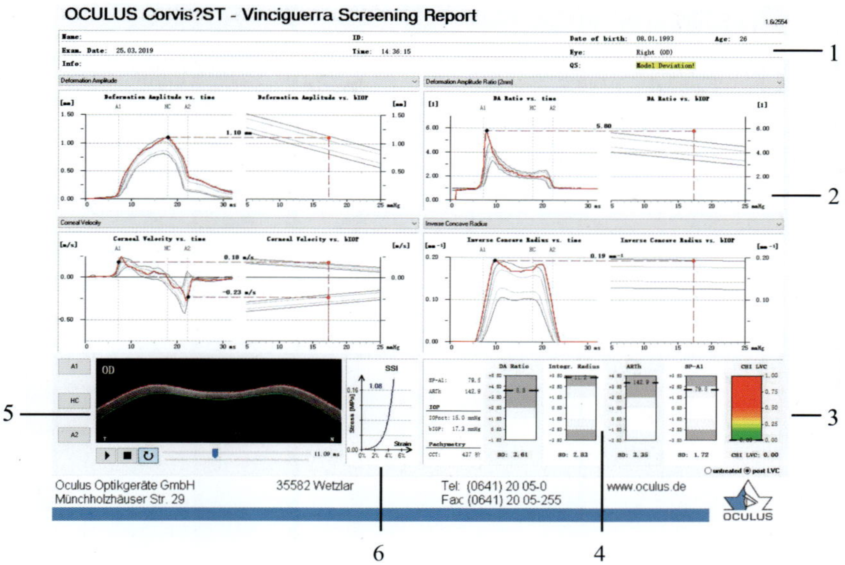

1—患者资料与检查信息；2—角膜形变反应参数图；3—Corvis 生物力学参数；4—动态反应参数的标准偏差；5—Scheimpflug 图像/视频；6—角膜材料硬度指数 SSI

图 5－21　Vinciguerra 筛查报告

患者资料和检查信息(Patient and examination data)

有关患者资料和检查数据的详细信息。

仔细研究角膜的图像(Hone in on images of the cornea)

可以在特定的时间点查看角膜图像:第一次压平,最大凹陷形变和第二次压平(图5－22)。

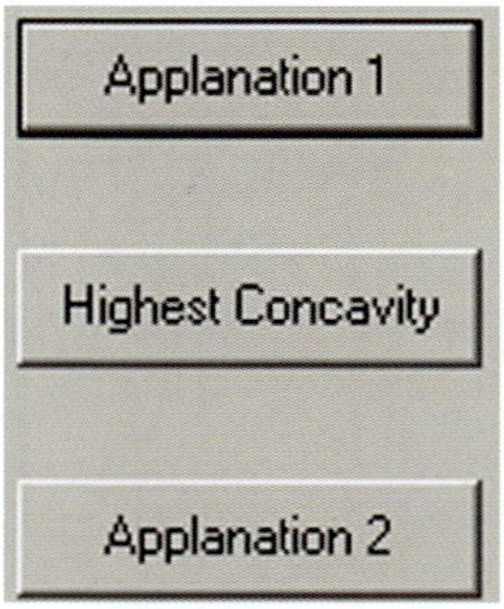

图 5－22　不同形变阶段显示按钮

第一次压平(Applanation 1,图 5－23)

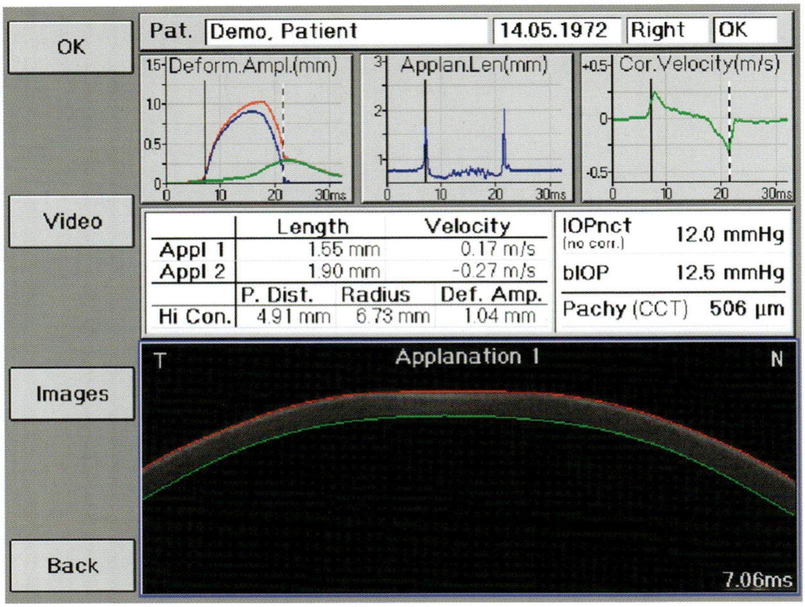

图 5－23　第一次压平显示图像

最大凹陷形变(Highest Concavity,图 5－24)

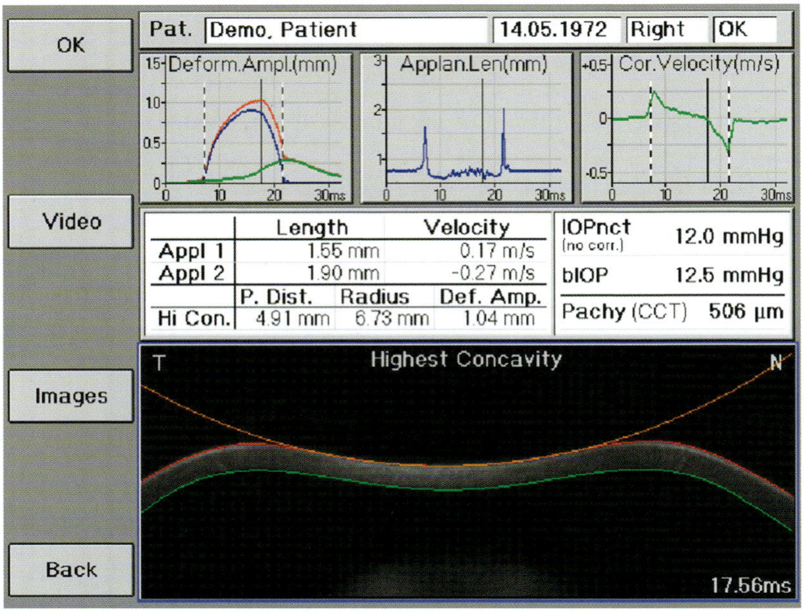

图 5－24　最大凹陷形变显示图像

第二次压平(Applanation 2,图 5-25)

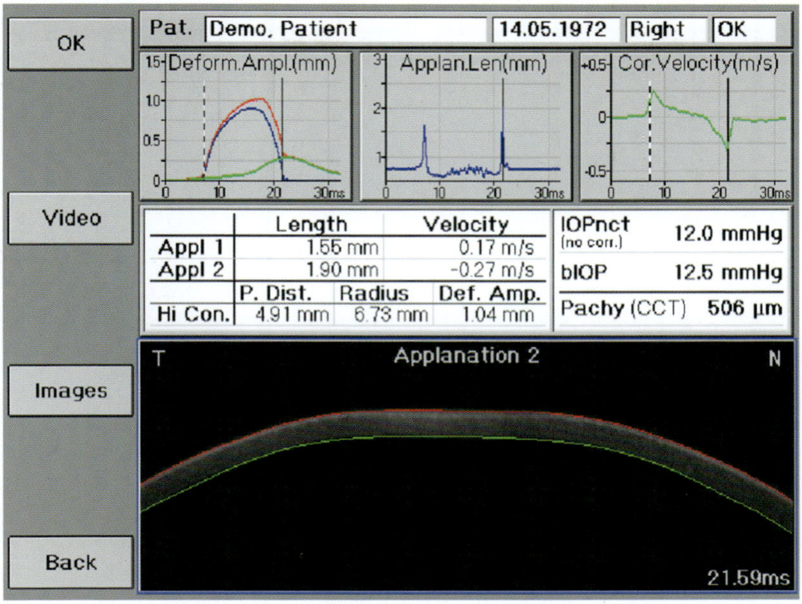

图 5-25　第二次压平显示图像

角膜顶点的运动可由整个眼球的总运动来补偿。以上这些参数只用来描述角膜的运动情况。

(1) 组合图(Combination Diagrams)

从下拉菜单中,您可以选择"角膜变形反应"参数的时序图,一次最多可以选择 4 个参数(图 5-26)。

红色曲线显示角膜随时间的反应,细灰线显示标准偏差(SD)内的正常范围,较粗的灰线显示 2 个 SD 的范围。不同患者的眼压值正常范围是根据该患者的 bIOP 矫正的。换言之,一个 bIOP 是 13mmHg 的患者和一个 bIOP 是 19mmHg 的患者眼压值的正常范围是不同的。患者在特定时间测得的筛查参数及其最大值与 bIOP 值会被一起标注在二维坐标图上,同时这些筛查参数与 bIOP 比值的正常

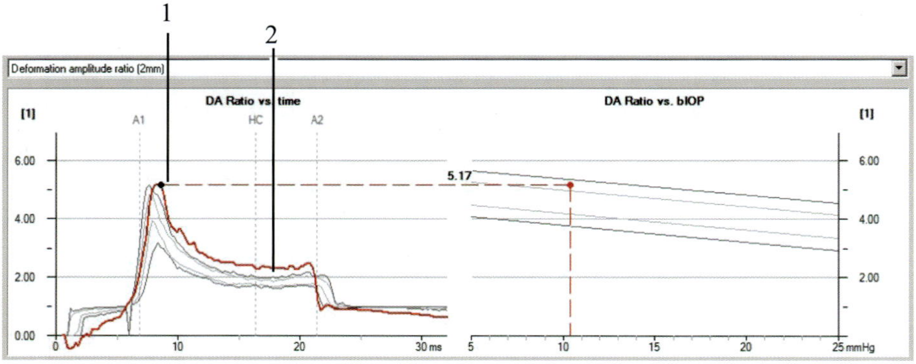

1—角膜的实际反应值；2—标准偏差内的正常范围

图 5－26　DA Ratio

范围也会标记在图上。

从下拉列表中选择一个图表(图 5－27)。

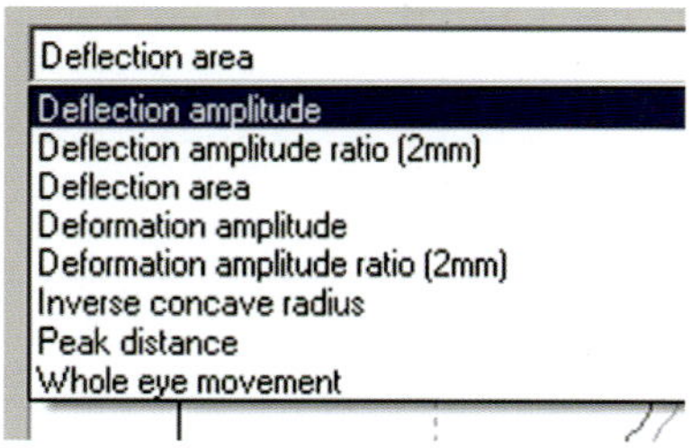

图 5－27　下拉列表中的参数图表

除了角膜变形反应参数外，还提供了 DA Ratio 2mm 参数图(图 5－28)。

DA Ratio 2mm(Def. Amp. Ratio 2mm)描述了顶点处和 2mm 处偏转幅度的比率。与 DA Ratio 不同的是，该参数对整个眼球运动进行补偿。

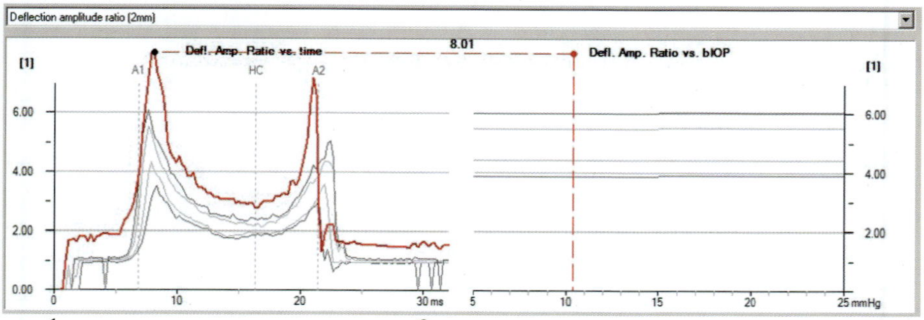

1　　3
2　　4

图 5－28　DA Ratio 2mm 参数图

形变区域(Deflection Area,图 5－29)

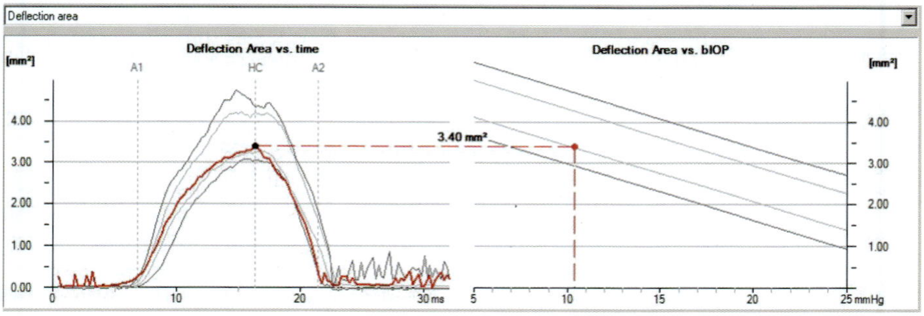

1　　3
2　　4

图 5－29　形变区域(Deflection Area)参数图

形变区域描述了由于分析水平截面中的角膜变形而导致的角膜整体“位移”。只考虑角膜的运动,在整个角膜变形过程中计算偏转面积。

动态反应参数(Index Views,图 5－30)

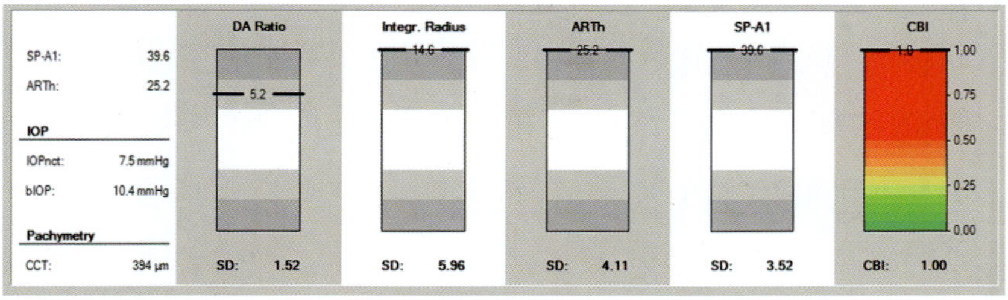

图 5－30　动态反应参数(Index Views)

在该视图中，检测的数值显示在灰色评价栏中。CBI值(Corvis生物力学指数)由彩色条显示。该图显示了4个主要动态反应参数(DA比、综合半径、Ambrosio相关厚度—水平方向、角膜硬度参数SP-A1)的标准差(SD)。SD越高角膜偏离正常值的幅度越大。浅灰色区域表示1至2个SD之间的范围。深灰色区域介于2～3个SD之间。黑色条显示当前测量值。横线下的标准差值表明标准差的测量值偏离健康患者的平均值。CBI是一个由不同筛选动态参数组成的综合指数，专门用于角膜扩张的检测。

(2) 表参数(Table parameters)

角膜硬度参数(Stiffness Parameter，SP－A1)：角膜第一次压平时其受力与形变位移的比值。

SP－A1 =(角膜表面空气脉冲压力-生物力学较正的IOP)/A1偏离幅度

=(adj. AP1－bIOP)/A1 Defl. Amp

Ambrosio相关厚度水平(Ambrosio Relational Thickness horizontal，ARTh)：描述了水平子午线上最薄点处的角膜厚度与厚度变化率的比值。

ARTh是由最薄点厚度与厚度变化率的比值计算得来的，硬度参数是由施加压力除以位移的比值计算得来的。

(3) 角膜材料硬度指数(Stress-Strain Index，SSI)

通过多中心大样本临床数据集中评估角膜材料硬度与bIOP、CCT和年龄的相关性，最终得到角膜材料硬度SSI指数(图5－31)。SSI与眼内压和角膜厚度无关，直接与角膜的应力—应变切线模量曲线相关。

圆锥角膜的SSI指数显著低于正常角膜，且随着圆锥进展，SSI指数显著下降。SSI 能更好地筛查圆锥角膜,进一步提高 CBI 和 TBI 的特异性和敏感性。

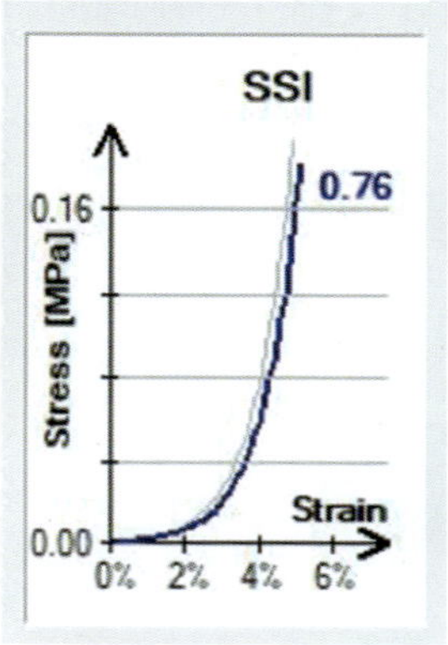

图 5-31 SSI 指数显示图

(4) Corvis 生物力学参数(Corvis Biomechanical Index, CBI)

代表不同筛查参数组成的综合指数,专门为辅助诊断角膜扩张而开发,有助于发现早期圆锥角膜。

CBI 由 DA Ratio、综合半径、ARTh 和 SP-A1 的值构成。

绿色区域:无明显风险。

黄色曲率:风险略高。

红色区域:高风险。

CBI 值超过 0.5 则表示发生角膜扩张的风险增加。

4. 生物力学/断层成像评估(Biomechanical/Tomographical Assessment)

通过"生物力学/断层成像评估"(图 5-32),可以联合Pentacam数据并将其用于断层成像和生物力学相结合分析。断层生物力学指数(TBI)使用人工智能优化扩张诊断。TBI 计算必须在 Pentacam 中启用 Belin/Ambrosio 软件。Pentacam 的断层扫描数据与 Corvis ST 的生物力学数据相结合，更易识别屈光手术后发生角膜扩张的高危患者。TBI是最终分析结果的输出。

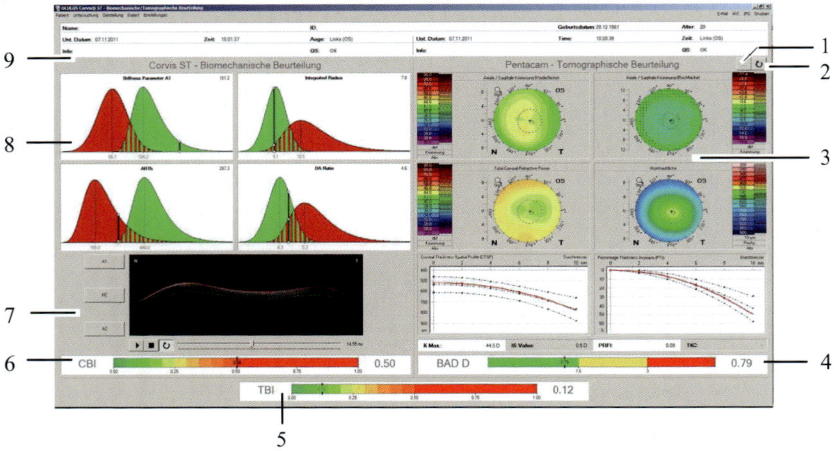

1—Pentacam 结果载入按钮；2—刷新视图按钮；3—Pentacam 断层扫描评估；4—Belin/Ambrosio D值(BAD D)；5—角膜断层形态学联合生物力学指数(TBI)；6—Corvis 生物力学参数(CBI)；7—Scheimpflug图像/视频；8—生物力学评估筛查参数；9—患者资料和检查信息

图 5-32　生物力学/断层成像评估

患者和检查信息(Patient and examination data)

显示有关患者和检查数据的详细信息。

Scheimpflug 图像/视频(Scheimpflug image/video)

显示当前检查对应的 Scheimpflug 图像/视频。

Pentacam 断层图像评估(Pentacam Tomographic Assessment)

Pentacam 断层图像评估提供了屈光四图、2 个厚度图表和 4 个参数。有关图表和参数 K Max、IS Value 及 TKC 的说明，请参阅第一章。

Belin/Ambrosio D 值[Belin/Ambrosio D value,(BAD D)]

是根据 Belin/Ambrosio 进行圆锥角膜早期检测的总参数。

绿色区域：无异常。

黄色区域:异常(1.6 或以上)。

红色区域:极度异常(3 或以上)。

黑线处为 Belin/Ambrosio 分析的最终 D 值。

Corvis ST 生物力学评估筛查参数(Screening parameters of the Corvis ST Biomechanical Assessment)

绿色曲线表示健康患者测量值,红色曲线表示圆锥角膜患者测量值。黑线表示当前检查的测量值。

Corvis 生物力学参数(Corneal Biomechanical Index,CBI)

代表不同筛查参数组成的综合指数。

专门为诊断角膜扩张而开发,有助于发现早期圆锥角膜。

绿色区域:无明显风险。

黄色曲率:风险略高。

红色区域:高风险。

CBI 值超过 0.5 则表示发生角膜扩张的风险增加。

激光矫正术后生物力学指数(Corneal Biomechanical Index-Laser Vision Correction,CBI-LVC)

角膜激光矫正术改变了角膜的厚度和形态,术后会表现出角膜生物力学减弱,使得激光矫正术后正常眼与术后角膜扩张眼难以区分。新版 Corvis ST 的 CBI-LVC 指数(图 5 - 33)可用于评估激光术后的角膜生物力学状态。

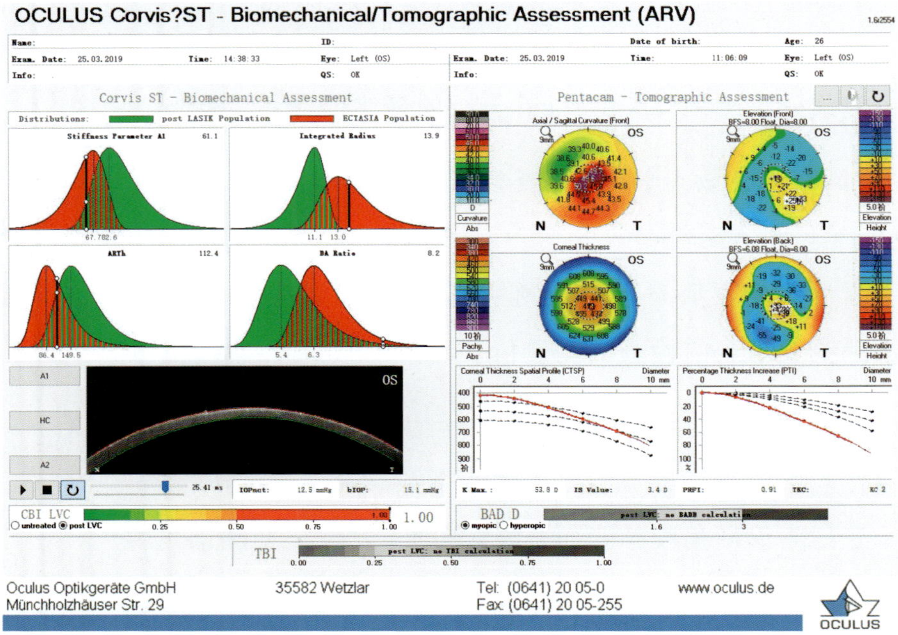

图 5－33　CBI-LVC 指数显示图（CBI-LVC 红框标示）

第一步：更新的 CBI 区分正常未手术角膜与圆锥角膜/激光术后角膜。

第二步：更新的 CBI 区分圆锥角膜与激光术后角膜。

第三步：全新的 CBI-LBV 指数区分激光术后稳定角膜与激光术后角膜膨隆（图 5－34）。

对于角膜激光手术的患者，Corvis ST 测量的 CBI 值可接近或等于 1（图 5－35）；选择 CBI-LVC 指数（图 5－36）后，数值变为 0，提示该患者为激光术后稳定的角膜。

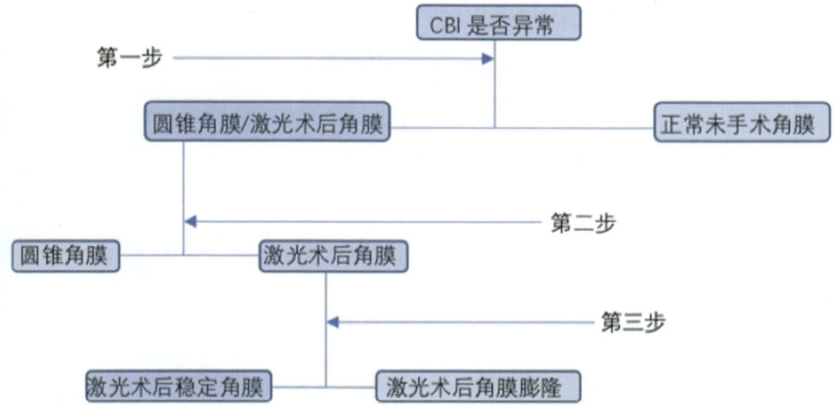

图 5－34　激光术后角膜生物力学状态的评估步骤

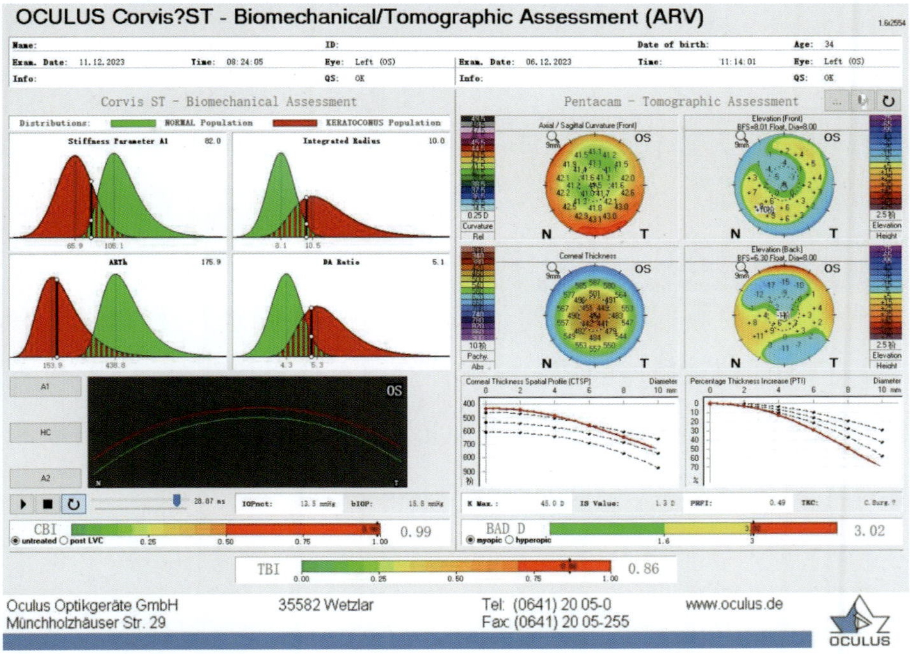

图 5－35　角膜激光术后患者 CBI 值升高

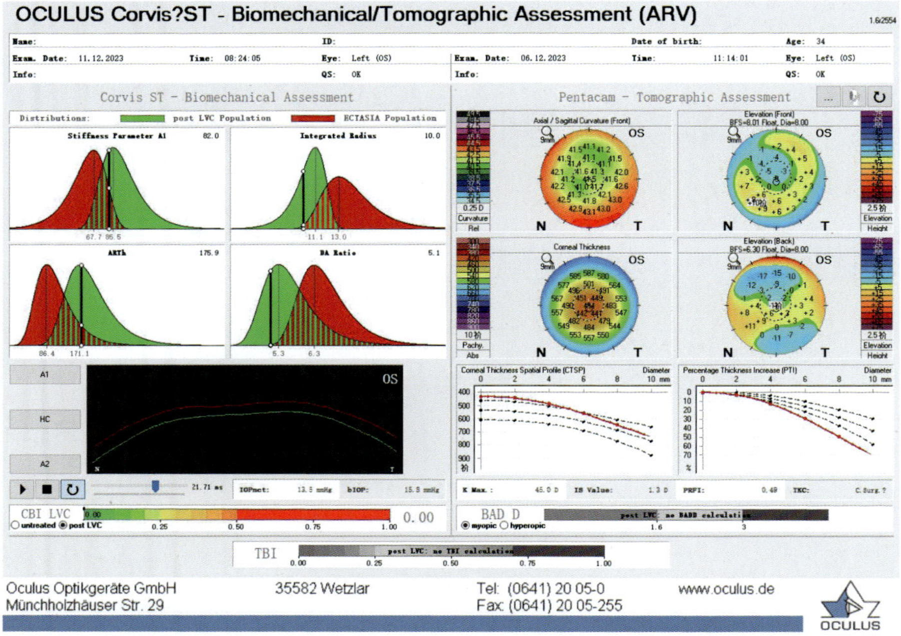

图 5－36　角膜激光术后患者 CBI-LVC 值正常

根据中国人群优化的 CBI（Corvis Biomechanical Index for Chinese populations，cCBI）

临床上应用的 Corvis ST 软件中的生物力学指数大多是根据南美洲和欧洲人群的数据库计算的。考虑到存在种族差异性，新版 Corvis ST 引入了中国人群的数据库，得到针对国人的更优化的 cCBI，以提高诊断特异性。与 CBI 相比，更新的 cCBI 在诊断中国人群圆锥角膜和角膜激光术后筛查方面具有更优越的性能。

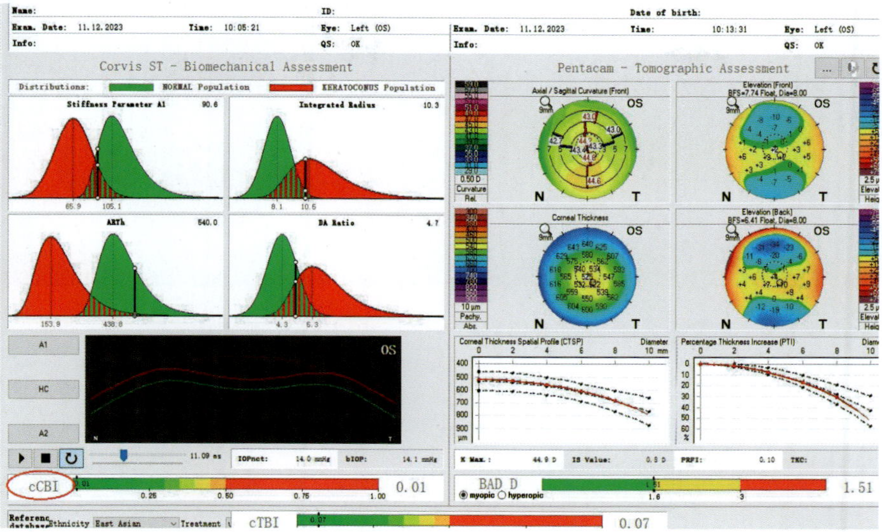

图 5-37 依据中国人群优化的 CBI(cCBI)

角膜断层形态学联合生物力学指数(Tomographic Biomechanical Index，TBI)

使用人工智能来优化角膜扩张相关参数的检测，可以更敏感地识别屈光手术后可能出现角膜扩张的患者。如需计算 TBI，需在 Pentacam 中启用 Belin/Ambrosio 软件。

绿色区域：无明显风险。

黄色区域：风险略高。

红色区域：高风险。

对于圆锥角膜，TBI 值接近 1。

第六章

不同角膜屈光力圆锥角膜 Pentacam 图像解析

圆锥角膜在高度地形图中的表现以“又高又薄”为共同特征，在Placido为基础的地形图广泛应用的过程中，众多医生对角膜屈光力的认识更为深刻，成为更直观地对接“从角膜屈光度转向角膜高度”的认知关键环节。本书特地按照角膜屈光力K值从小到大的顺序，选择典型病例作解析：一些是圆锥角膜，一些是亚临床圆锥角膜，还有一些可疑圆锥角膜或需长期动态观察方可诊断。读者在临床工作中遇到类似病例时或可按角膜屈光度值快捷地按图索骥，参考本书中的方法学进行解析。

第一节　陡峭轴角膜屈光力(≤40.0D)

病例

男性，19岁，左眼进行性视力下降4年余。

【验光】右眼：－12.50/－2.50×20→0.4；左眼：－5.00→1.2。

【查体】右眼：结膜无充血，角膜透明，前房清，晶状体透明，眼底未见异常。左眼：结膜无充血，角膜透明，前房清，晶状体透明，眼底未见异常。

【个人史】右眼自幼“高度近视，弱视”，现戴镜－13.00D，否认其他眼部疾病及手术史。

【家族史】无。

单纯就此角膜屈光力图(图 6 - 1)来讲,K1、K2 分别为 39.3D、39.6D,通常情况下不太容易考虑圆锥角膜,但是结合屈光四联图,可发现明显异常。

Pentacam 图像

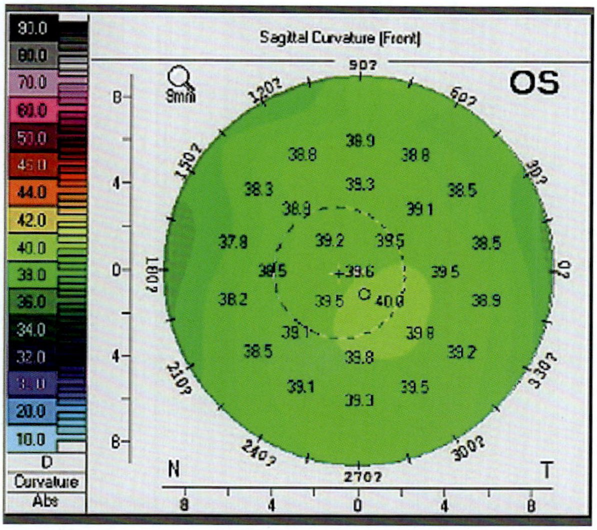

图 6 - 1　角膜屈光力图

左眼四联图显示角膜屈光力 K1 为 39.3D、K2 为 39.6D,角膜最薄处为 544μm,其对应的前后表面高度分别为+4μm 、+14μm,后表面偏高,且其前后表面高度图均为孤岛型(图 6 - 2),此时需要应用 Belin/Ambrosio 增强扩张图(以下均称为七联图)进行解析。七联图显示角膜厚度正常,厚度变化包括角膜厚度百分比递增曲线在正常范围。但是角膜 B. Ele. Th 即最薄点的后表面高度显示黄色可疑异常,增强高度图提示后表面高度可疑异常。高度差异图显示了基线高度图与增强高度图之间的相对高度改变,出现黄色警示,表示该区域异常,结合临床表现,诊断其为亚临床圆锥角膜(图 6 - 3)。

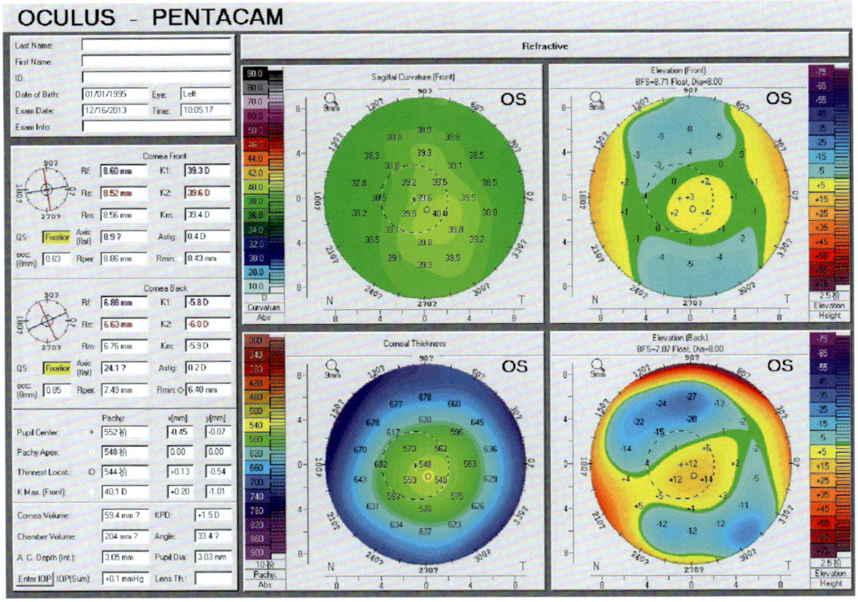

图 6－2 左眼屈光四联图

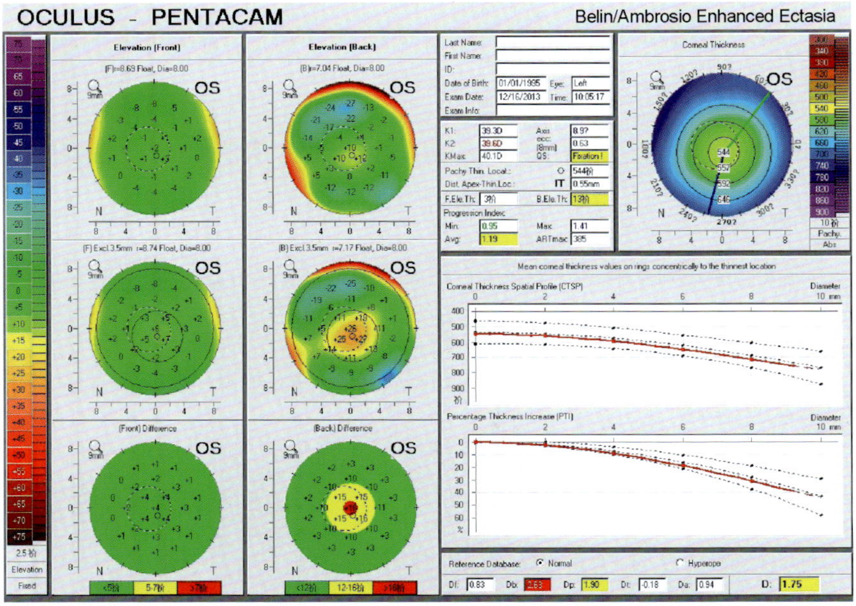

图 6－3 左眼角膜七联图

该病例首诊主诉是左眼近年来视力下降，因右眼自幼视力较差，故患者只关注了左眼。但圆锥角膜通常为双眼发病，可先后发生病变，因此务必检查患者对侧眼情况。

不出所料，该患者的右眼地形图明显异常，四联图显示角膜屈光力 K1 为 51.3D、K2 为 52.5D，最大角膜屈光力 60.0D；前后表面明显突起，分别为 +43μm、+81μm；角膜最薄处为 459μm，明显变薄（图 6－4）。七联图显示角膜厚度百分比递增曲线明显下降，高度差异图前后表面均显示红色，圆锥诊断明确，严重程度超过左眼（图 6－5）。

该病例左眼是隐匿的临床圆锥角膜，只是患者右眼视力自幼较差，对可能出现的变化并未留意，只是在左眼近视进展较快时才来就诊。这则病例提醒临床医生，必须有“双眼一体”的概念。

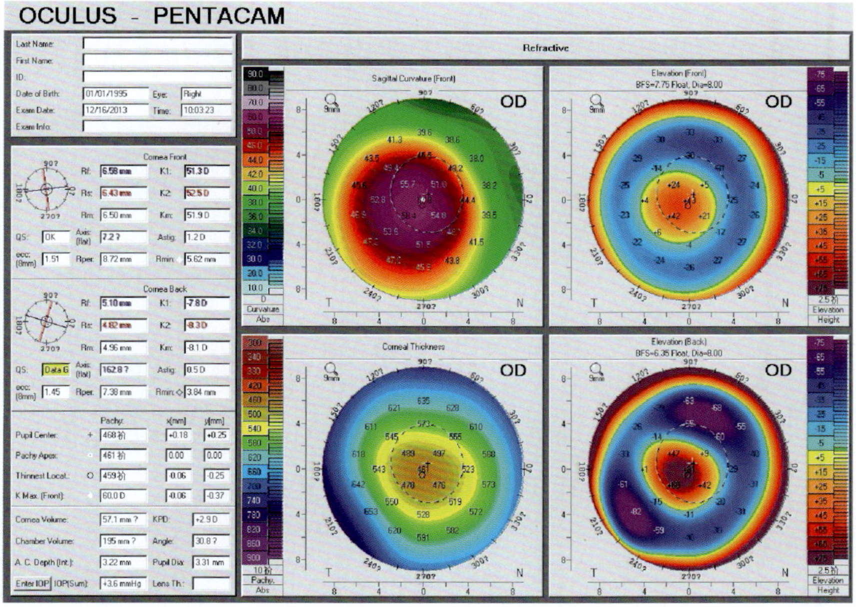

图 6－4 右眼屈光四联图

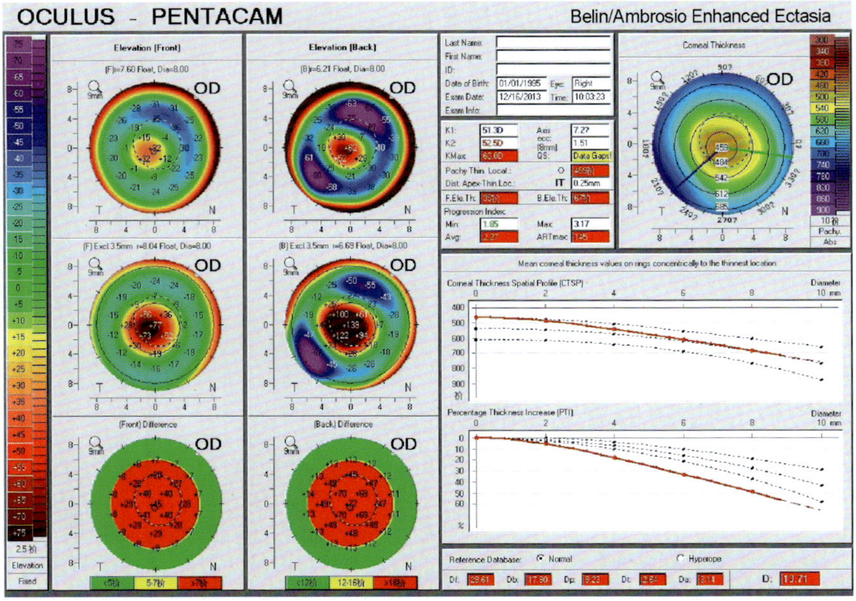

图 6－5　右眼角膜七联图

第二节　陡峭轴角膜屈光力(40.1D～43.0D)

病例 1

男性，30 岁，双眼视力下降 12 年。

【验光】右眼：－4.25/－0.75×140→1.2；左眼：－1.50/－0.25×80→1.0。

【查体】右眼：结膜无充血，角膜透明，前房清，晶状体透明，眼底未见异常。左眼：结膜无充血，角膜透明，前房清，晶状体透明，眼底未见异常。

【个人史】否认其他眼部手术及眼部疾病史。

【家族史】无。

右眼角膜屈光力 K1 为 41.4D、K2 为 42.1D，角膜散光度数 0.7D，轴向 173.4°，角膜顶点偏移。四联图示角膜最大屈光力为 42.6D，角膜最薄处(582μm)与角膜前表面最高处(＋6μm)和角膜后表面最高处（$+18\mu m$）重合，前后表面高度图呈现为角膜周边区域高度正常而中央偏鼻侧区域呈相对的圆形抬高，分别表现为偏心岛型及中心岛型膨隆区（图 6－6），虽然 Belin 曲线 CTSP 和 PTI 均在正常范围，但高度差异度图前表面图像（黄色）提示可疑异常，后表面图像（红色）提示异常（图 6－7）。

左眼角膜屈光力 K1 为 41.4D、K2 为 42.1D，角膜散光度数 0.7D，轴向 22.7°为斜轴。角膜前表面屈光力不对称。四联图示角膜最大屈光力为 42.6D，角膜前表面高度为$+5\mu m$。角膜最薄处（$593\mu m$）与角膜后表面最高处（$+15\mu m$）接近，后表面高度图呈现角膜周边区域高度相对偏低而中央偏鼻侧区域呈相对的圆形隆起，分别为半岛型及中心岛型膨隆区域（图 6－8）。虽然 Belin 曲线 CTSP 和 PTI 均在正常范围，但高度差异度图后表面图像（黄色）提示可疑异常（图 6－9）。

Pentacam 图像

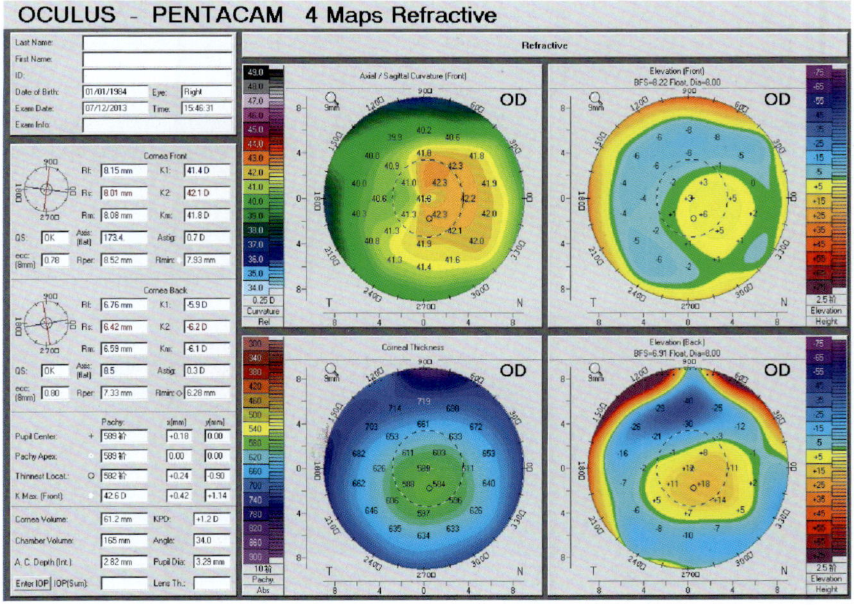

图 6－6　右眼屈光四联图

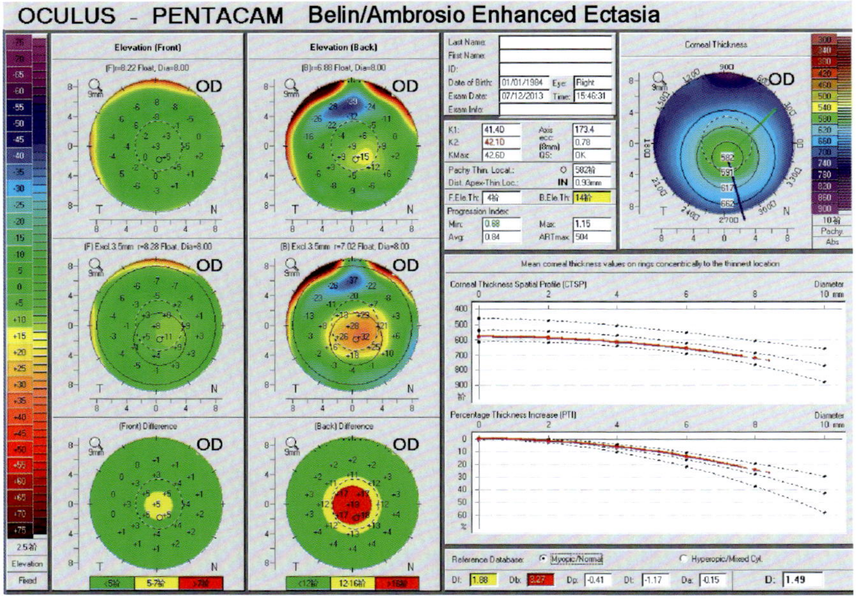

图 6－7　右眼角膜七联图

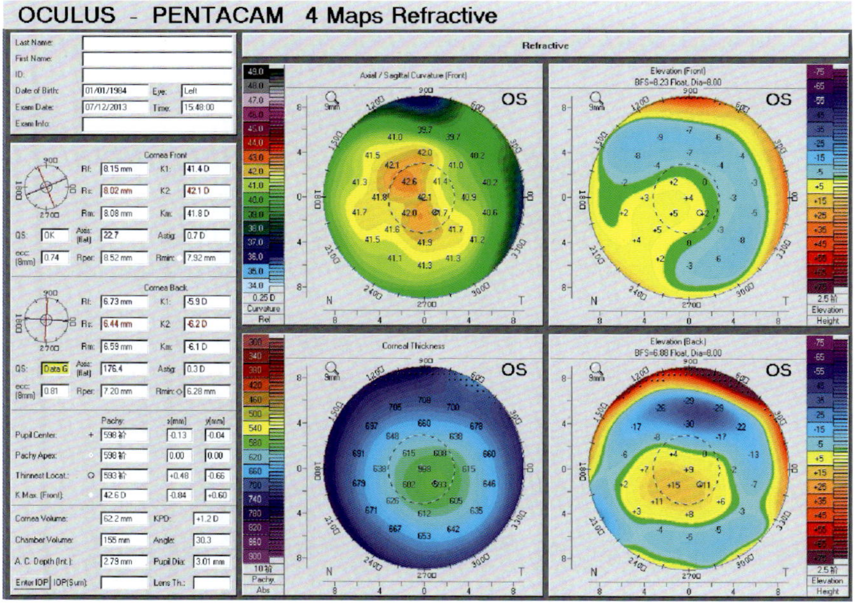

图 6－8　左眼屈光四联图

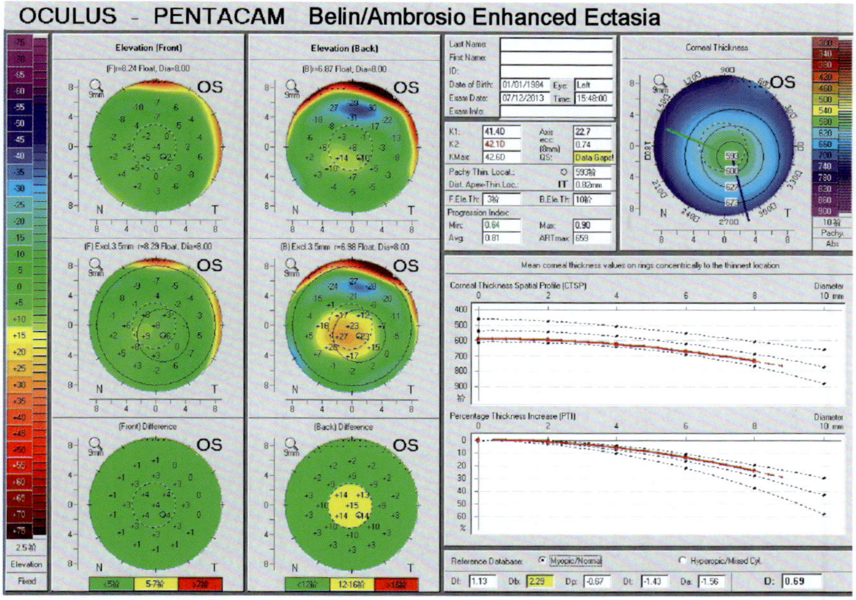

图 6－9　左眼角膜七联图

综合以上数据，可诊断双眼为亚临床圆锥角膜。此病例提示，在角膜屈光力正常、角膜厚度未变薄甚至超过平均值的情况下也有可能是圆锥角膜。圆锥角膜是以后表面异常隆起为起点，即使前表面正常也应警惕。屈光手术术前检查务必重视后表面高度。

病例 2

男性，10 岁，右眼视力下降 2 个月。

【验光】右眼：＋0.50/－1.00×170→0.8；左眼：＋1.00/－2.25×170→1.0。

【查体】右眼：结膜无充血，角膜透明，前房清，晶状体透明，眼底未见异常。左眼：结膜无充血，角膜透明，前房清，晶状体透明，眼底未见异常。

【个人史】双眼先天性上睑下垂，6 年前手术治疗，否认其他眼部手术及眼部疾病史。

【家族史】无。

右眼四联图显示角膜屈光力 K1 为 41.3D、K2 为 42.6D，角膜散光约 1.3D，轴位 11.1°。角膜前后表面高度在角膜厚度最薄处（510μm）均有抬高（分别为＋7μm、＋14μm）（图 6－10），Belin 七联图显示角膜厚度百分比递增曲线尚在正常范围但差异度图前后表面均显示红色或黄色，表示异常，单从图像看诊断为亚临床圆锥角膜（图 6－11）。

左眼四联图显示角膜屈光力 K1 为 41.0D、K2 为 44.3D，最大角膜屈光力 44.5D；最薄角膜 520μm，相对应的前表面为＋7μm，后表面为＋13μm（图 6－12）。七联图显示角膜厚度百分比递增曲线在正常范围内，高度差异图前表面显示黄色，提示可疑。结合右眼情况，似可诊断为亚临床圆锥角膜（图 6－13）。

Pentacam 图像

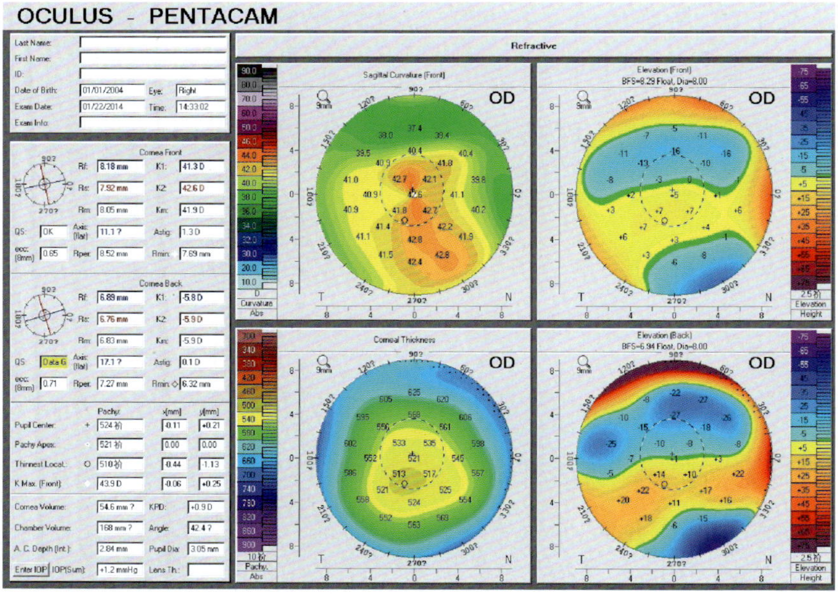

图 6－10　右眼屈光四联图

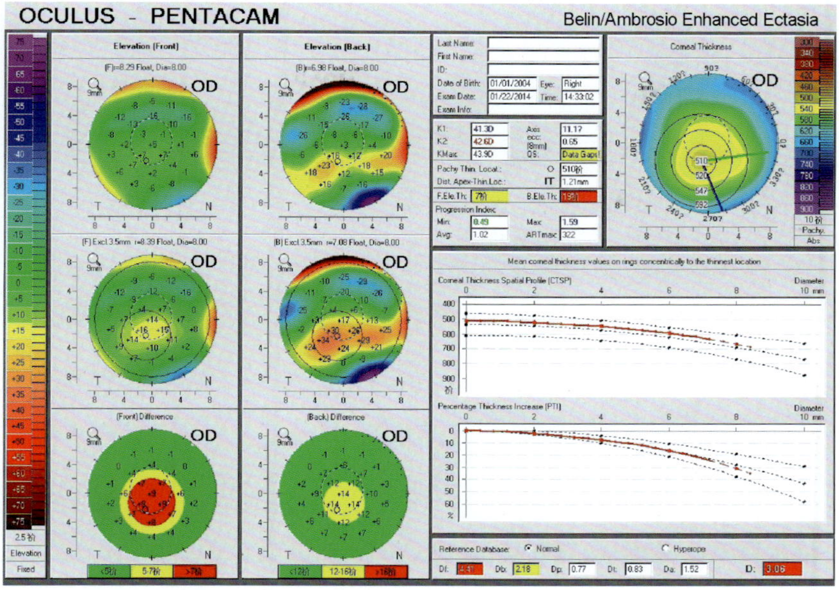

图 6－11　右眼角膜七联图

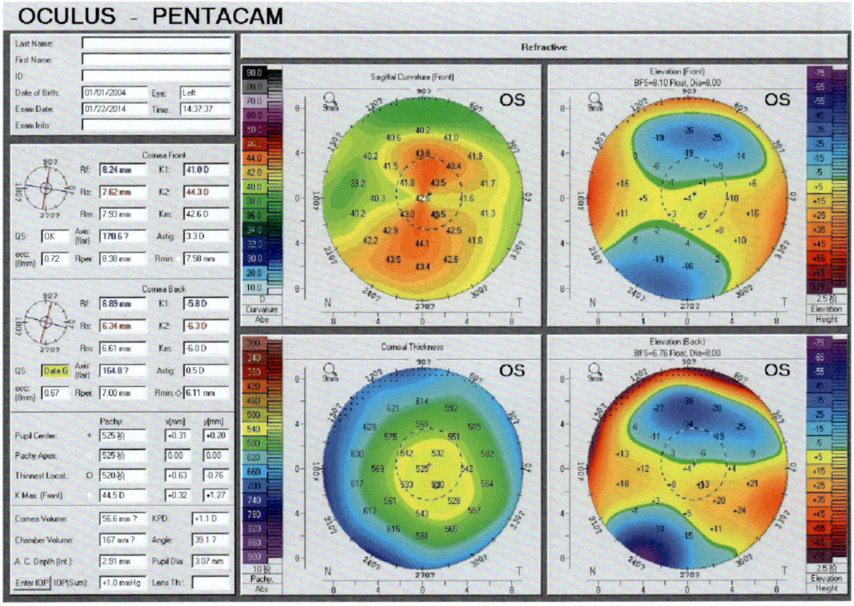

图 6－12　左眼屈光四联图

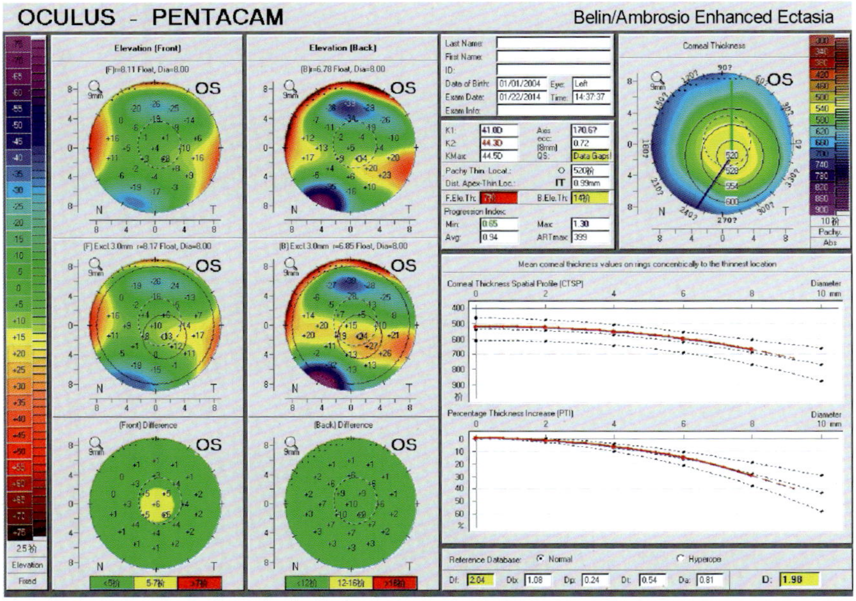

图 6－13　左眼角膜七联图

但该患者有上睑下垂手术史，该患者前后表面高度图均为标准的散光形态，两侧翘起、中央凹陷，后表面数值高但非锥形隆起，周边更加抬高，厚度变化率无异常，双眼厚度接近且对称性好。不排除上述异常是源自受上睑压迫的影响，需要动态观察其地形图高度及角膜厚度的变化情况。该病例提示病史的重要性及动态观察的必要性。

病例 3

男性，26 岁，双眼视力下降 2 年。

【验光】右眼：－3.00/－1.25×30→0.5；左眼：－10.00/－2.50×25→0.15。

【查体】右眼：结膜无充血，角膜透明，前房清，晶状体透明，眼底未见异常。左眼：结膜无充血，角膜透明，可见角膜中央前突不明显，前房清，晶状体透明，眼底未见异常。

【个人史】双眼近视 13 年，戴镜－3.0D。否认其他眼部疾病及手术史。

【家族史】无。

右眼四联图显示角膜屈光力 K1 为 38.9D、K2 为 42.1D，最大角膜屈光力 46.2D；角膜最薄厚度为 400μm，相对应处前表面隆起，为＋14μm，后表面明显突起，为＋42μm；角膜前后表面最高点与最薄点吻合，角膜顶点显著偏移（图 6－14）。七联图 F. Ele. Th/B. Ele. Th 及 ART max 均显示异常红色，角膜厚度百分比递增曲线明显下降，差异度图前表面显示黄色，可疑异常，后表面显示红色，表示异常，圆锥诊断明确（图 6－15）。

左眼四联图显示角膜屈光力 K1 为 44.5D、K2 为 47.8D，最大角膜屈光力 55.3D；角膜最薄厚度为 359μm，明显变薄，对应处前后表面明显突起，分别为＋25μm、＋68μm（图 6－16）。七联图显示角膜厚度百分比递增曲线明显下降，差异度图显示红色，表示异常，圆锥诊断明确（图 6－17）。

Pentacam 图像

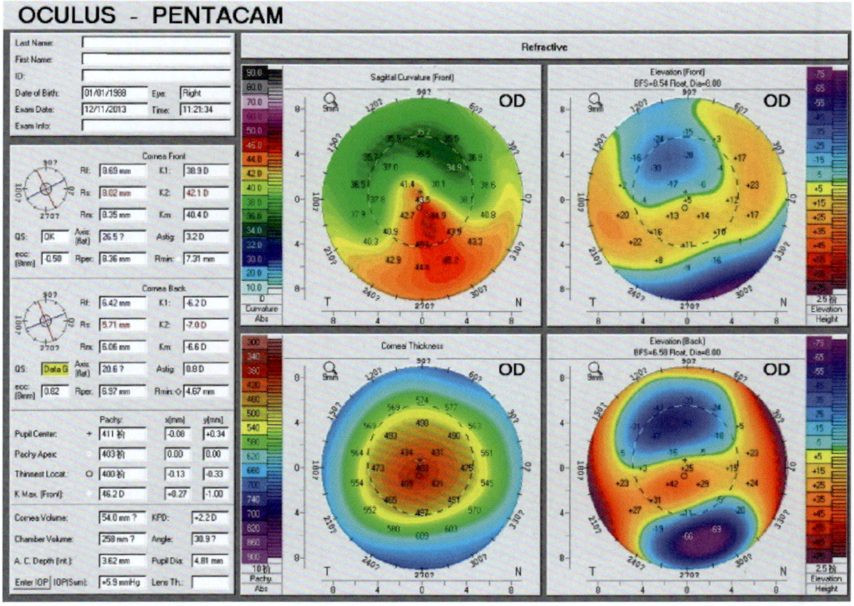

图 6－14　右眼屈光四联图

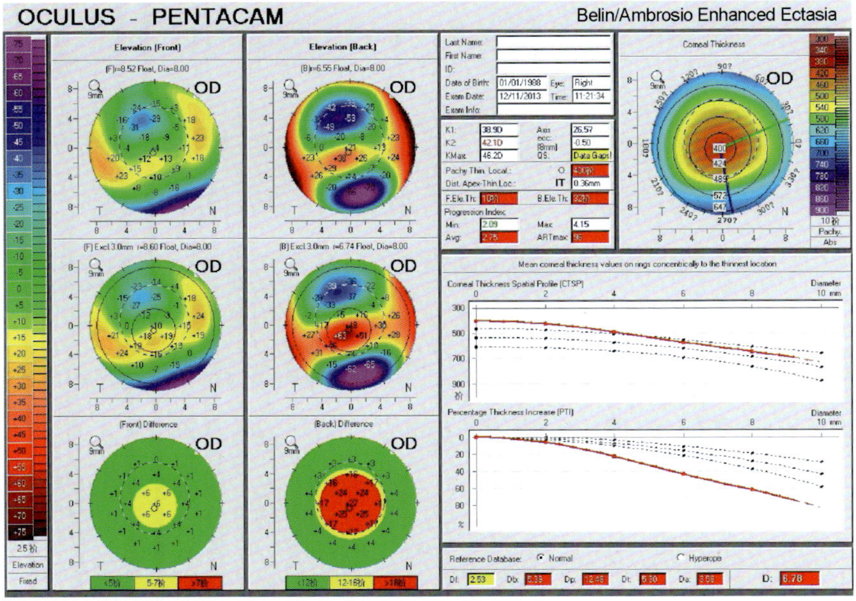

图 6－15　右眼角膜七联图

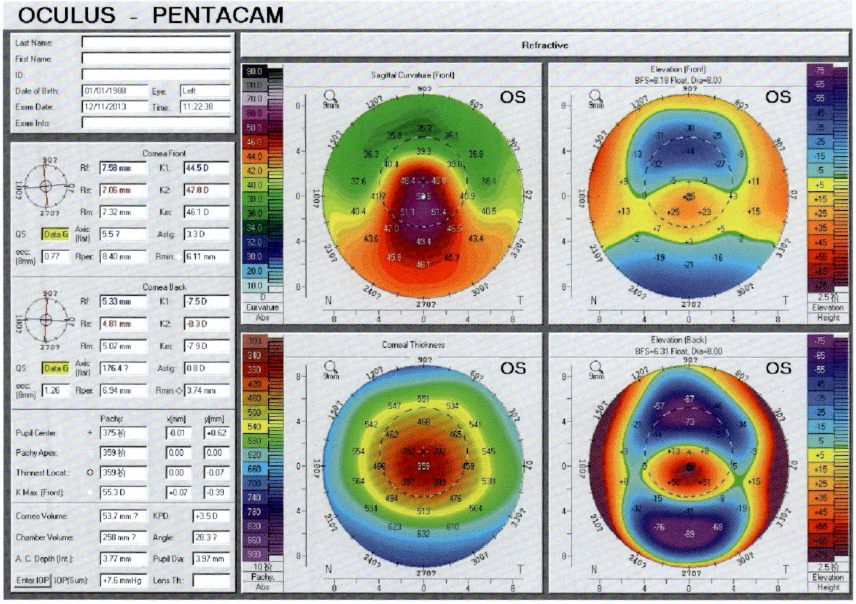

图 6－16　左眼屈光四联图

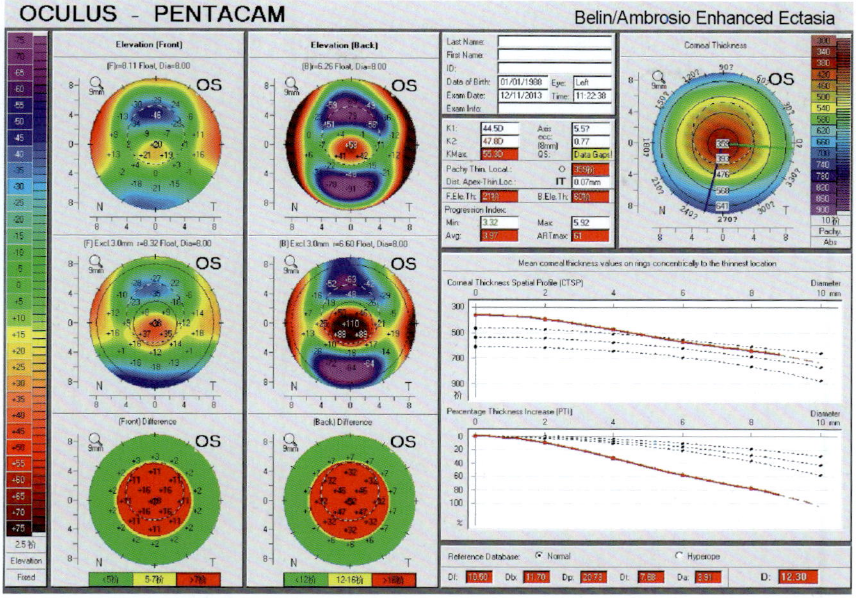

图 6－17　左眼角膜七联图

注意：该病例表现为屈光参差，右眼－3.00DS/左眼－10.00DS，左右眼分别为－2.50DC 和－1.25DC 的斜轴散光。若不行地形图检查，极有可能漏诊这类临床圆锥病例。

病例 4

男性，14 岁，左眼视力进行性下降近 1 年。

【验光】右眼：－3.00/－0.75×70→1.0；左眼：－3.00→0.15。

【查体】右眼：结膜无充血，角膜透明，前房清，晶状体透明，眼底未见异常。左眼：结膜无充血，角膜透明，中央前突，前房清，晶状体透明，眼底未见异常。

【个人史】双眼近视 3 年，4 个月前外院诊断为双眼圆锥角膜。否认其他眼部疾病及手术史。

【家族史】其父高度散光。

右眼四联图显示角膜屈光力 K1 为 39.9D、K2 为 41.4D，最大角膜屈光力 45.6D；前后表面明显突起，分别为＋13μm、＋34μm；角膜最薄处为 505μm，最高、最陡、最薄处吻合，右眼角膜前表面呈半岛型抬高区域（图 6－18）。七联图显示 F. Ele. Th 及 B. Ele. Th 呈红色异常，角膜厚度百分比递增曲线明显下降，差异度图前后表面均显示红色，诊断为圆锥角膜（图 6－19）。

左眼四联图显示角膜屈光力 K1 为 45.4D、K2 为 47.1D，最大角膜屈光力 53.9D；前后表面明显突起，分别为＋29μm、＋59μm；角膜最薄处为 482μm，明显变薄，角膜前后表面最高点，最薄点与最大屈光力点吻合（图 6－20）。七联图显示角膜厚度百分比递增曲线明显下降，差异度图前后表面均显示红色，表示异常，诊断为圆锥角膜（图 6－21）。

Pentacam 图像

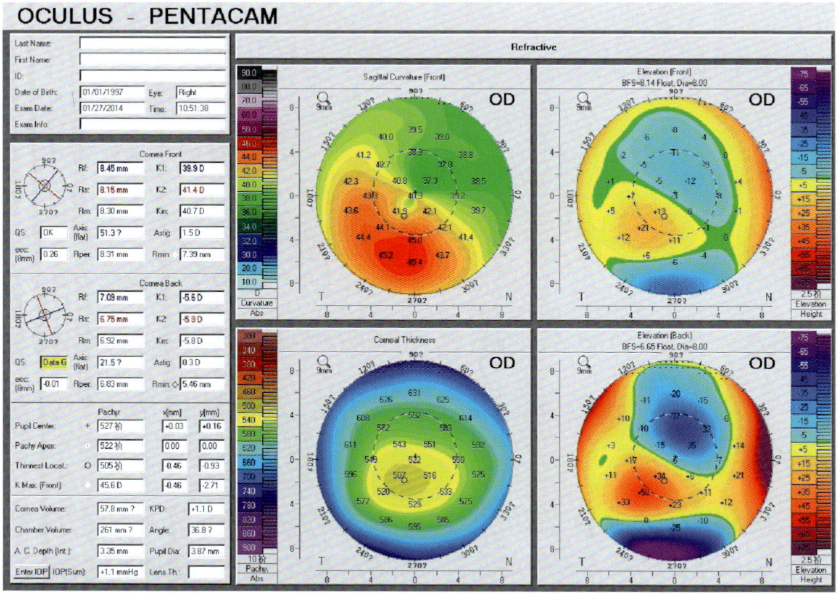

图 6－18　右眼屈光四联图

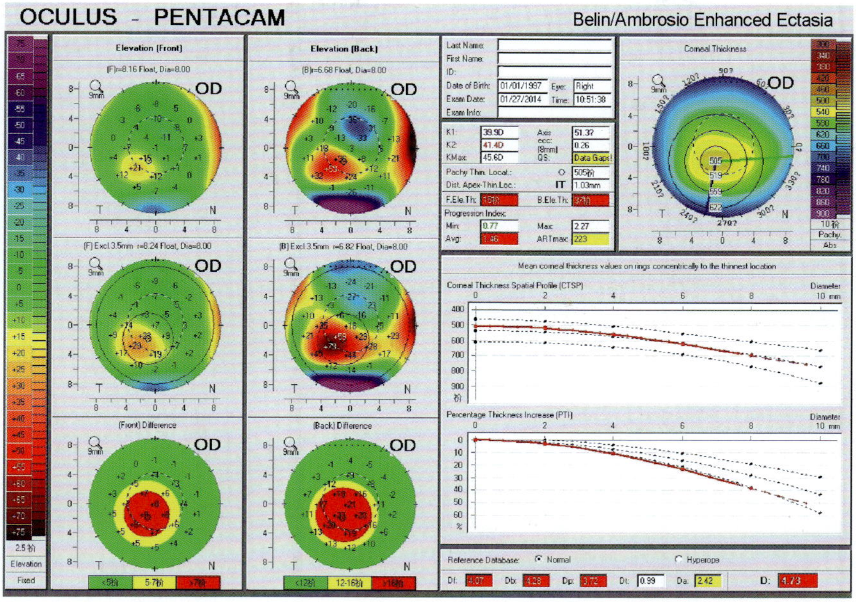

图 6－19　右眼角膜七联图

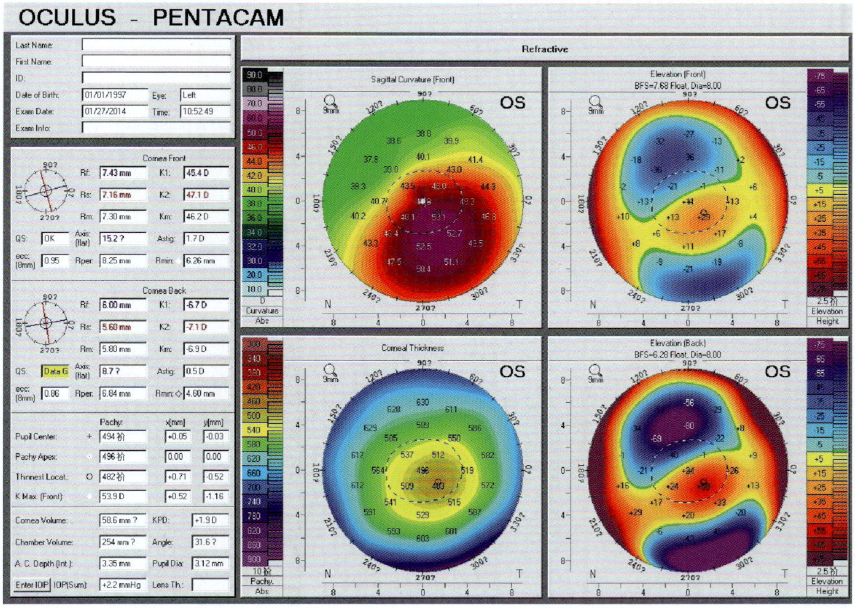

图 6－20　左眼屈光四联图

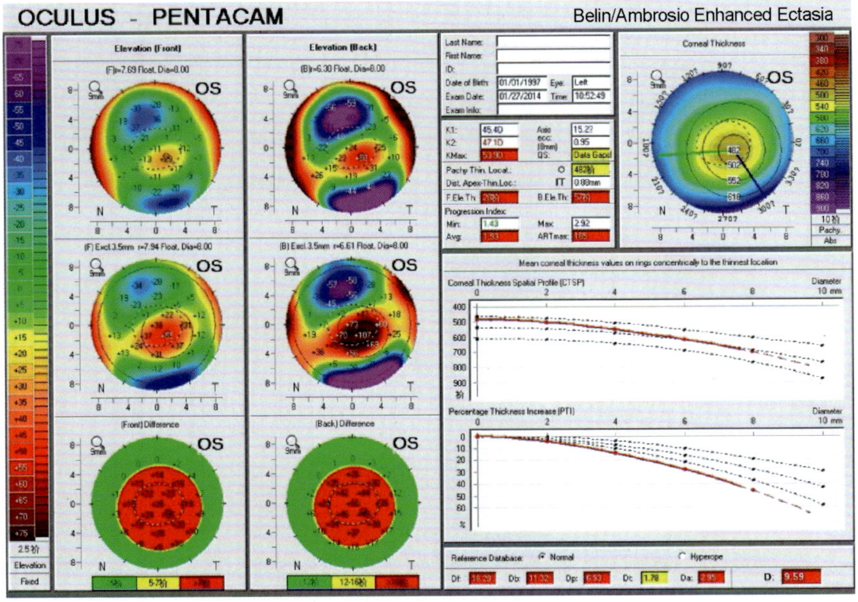

图 6－21　左眼角膜七联图

注意，该病例为青少年，在验光过程中仅发现右眼轻度散光(0.75DC)，左眼未验出散光，但矫正视力仅0.15，提示需要排查原因。Pentacam地形图显示为临床圆锥前期，角膜厚度分别为505μm和482μm，符合行胶原交联的条件，可考虑先行角膜胶原交联术。

病例 5

男性，22岁，右眼视力下降2年。

【验光】右眼：－3.25/－0.25×5→1.0；左眼：＋2.50/－3.75×90→0.7。

【查体】右眼：结膜无充血，角膜透明，前房清，晶状体透明，眼底未见异常。左眼：结膜无充血，角膜移植片透明在位，前房清，晶状体透明，眼底未见异常。

【个人史】2 年前左眼外院诊断“圆锥角膜”，行穿透性角膜移植术。

【家族史】无。

右眼四联图显示角膜屈光力 K1 为 40.6D、K2 为 40.7D，最大角膜屈光力为 41.4D，与角膜最薄处 477μm 基本吻合。同时，此处对应角膜前后表面高度分别为＋3μm、＋20μm，亦基本为角膜最陡点（图 6－22），七联图显示角膜厚度百分比递增曲线仍在正常范围，差异度图前后表面均显示绿色，但 B. Ele. Th 显示黄色（图 6－23）。

Pentacam 图像

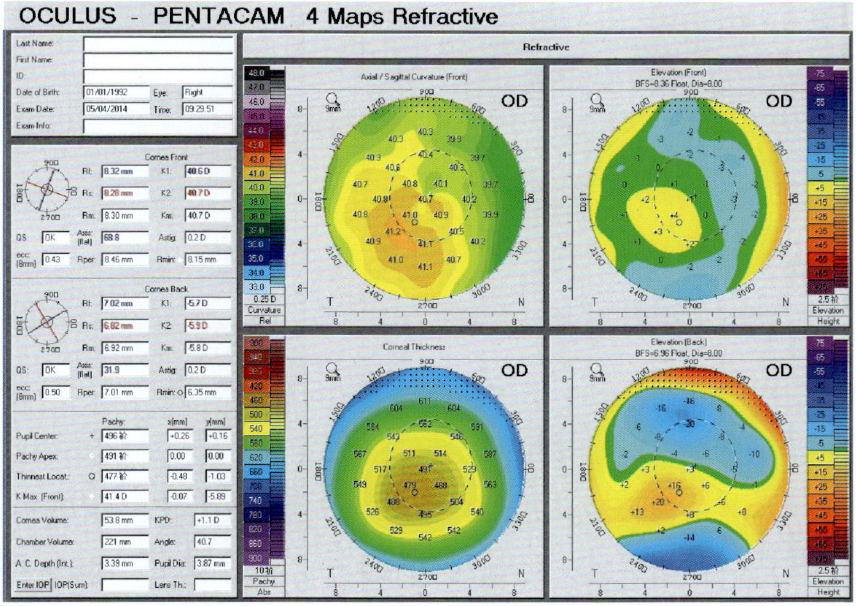

图 6－22　右眼屈光四联图

患者主觉验光为中度近视轻度散光，矫正视力正常，角膜屈光力41D左右，单纯从这些值判断很容易忽视圆锥角膜可能，但从后表面高度图我们看到已明显抬高，且最大角膜屈光力与角膜最薄点以及前后表面最高点相吻合，结合患者左眼情况，可诊断为“亚临床圆锥角膜”，考虑行快速角膜胶原交联术。

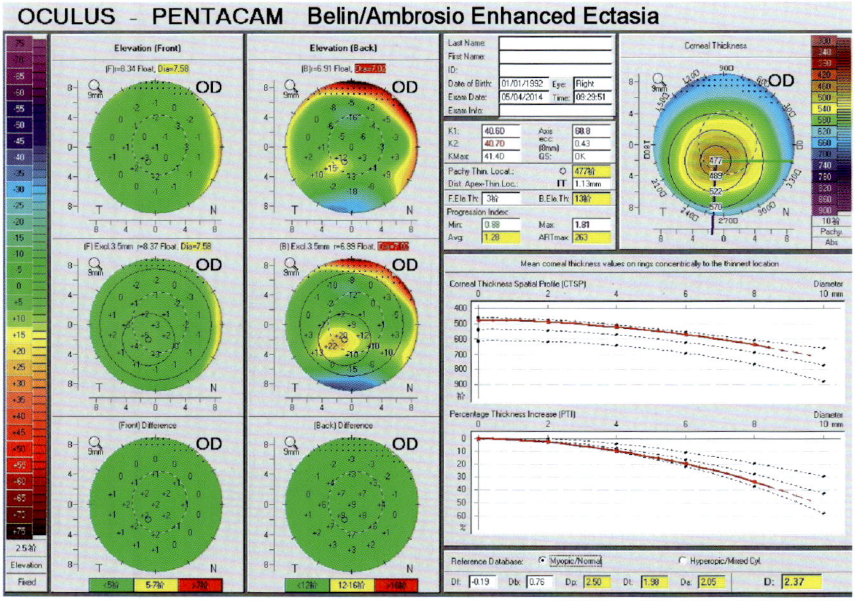

图 6－23　右眼角膜七联图

左眼 PKP 术后，四联图显示角膜屈光力 K1 为 39.1D、K2 为 39.6D；植片部位最薄点角膜厚度为 530μm，对应处的角膜屈光力为 38.3D，对应前后表面高度分别为－7μm、＋27μm（图 6－24）。虽然七联图显示角膜移植片厚度百分比递增曲线在正常范围，但差异度图后表面显示黄-红色，结合后表面高度增加等数据，提示圆锥角膜复发风险，需密切临床随访（图 6－25）。

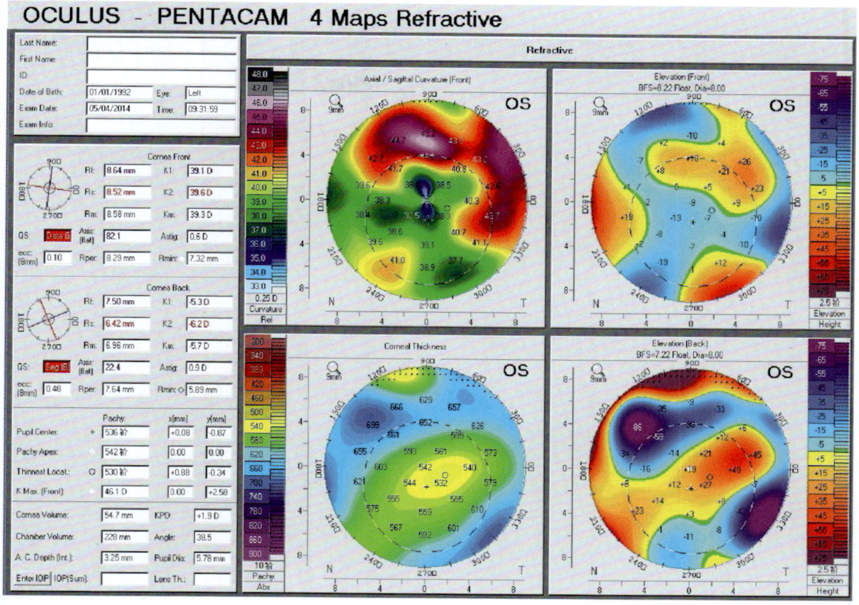

图 6－24　左眼屈光四联图

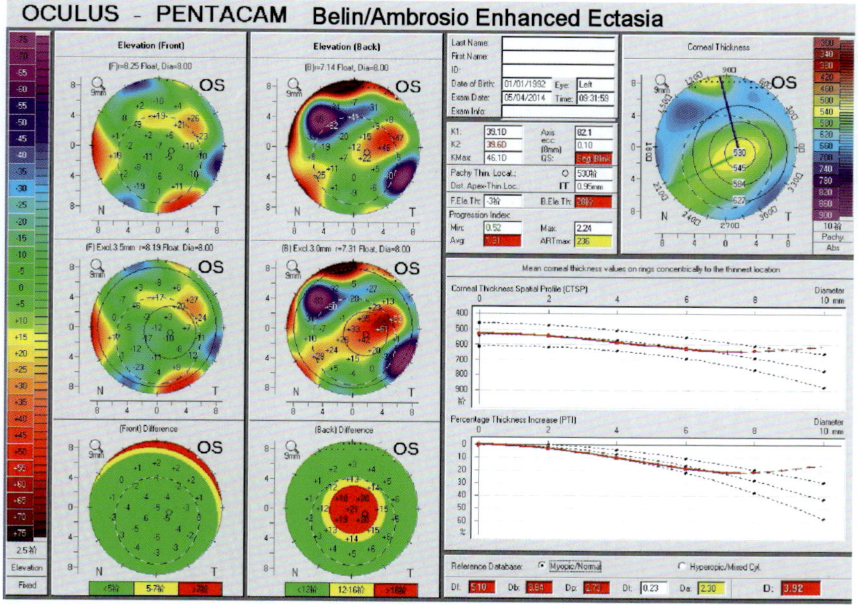

图 6－25　左眼角膜七联图

第三节　陡峭轴角膜屈光力(43.1D～46.0D)

病例 1

男性，28 岁，双眼视力下降 10 年。

【验光】右眼：−3.25/−0.75×140→0.8；左眼：−1.75/−0.50×180→1.0。

【查体】右眼：结膜无充血，角膜透明，前房清，晶状体透明，眼底未见异常。左眼：结膜无充血，角膜透明，前房清，晶状体透明，眼底未见异常。

【个人史】否认其他眼部手术及眼部疾病史。

【家族史】无。

右眼角膜屈光力 K1 为 42.5D、K2 为 43.1D，角膜散光度数 0.6D，轴向 4.4°，角膜前表面及后表面高度均呈半岛型抬高区域(+5μm、+14μm)。四联图示角膜前表面最陡处为45.0D，角膜最薄处(583μm)与角膜前表面最高处和角膜后表面最高处重合(图 6－26)。Belin 曲线 CTSP 和 PTI 落在正常范围下限边缘，高度图前表面可疑异常，增强图提示后表面异常，差异度图后表面图像(黄—红色)提示高度怀疑后圆锥(图 6－27)。

左眼角膜屈光力 K1 为 42.5D、K2 为 43.3D，角膜散光度数 0.8D，轴向 9.8°，角膜前后表面高度呈半岛型隆起区域(+4μm、+17μm)欠规则。四联图示角膜前表面最陡处为 43.3D，角膜最薄处(584μm)与角膜前表面最高处和角膜后表面最高处重合(图 6－28)。Belin 曲线 CTSP 低于正常下限，PTI 落在正常范围下限，高度差异度图后表面图像红色提示异常，基线高度图及增强高度图均显示后表面异常，提示圆锥风险(图 6－29)。

Pentacam 图像

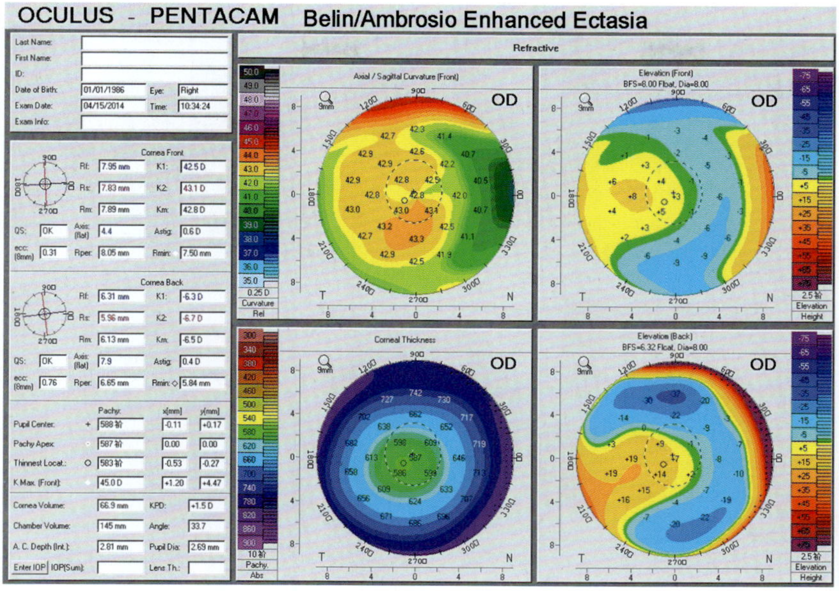

图 6－26　右眼屈光四联图

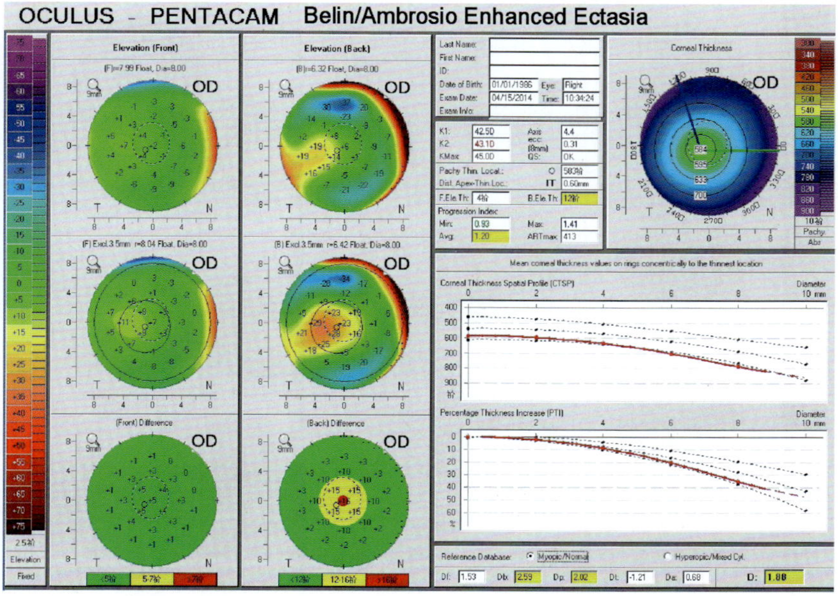

图 6－27　右眼角膜七联图

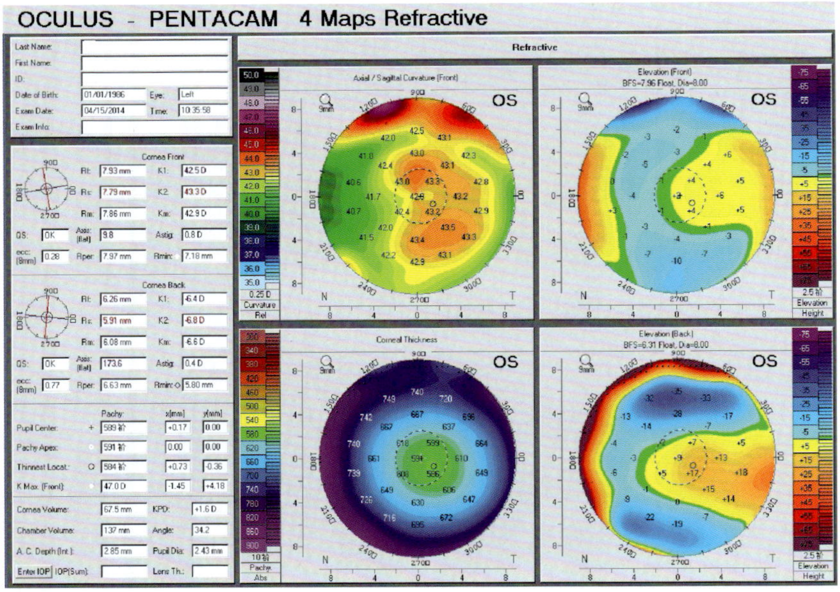

图 6－28 左眼屈光四联图

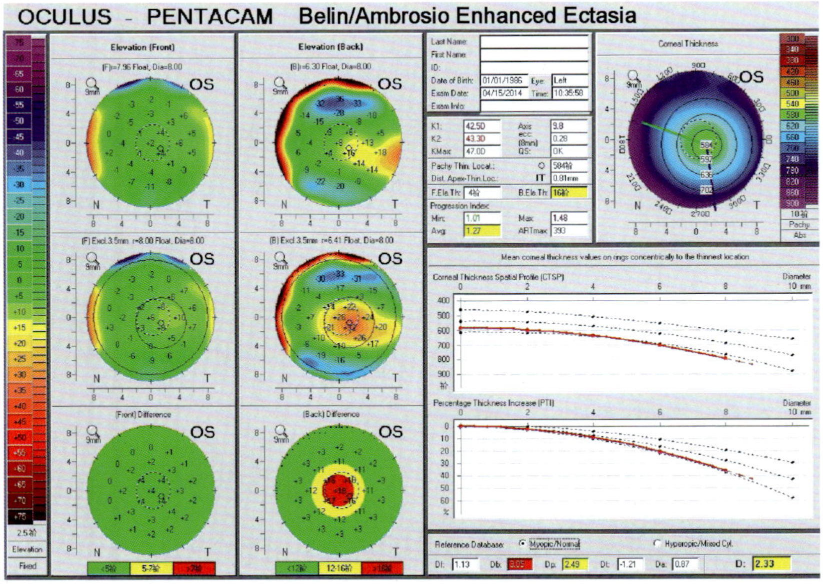

图 6－29 左眼角膜七联图

综合以上数据，可考虑双眼后圆锥。但该例的双眼对称性好，角膜不薄且最薄点厚度双眼亦一致，前后表面形态"C"形，仍可能为生理形态，所以，后圆锥的分析有理，但尚不能诊断为圆锥角膜，临床医生必须随访并高度关注。该病例为正常角膜厚度，轻、中度近视伴轻度散光，右眼轴位为斜轴，左眼为水平轴向，再次提醒在临床工作中即使对于近视及散光度数很低，甚至角膜厚度正常的患者不能掉以轻心，需动态跟踪观察。

病例 2

男性，24 岁，左眼进行性视力下降 2 年。

【验光】右眼：－4.50/－0.25×130→1.0；左眼：－1.75×85→0.8。

【查体】右眼：结膜无充血，角膜透明，前房清，晶状体透明，眼底未见异常。左眼：结膜无充血，角膜透明，前房清，晶状体透明，眼底未见异常。

【个人史】近视 8 年，右眼戴镜－4.00D，左眼戴镜－3.00D，否认其他眼部疾病及手术史。

【家族史】父亲近视，具体度数不详，否认圆锥角膜家族史。

左眼四联图显示角膜屈光力 K1 为 42.0D、K2 为 43.4D，最大角膜屈光力 49.2D；前后表面明显隆起，分别为＋18μm、＋44μm，与角膜最薄处(501μm)吻合，角膜厚度较对侧眼明显变薄(右眼 526μm)(图 6－30)。七联图显示角膜厚度百分比递增曲线明显下降，差异度图前后表面均显示红色，圆锥诊断明确(图 6－31)。

右眼四联图显示角膜屈光力 K1 为 42.4D、K2 为 43.2D，最大角膜屈光力 44.5D；最薄点对应前后表面高度分别为＋4μm、＋15μm；角膜最薄处为 526μm，三位点合一，符合圆锥角膜表现(图 6－32)。虽然七联图显示角膜厚度百分比递增曲线走行正常，属于正常范围，差异度图前后表面均显示绿色，表示未见明显异常，结合左眼情况，此眼可诊断为亚临床圆锥角膜(图 6－33)。

Pentacam 图像

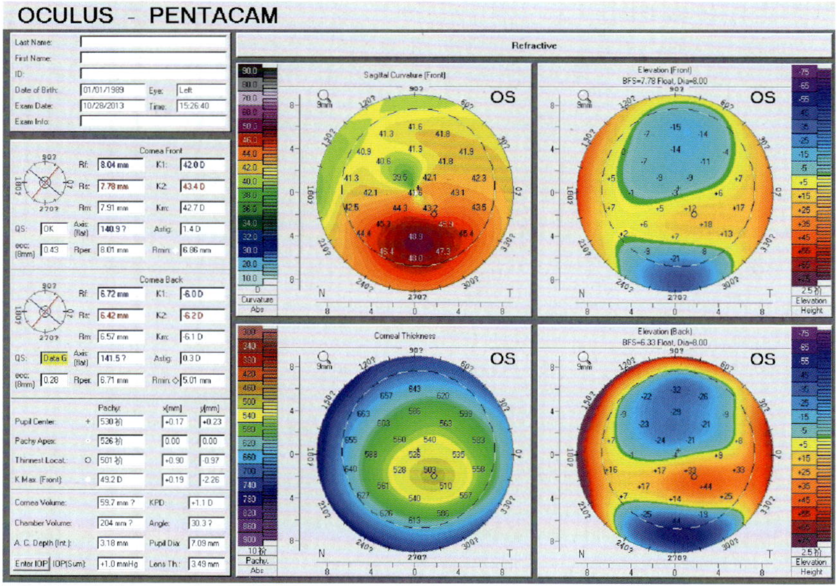

图 6－30　左眼屈光四联图

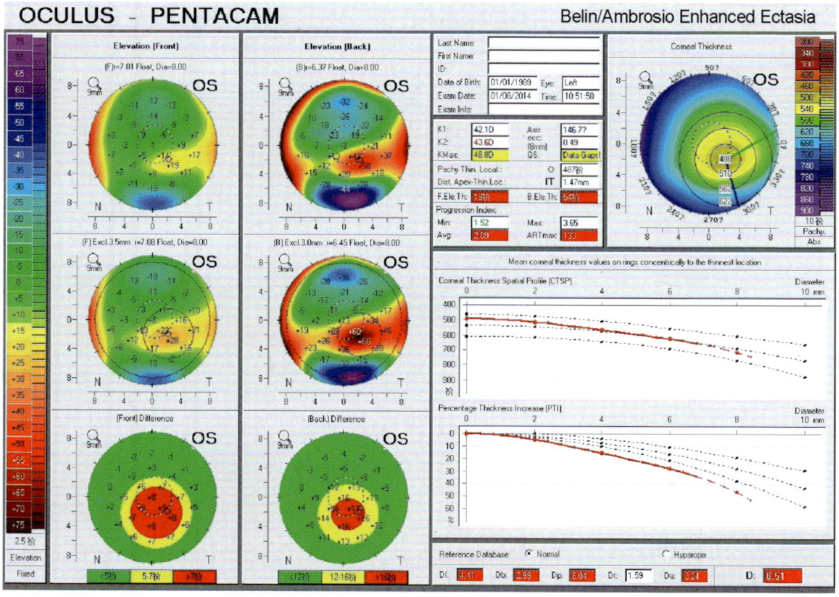

图 6－31　左眼角膜七联图

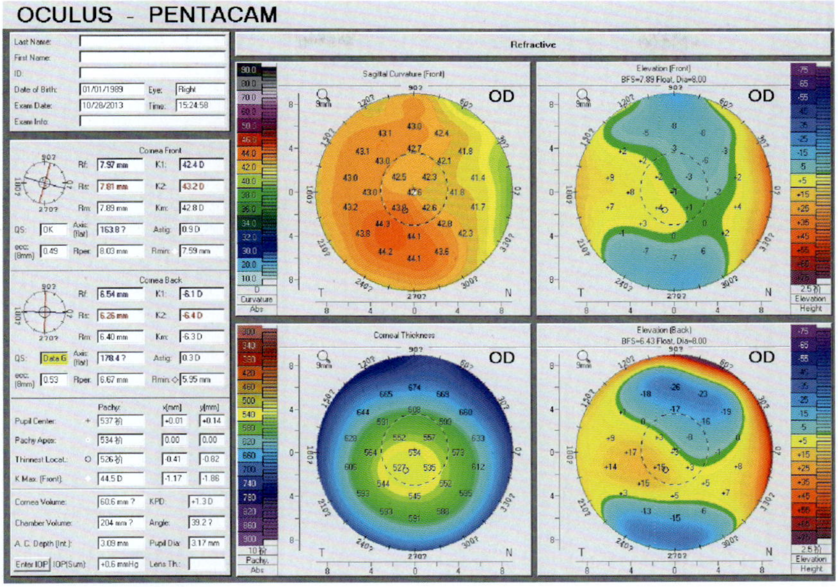

图 6－32 右眼屈光四联图

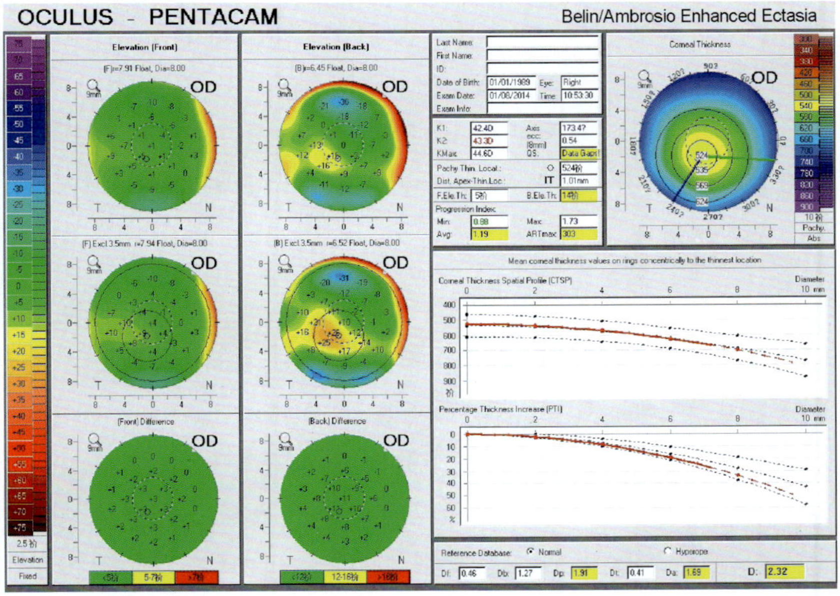

图 6－33 右眼角膜七联图

病例 3

男性，13 岁，双眼视力下降 2 年。

【验光】右眼：−7.00/−3.50×60→0.5；左眼：−9.00/−1.75×120→0.3。

【查体】右眼：结膜无充血，角膜透明，中央前突，前房清，晶状体透明，眼底未见异常。左眼：结膜无充血，角膜透明，中央前突，前房清，晶状体透明，眼底未见异常。

【个人史】否认其他眼病及手术史。

【家族史】无。

右眼四联图显示角膜屈光力 K1 为 43.5D、K2 为 45.8D，最大角膜屈光力 53.1D；前后表面明显隆起，分别为 +33μm、+60μm；角膜最薄处为 469μm，明显变薄(图 6-34)。七联图显示角膜厚度百分比递增曲线明显下降，高度差异图前后表面均显示红色，圆锥诊断明确(图 6-35)。

左眼四联图显示角膜屈光力 K1 为 48.0D、K2 为 51.0D，最大角膜屈光力 63.9D；前后表面明显突起，分别为 +42μm、+83μm；角膜最薄处为 443μm，明显变薄(图 6-36)。七联图显示角膜厚度百分比递增曲线明显下降，高度差异图前后表面均显示红色，圆锥角膜诊断明确(图 6-37)。

该例患者就诊时已有明显的圆锥角膜表现，临床上通常不会漏、误诊。该患者为斜轴散光，矫正视力已明显下降，需用 RGP 矫正。该患者需要 Pentacam 定期随访，以了解其动态变化并及时予以干预，如角膜胶原交联术的考虑等。

Pentacam 图像

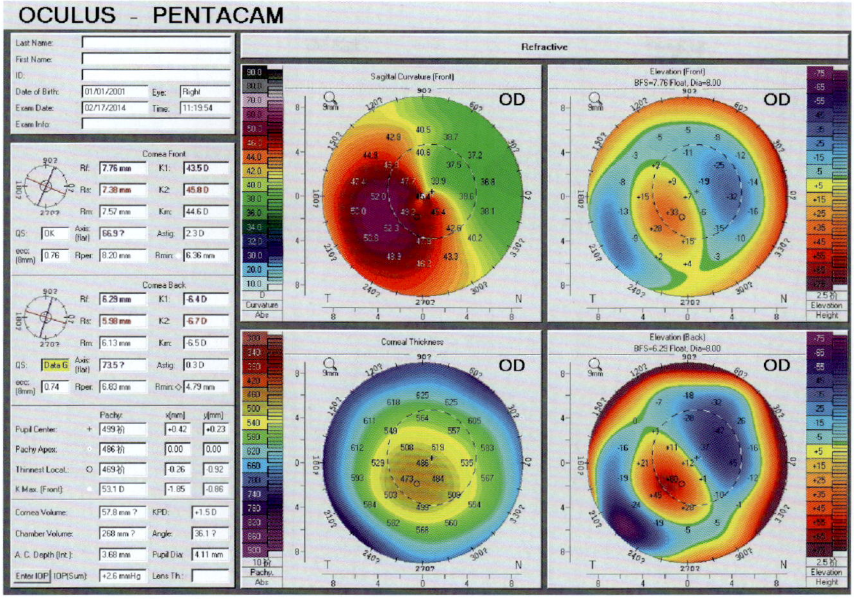

图 6 - 34　右眼屈光四联图

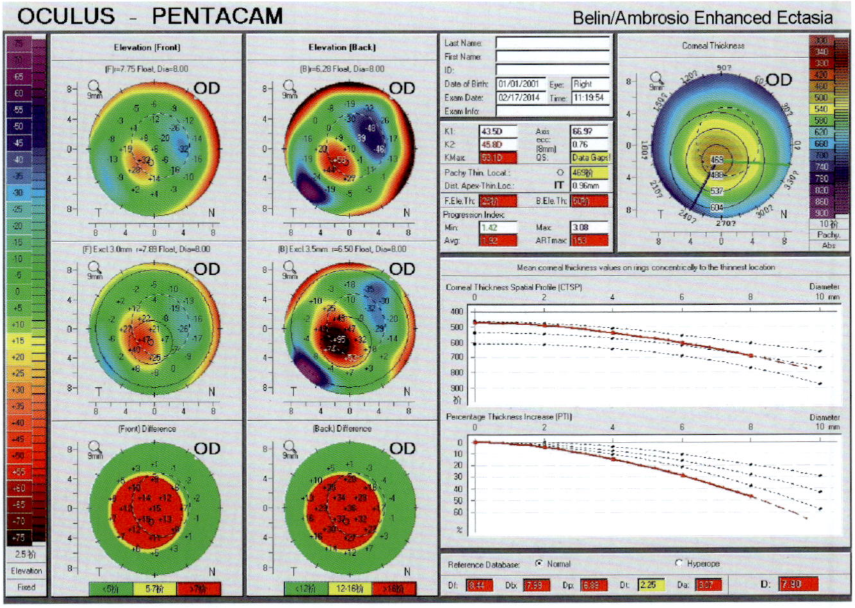

图 6 - 35　右眼角膜七联图

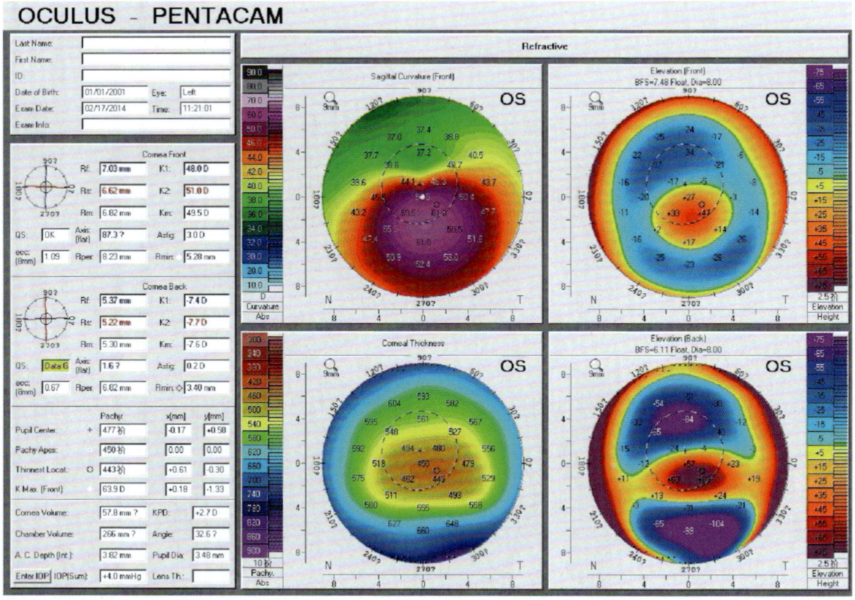

图 6－36　左眼屈光四联图

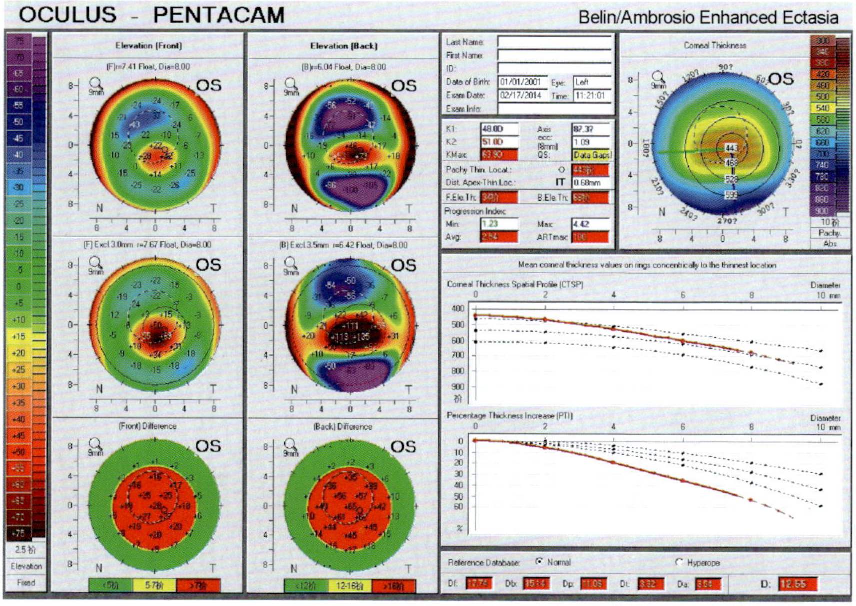

图 6－37　左眼角膜七联图

病例 4

男性，24 岁，双眼视力下降 8 个月。

【验光】右眼：＋0.75/－6.00×90→0.9；左眼：－6.00×90→0.4。

【查体】右眼：结膜无充血，角膜透明，中央稍前突，Vogt 线（＋），前房清，晶状体透明，眼底未见异常。左眼：结膜无充血，角膜中央见 1mm×1mm 云翳，Vogt 线（＋），中央圆锥状前突，前房清，晶状体透明，眼底未见异常。

【个人史】否认其他眼部疾病及手术史。

【家族史】无。

右眼四联图显示角膜屈光力 K1 为 38.9D、K2 为 44.7D，最大角膜屈光力 49.9D；前后表面明显抬高，分别为＋43μm、＋81μm；角膜最薄处为 503μm，明显变薄，三位点合一（图 6－38）。七联图显示角膜厚度百分比递增曲线明显下降，差异度图前后表面均显示红色，圆锥角膜诊断明确（图 6－39）。

左眼四联图显示角膜屈光力 K1 为 52.1D、K2 为 57.0D，最大角膜屈光力 84.3D；前后表面明显突起，分别为＋93μm、＋165μm；角膜最薄处为 431μm，明显变薄，三位点合一（图 6－40）。七联图显示角膜厚度百分比递增曲线明显下降，差异图前后表面均显示红色，圆锥角膜诊断明确（图 6－41）。

Pentacam 图像

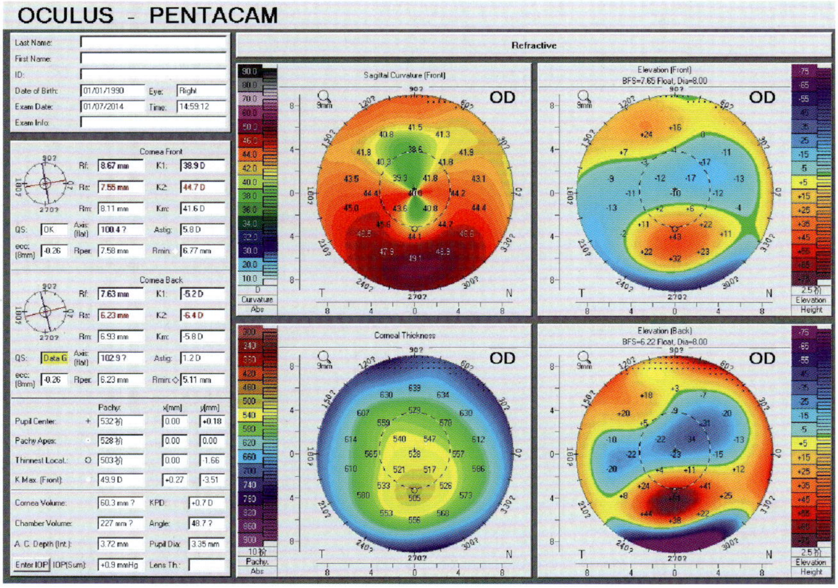

图 6－38 右眼屈光四联图

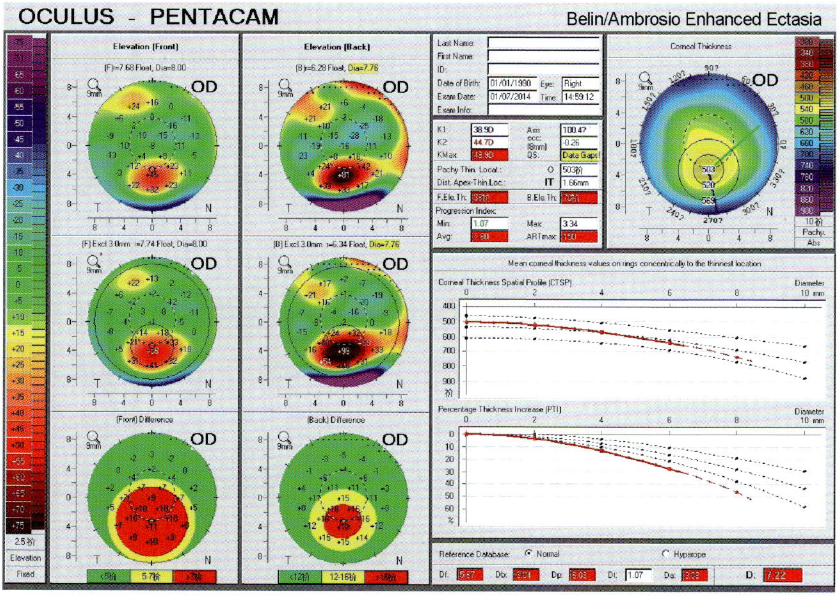

图 6－39 右眼角膜七联图

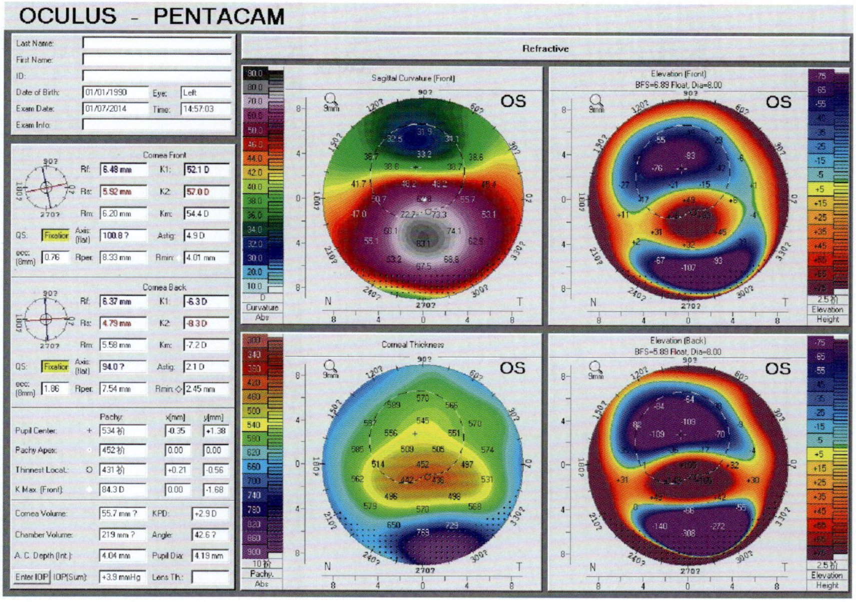

图 6－40　左眼屈光四联图

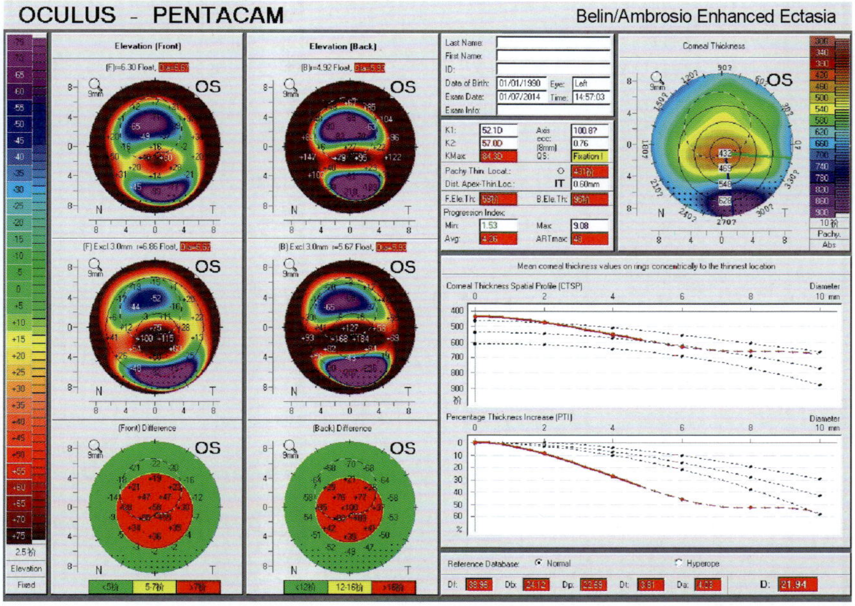

图 6－41　左眼角膜七联图

病例 5

女性，29 岁，双眼视力下降 18 年，要求做激光手术。

【验光】右眼：－2.00/－3.25×15→1.2；左眼：－3.00/－1.50×165→1.0。

【查体】右眼：结膜无充血，角膜透明，前房清，晶状体透明，眼底未见异常。左眼：结膜无充血，角膜透明，前房清，晶状体透明，眼底未见异常。

【个人史】否认其他眼部手术及眼部疾病史。

【家族史】无。

右眼角膜屈光力 K1 为 42.4D、K2 为 43.5D，角膜散光度数 1.1D，轴向 23.7°，角膜前表面上方与下方屈光力不对称。四联图示角膜前表面最陡处为 45.0D，最薄点移位，前表面高度图呈半岛型隆起区域，角膜最薄处（537μm），角膜前表面最高处（＋6μm），角膜后表面最高处（＋8μm），以上各点未完全重合（图 6－42）。差异度图前表面图黄—红色，增强扩张图前后表面均显示黄色异常，F. Ele. Th 呈黄色（图 6－43）。

左眼角膜屈光力 K1 为 42.2D、K2 为 43.7D，角膜散光度数1.5D，轴向 151.5°，角膜前表面上方与下方屈光力不对称。四联图示角膜前表面最陡处为 44.3D，最薄点移位，角膜最薄处（559μm）与角膜前表面最高处（＋7μm）和角膜后表面最高处（＋11μm）重合（图 6－44）。增强扩张图显示前后表面高度数值黄色异常，F. Ele. Th 及 B. Ele. Th 黄色。差异度图前表面图像（黄红色）提示圆锥角膜风险（图 6－45）。

Pentacam 图像

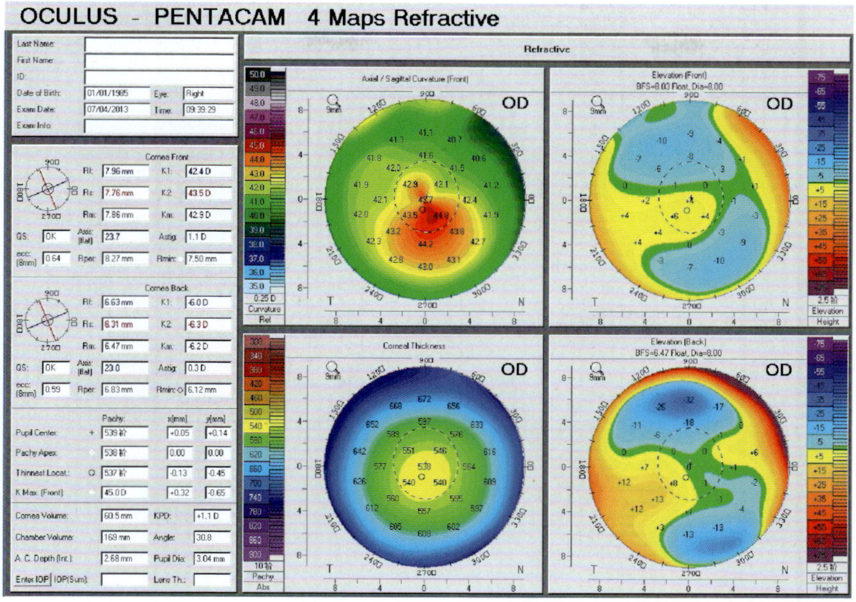

图 6 - 42 右眼屈光四联图

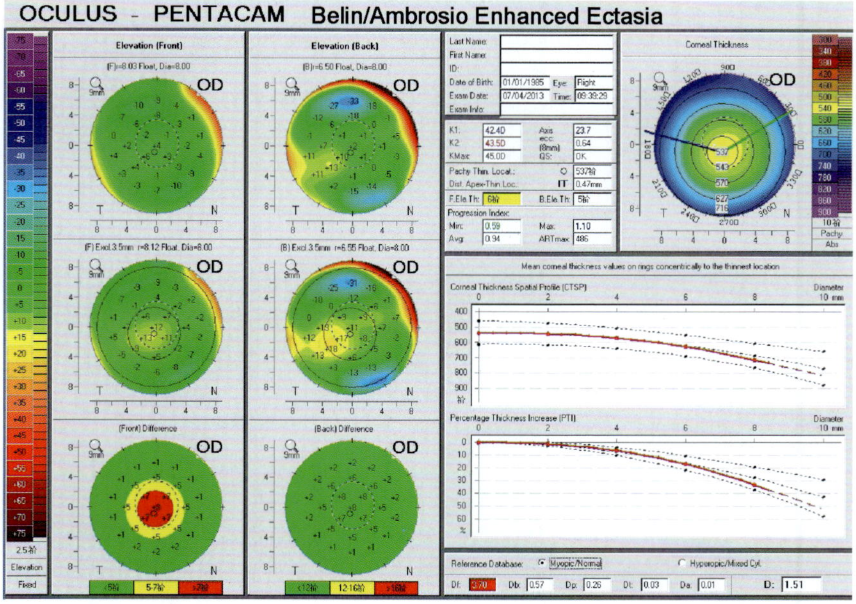

图 6 - 43 右眼角膜七联图

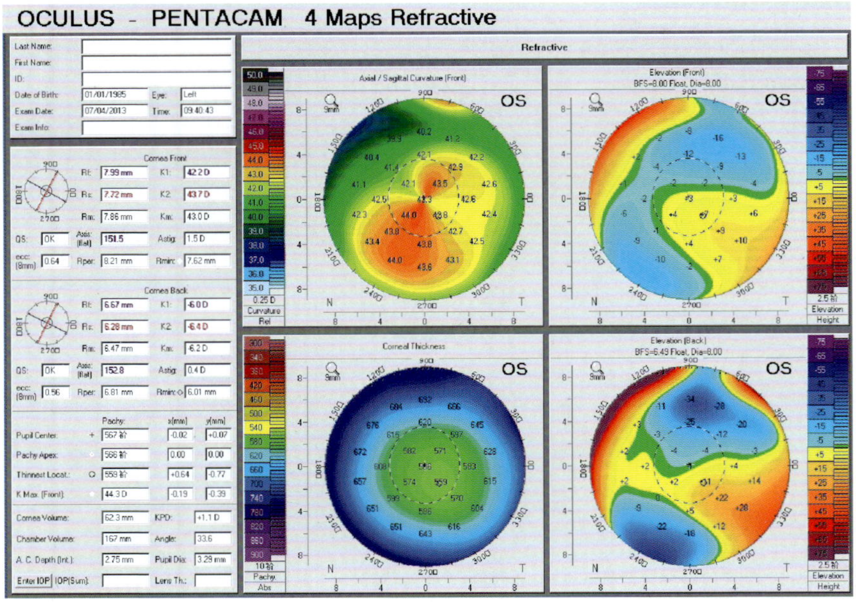

图 6-44 左眼屈光四联图

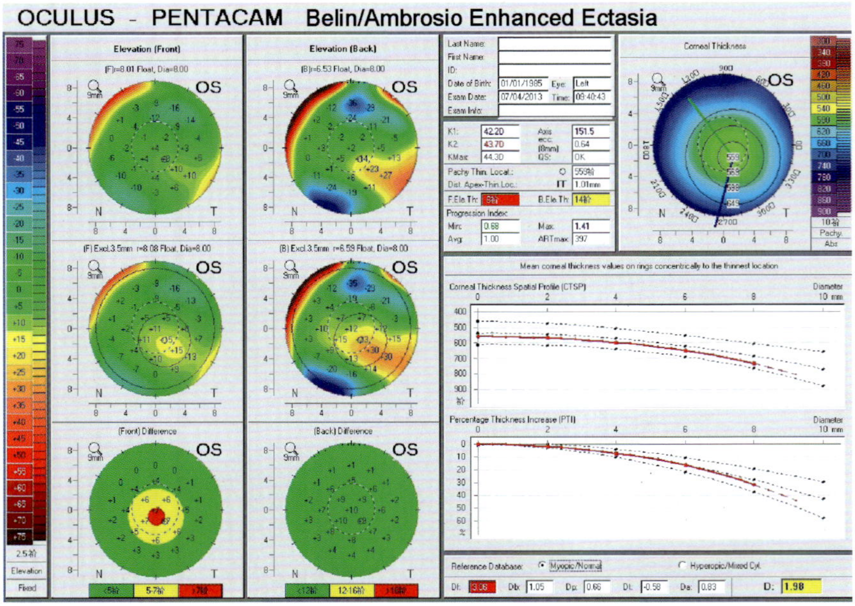

图 6-45 左眼角膜七联图

但是，该患者后表面显示的是散光形态，最薄点虽数值偏高，但越周边高度越高的形态表现非锥形膨隆。综合双眼地形图特征，可考虑亚临床圆锥角膜，需动态跟踪观察，暂不宜行激光手术。

病例 6

女性，24 岁，双眼视力下降 8 年余，要求激光手术。

【验光】右眼：－2.25/－1.00×70→1.2；左眼：－3.00/－0.50×125→1.0 。

【查体】右眼：结膜无充血，角膜透明，前房清，晶状体透明，眼底未见异常。左眼：结膜无充血，角膜透明，前房清，晶状体透明，眼底未见异常。

【个人史】否认眼部疾病及手术史。

【家族史】无。

左眼四联图显示角膜屈光力 K1 为 43.6D、K2 为 44.6D，最大角膜屈光力 45.0D；角膜最薄处为 549μm，对应前后表面高度分别为＋4μm、＋15μm，后表面较正常高；最薄点自角膜中央向颞下位移(图 6－46)。七联图显示角膜厚度百分比递增曲线下降至正常下限，近 8mm 处开始异常。差异度图前表面显示黄色，后表面显示黄一红色，表示异常。此图像中最大角膜屈光力与角膜最薄点，前后表面最高点其实并不一致，但是后表面高度高于异常，厚度百分比递增曲线也提示异常，不能排除后圆锥可能(图 6－47)。

右眼四联图显示角膜屈光力 K1 为 43.6D、K2 为 44.6D，最大角膜屈光力 44.9D；角膜最薄处为 547μm，对应前后表面分别为＋4μm、＋13μm；最薄点自角膜中央向颞下位移(图 6－48)。七联图显示角膜厚度百分比递增曲线下降至正常下限，近 8mm 处开始异常。差异度图前表面显示黄色，后表面显示黄—红色，表示异常。此图像中最大角膜屈光力与角膜最薄点，前后表面最高点其实并不一致，但是后表面高度高于异常，厚度百分比递增曲线也提示异常。结合对侧眼情况，也不能排除后圆锥角膜可能(图 6－49)。

Pentacam 图像

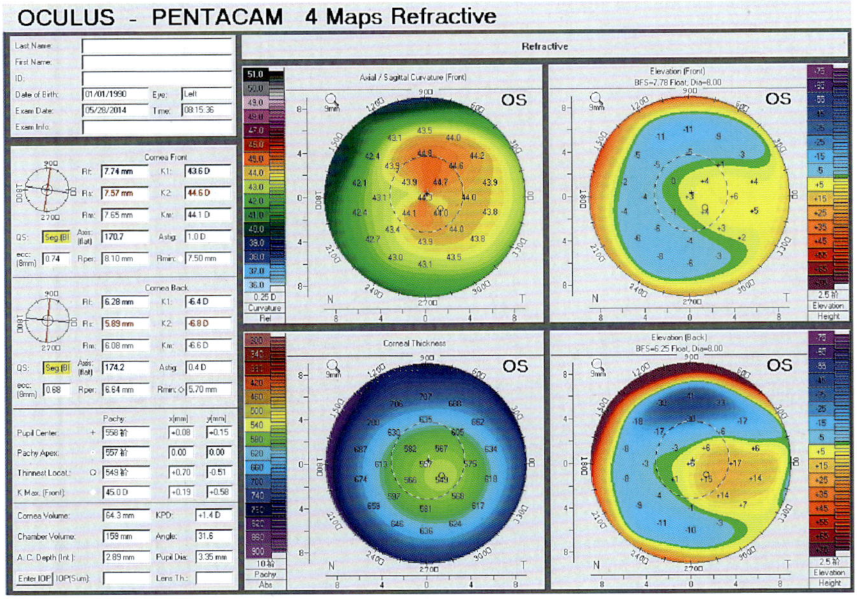

图 6－46 左眼屈光四联图

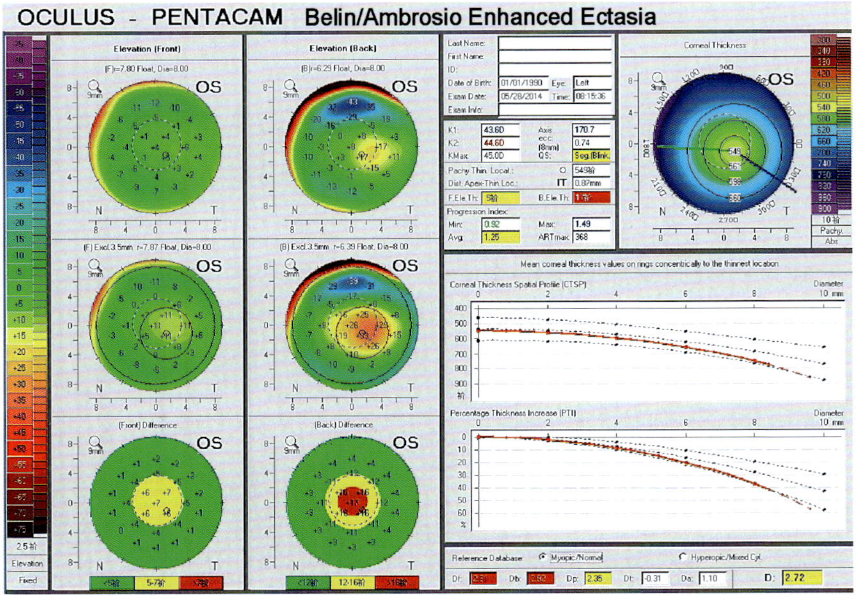

图 6－47 左眼角膜七联图

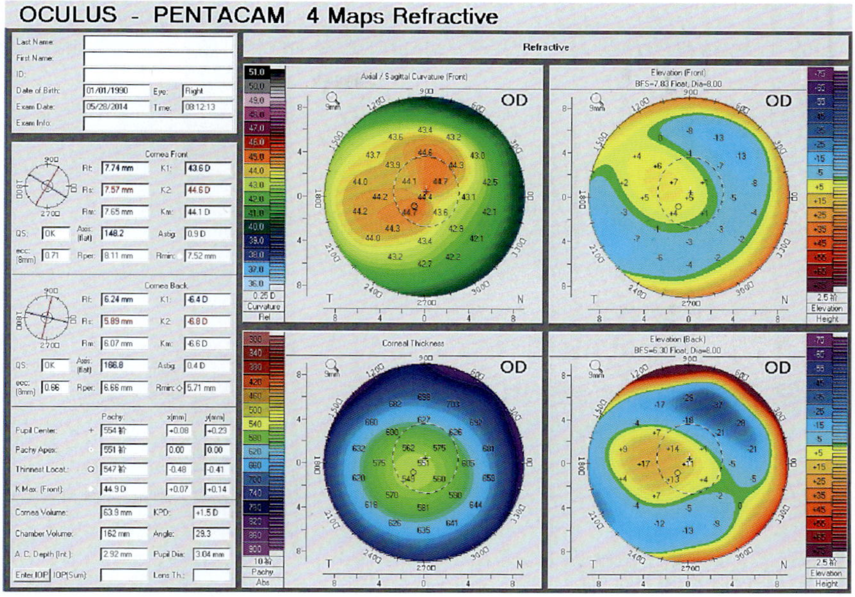

图 6－48　右眼屈光四联图

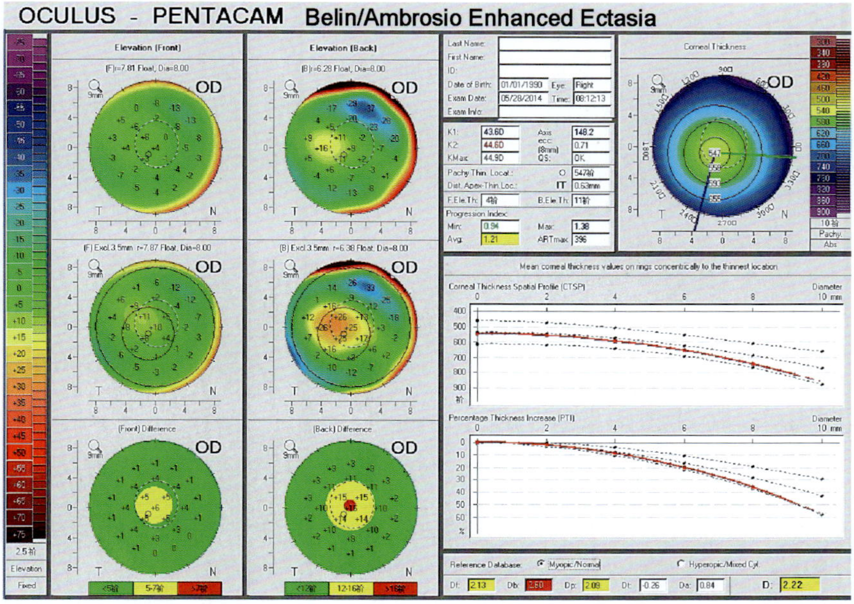

图 6－49　右眼角膜七联图

需要注意的是，该患者双眼主觉验光结果显示球柱镜都未出现特殊高值，矫正视力达1.0以上，角膜厚度正常，单纯从这些结果不易想到圆锥角膜的可能，但从Pentacam图像可以看到角膜高度异常数据，提示角膜高度图对于圆锥角膜诊断的灵敏度相当高。此病例暂不适合激光角膜手术，嘱密切随访以动态观察角膜情况的改变。

第四节　陡峭轴角膜屈光力(46.1D～49.0D)

病例1

女性，13岁，双眼视力下降1年。

【验光】右眼：＋0.50/－0.75×70→1.0；左眼：＋0.25/－2.50×120→0.8。

【查体】右眼：结膜无充血，角膜透明，前房清，晶状体透明，眼底未见异常。左眼：结膜无充血，角膜透明，中央稍前突，前房清，晶状体透明，眼底未见异常。

【个人史】否认眼部疾病及手术史。

【家族史】无。

左眼四联图显示角膜屈光力K1为43.7D、K2为46.1D，最大角膜屈光力50.9D；前后表面明显隆起，分别为＋17μm、＋35μm；角膜最薄处为472μm，较对侧眼变薄，前表面高度图显示半岛状抬高区域，相应处后表面亦抬高，最高与最薄位点合一(图6－50)。七联图显示角膜厚度百分比递增曲线中后段开始下降，差异高度图前表面显示红色，后表面显示黄色，基线图及增强膨隆图显示黄—红色异常，圆锥角膜诊断成立(图6－51)。

右眼四联图显示角膜屈光力 K1 为 43.2D、K2 为 44.4D，最大角膜屈光力 45.8D；前后表面最薄处高度数值分别为＋8μm、＋17μm；角膜最薄处为 487μm，最薄点自角膜中央向颞下位移（图 6－52）。七联图显示角膜厚度百分比递增曲线未见明显下降，差异度图前表面显示红色，结合左眼情况，诊断圆锥角膜（图 6－53）。该患者主觉验光结果右眼为＋0.50/－0.75×70→1.0，单纯从这个结果一般不会想到圆锥角膜，但从 Pentacam 图像可以看到角膜高度明显的异常数据，提示角膜高度图对于圆锥角膜诊断的灵敏度高。

Pentacam 图像

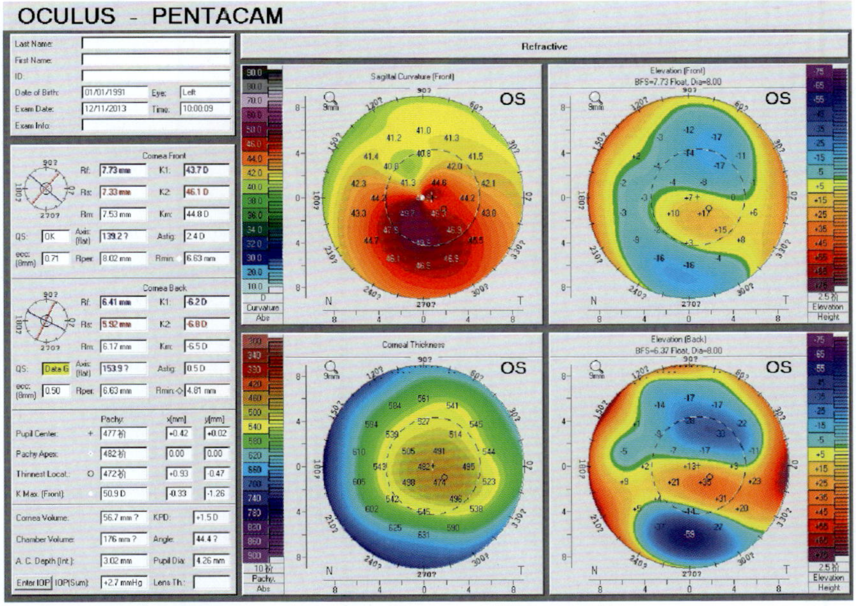

图 6－50　左眼屈光四联图

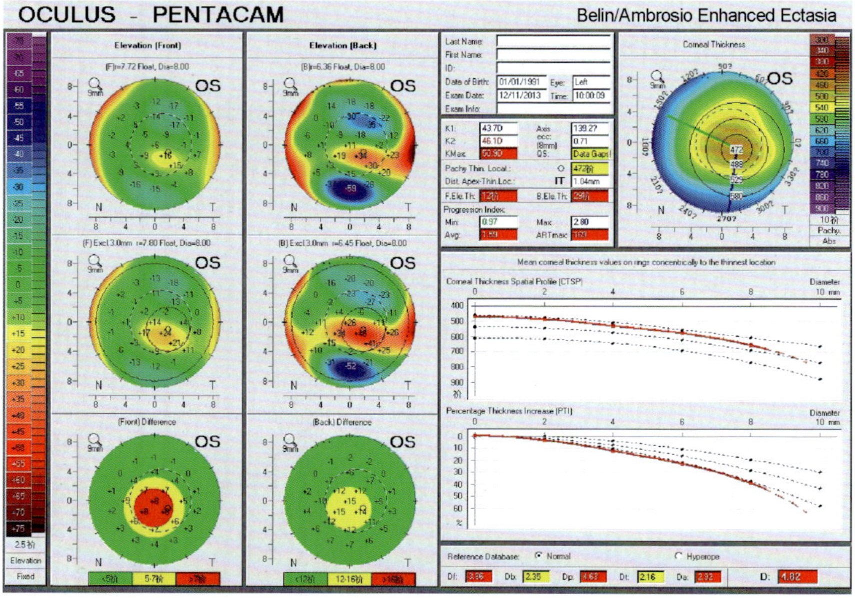

图 6－51　左眼角膜七联图

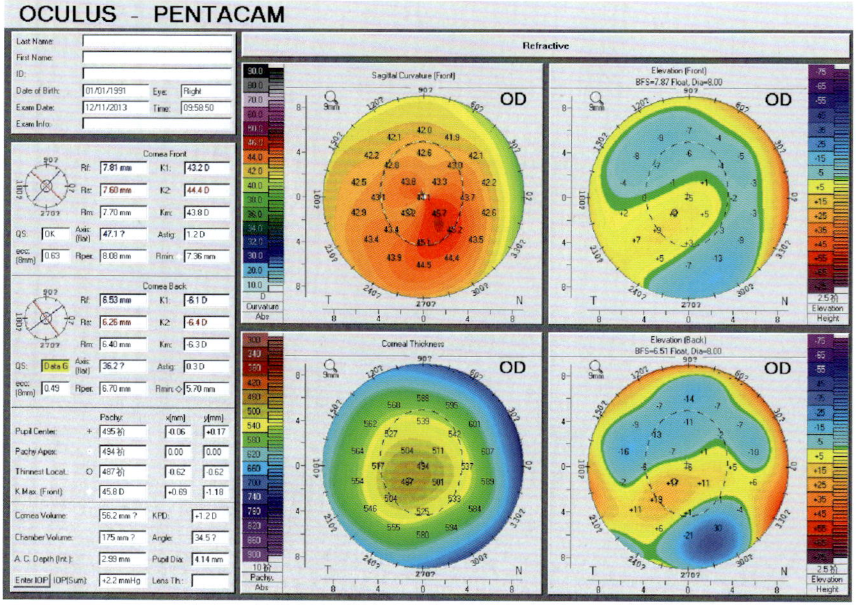

图 6－52　右眼屈光四联图

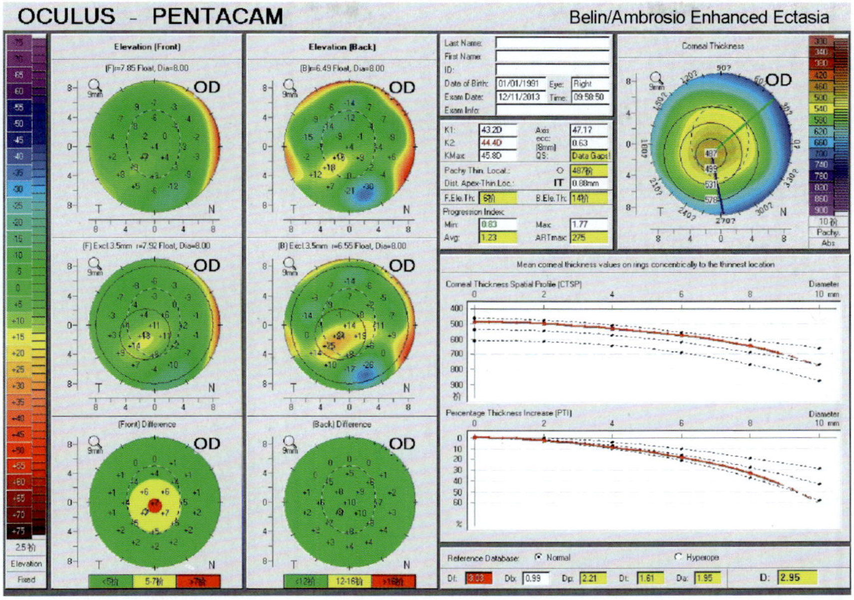

图 6－53　右眼角膜七联图

病例 2

男性，30 岁，双眼视力下降 2 年。

【验光】右眼：－6.25/－1.00×20→0.5；左眼：－6.25/－1.00×170→0.4。

【查体】右眼：结膜无充血，角膜尚透明，前房清，晶状体透明，眼底未见异常。左眼：结膜无充血，角膜尚透明，前房清，晶状体透明，眼底未见异常。

【个人史】1 年前外院诊断圆锥角膜，未治疗。否认其他眼部疾病及手术史。

【家族史】无。

左眼四联图显示角膜屈光力 K1 为 45.2D、K2 为 46.2D，最大角膜屈光力 50.2D；前后表面突起，分别为＋18μm、＋45μm；角膜最薄处为

467μm，明显变薄，三位点合一。前后表面呈现中心岛型抬高区域(图6-54)。七联图显示角膜厚度百分比递增曲线明显下降，差异度图前后表面均显示红色，圆锥诊断明确(图6-55)。

右眼四联图显示角膜屈光力K1为43.8D、K2为45.5D，最大角膜屈光力49.0D；前后表面突起，分别为+14μm、+39μm；角膜最薄处为474μm，明显变薄三位点合一(图6-56)。七联图显示角膜厚度百分比递增曲线明显下降，差异度图前后表面均显示红色，圆锥诊断明确(图6-57)。

Pentacam 图像

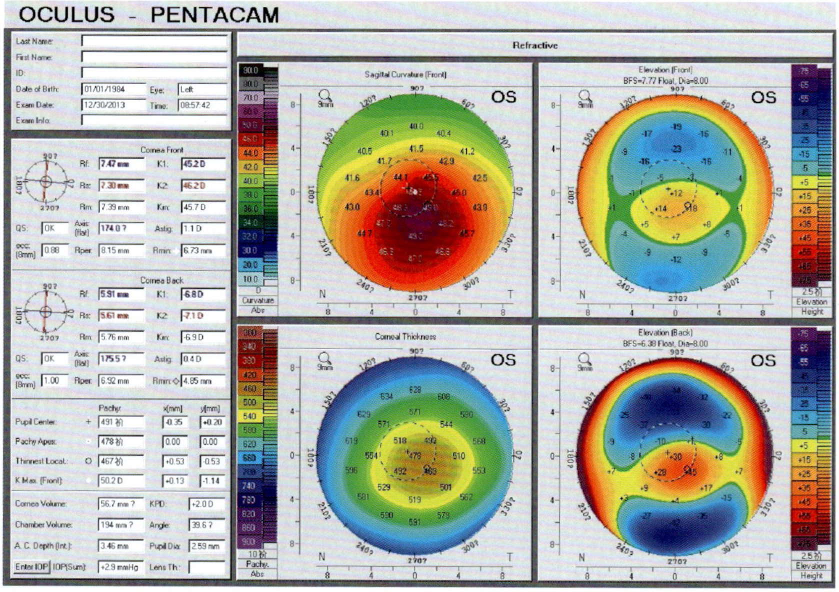

图6-54　左眼屈光四联图

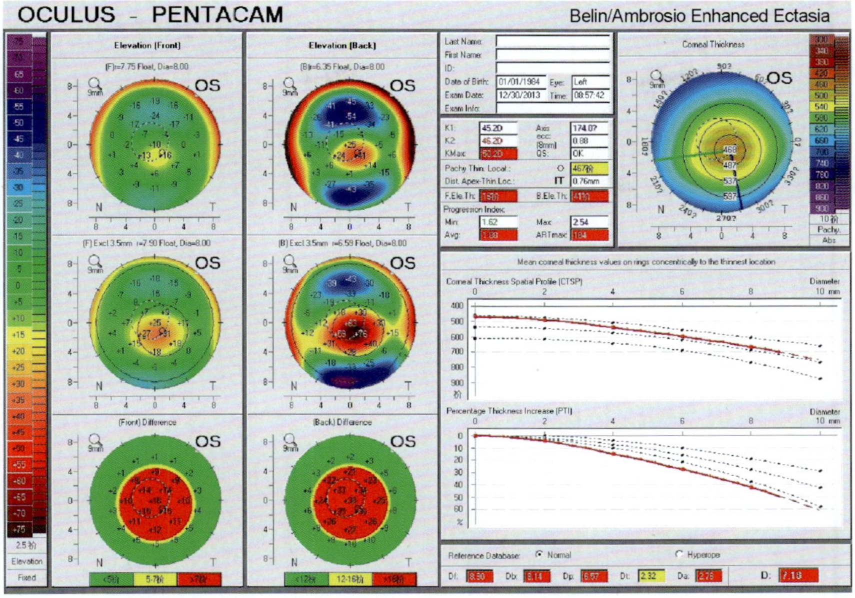

图 6－55　左眼角膜七联图

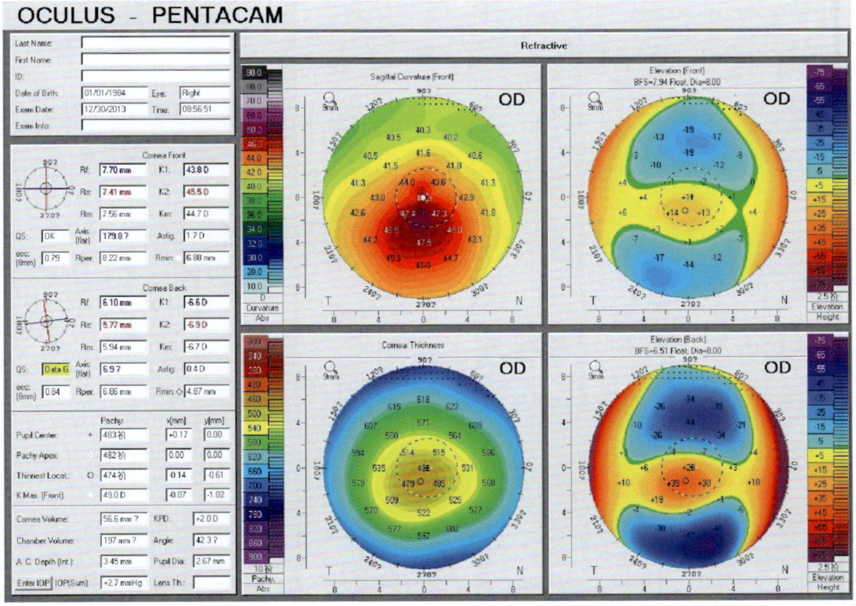

图 6－56　右眼屈光四联图

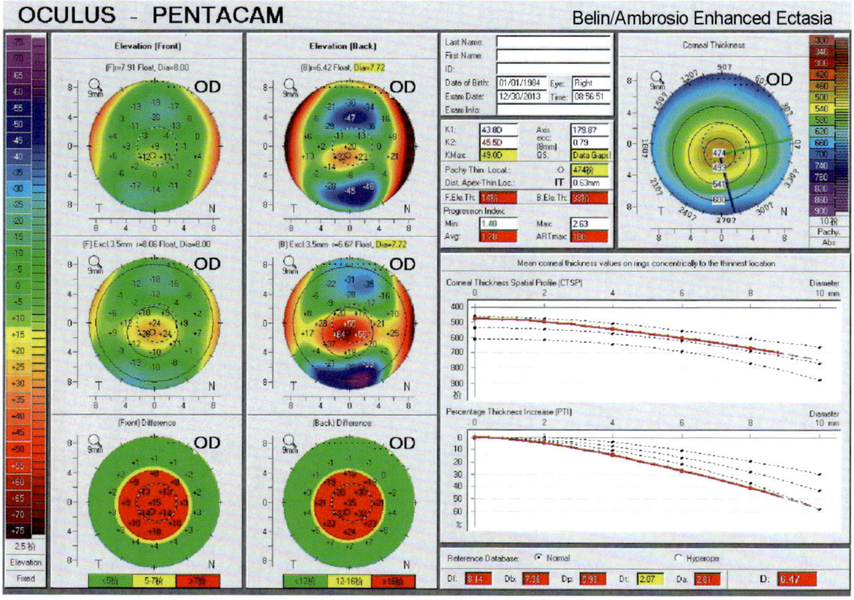

图 6-57　右眼角膜七联图

病例 3

女性，24 岁，双眼视远不清 10 年，要求激光手术。

【验光】右眼：－4.75→1.0；左眼：－5.25/－0.50×10→1.0。

【查体】右眼：结膜无充血，角膜透明，前房清，晶状体透明，眼底未见异常。左眼：结膜无充血，角膜透明，前房清，晶状体透明，眼底未见异常。

【个人史】否认特殊疾病及手术史。

【家族史】其双胞胎姐姐双眼高度散光。

左眼四联图显示 K1 为 45.2D、K2 为 46.0D，最大角膜屈光力 46.9D，为上下不对称散光。最薄角膜厚度为 484μm，与最大角膜屈光力位点基本吻合（相应前后表面高度分别为＋5μm、＋13μm）为角膜前后表面最高处（图 6－58）。七联图中角膜厚度百分比递增曲线自 2mm

起下滑，至 6mm 明显下降超出正常范围，差异度图前表面显示为黄色可疑异常，结合患眼后表面高度，角膜最大屈光力点，最薄点与前表面最高点基本四点合一，亚临床圆锥角膜不能排除（图 6－59）。

右眼四联图显示 K1 为 45.8D、K2 为 46.4D，最大角膜屈光力 47.3D，为上下不对称散光。最薄角膜厚度为 481μm，相应前后表面高度分别为＋3μm、＋9μm，基本为角膜前后表面最高处（图 6－60）。七联图中角膜厚度百分比递增曲线自 6mm 起明显下降超出正常范围，差异度图前后表面显示为绿色，患者角膜偏薄，前后表面高度尚正常，但屈光力较高，角膜最薄点与前后最陡点基本吻合，PTI 也显示异常，结合左眼情况，亚临床圆锥角膜也不能排除（图 6－61）。

Pentacam 图像

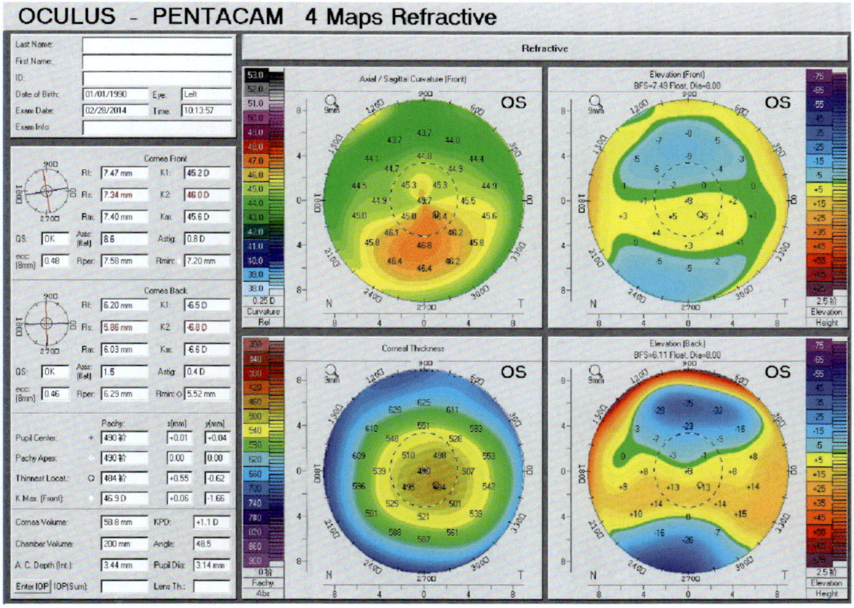

图 6－58　左眼屈光四联图

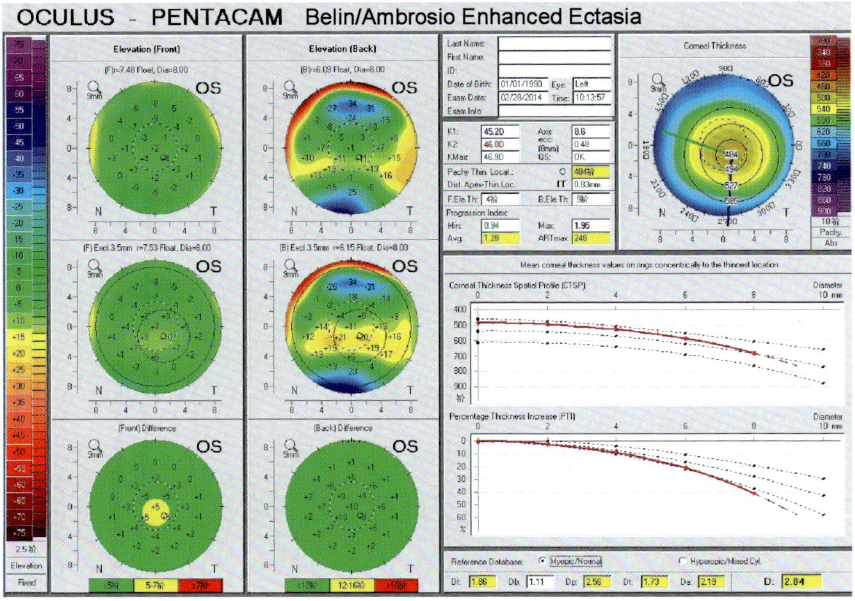

图 6－59　左眼角膜七联图

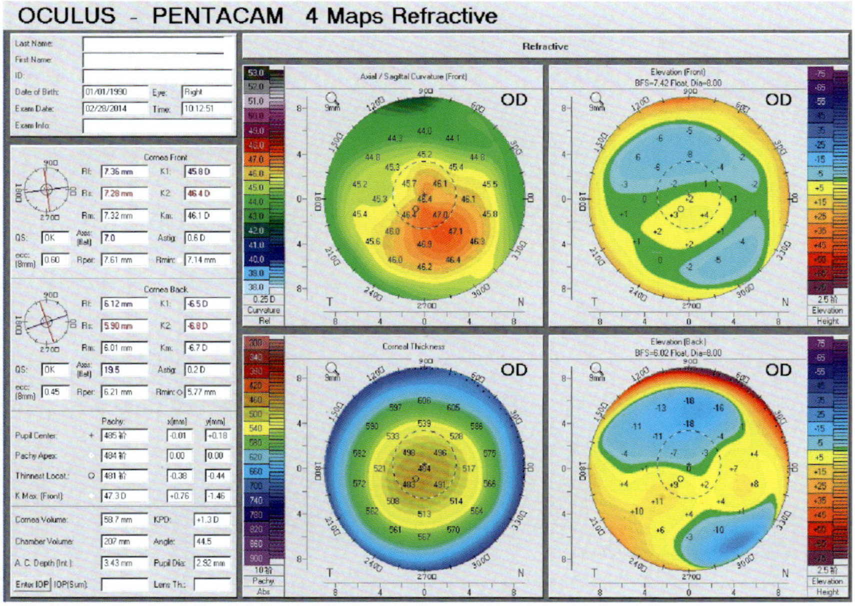

图 6－60　右眼屈光四联图

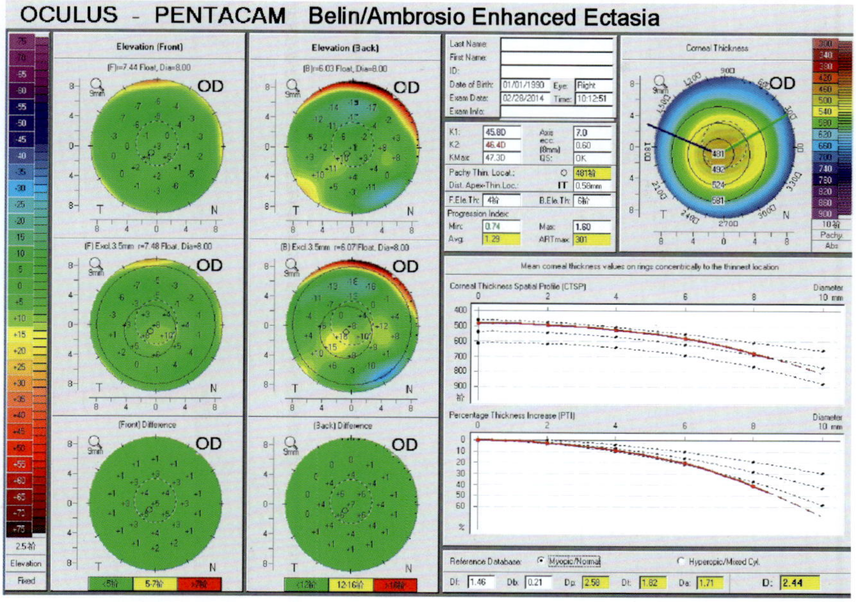

图 6－61　右眼角膜七联图

该病例的特殊之处在于形态上越往周边越高的翘起形态，而不是聚集向最薄点或者最薄区域的锥形形态，且双眼厚度变化率平均值接近，双眼厚度值一致，也不能完全排除“正常”的薄角膜形态。因此，该例的最适当处理是定期随访，暂不适合行激光手术。

第五节　陡峭轴角膜屈光力(49.1D～52.0D)

病例 1

男性，28 岁，双眼视力下降 3 个月。

【验光】右眼：－5.00→0.6；左眼：－0.75×170→1.0。

【查体】右眼：结膜无充血，角膜透明，中央前突起，前房清，晶状体透明，眼底未见异常。左眼：结膜无充血，角膜透明，前房清，晶状体透明，眼底未见异常。

【个人史】否认眼部疾病及手术史。

【家族史】父亲疑似青光眼，否认圆锥角膜家族史。

右眼四联图显示角膜屈光力K1为44.7D、K2为51.6D，最大角膜屈光力58.1D；前后表面明显突起，分别为+18μm、+36μm；角膜最薄处为477μm，明显变薄且三位点合一。前后表面均呈现明显的半岛型隆起区域（图6-62）。七联图显示角膜厚度百分比递增曲线明显下降，高度差异图前后表面均显示红色，表示异常，圆锥诊断明确（图6-63）。

左眼四联图显示角膜屈光力K1为41.8D、K2为42.8D，最大角膜屈光力43.2D；前后表面分别为+3μm，+1μm，属于正常范围；角膜最薄处为506μm，三位点未重合（图6-64）。七联图显示角膜厚度百分比递增曲线在正常范围，差异度图前后表面均显示绿色，单从左眼Pentacam图像目前不支持圆锥诊断（图6-65）。但鉴于对侧眼明确圆锥角膜，双眼可先后发病，且左眼角膜厚度偏薄，为506μm，需严密临床随诊，动态观察。需要特别注意左眼前后表面高度变化的跟踪。

Pentacam 图像

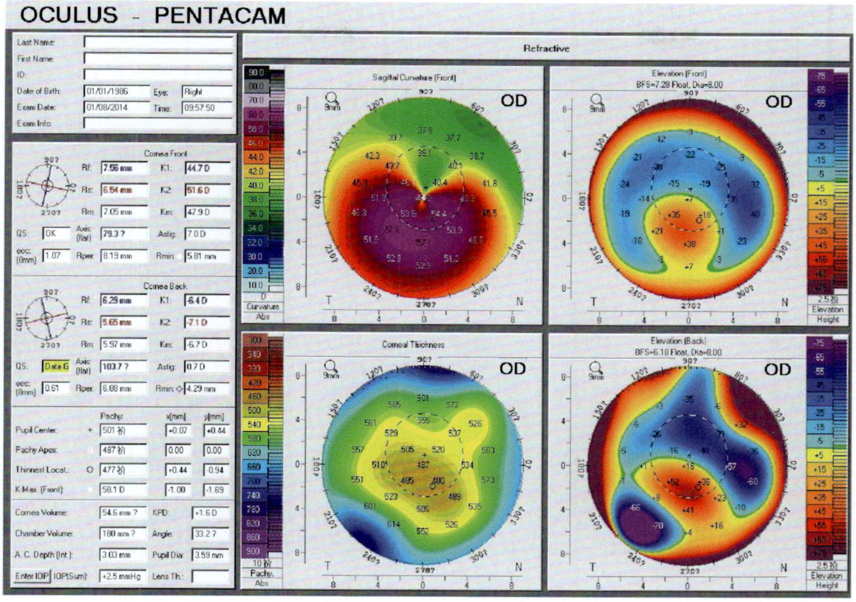

图 6－62　右眼屈光四联图

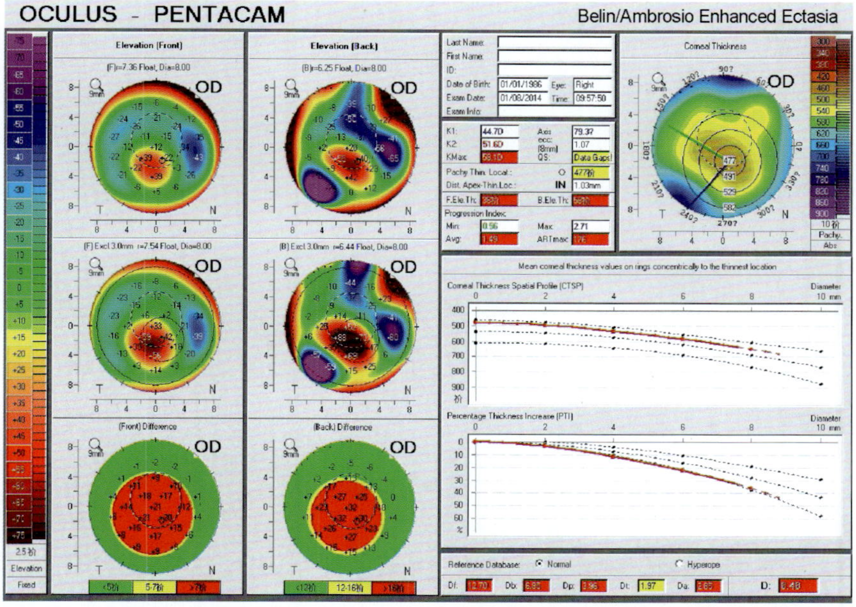

图 6－63　右眼角膜七联图

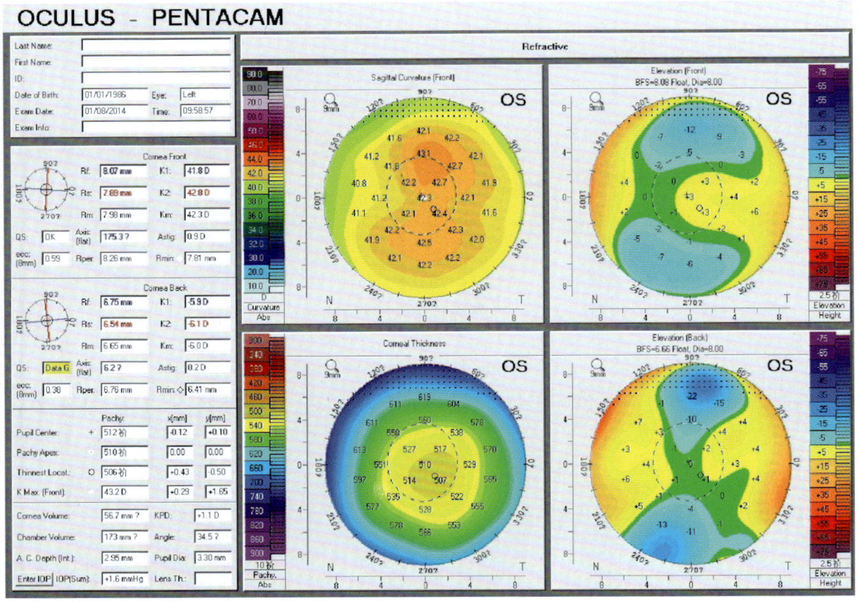

图 6 - 64　左眼屈光四联图

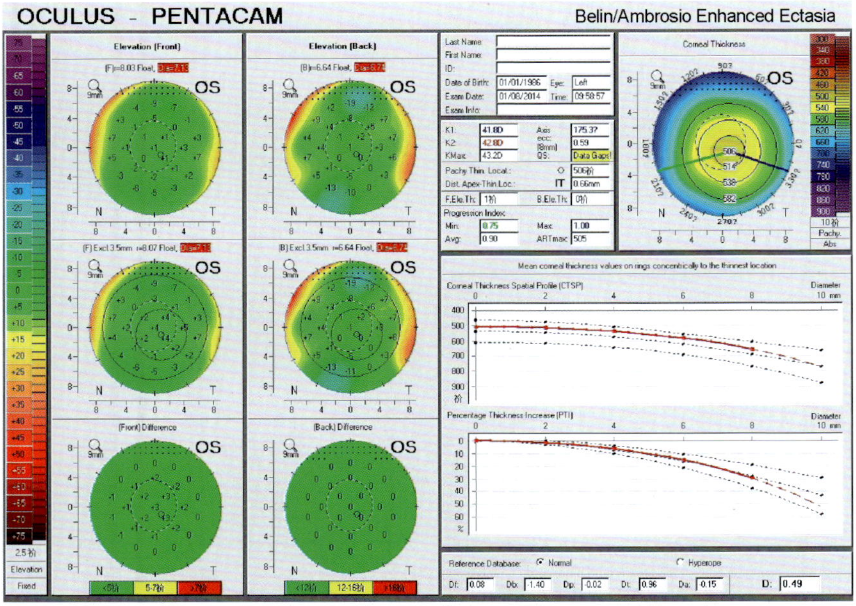

图 6 - 65　左眼角膜七联图

病例 2

女性，22 岁，左眼视力进行性下降 2 个月余。

【验光】右眼：－4.00/－1.25×20→0.9；左眼：－2.50/－4.00×30→0.4。

【查体】右眼：结膜无充血，角膜透明，前房清，晶状体透明，眼底未见异常。左眼：结膜无充血，角膜尚透明，中央圆锥状突起，前房清，晶状体透明，眼底未见异常。

【个人史】双眼近视 8 年，戴镜－4.00D。否认其他眼部疾病及手术史。

【家族史】无。

左眼四联图显示角膜屈光力 K1 为 47.3D、K2 为 50.1D，最大角膜屈光力 53.8D；前后表面明显突起，分别为＋21μm、＋37μm；角膜最薄处为 432μm，明显变薄且三位点合一（图 6－66）。七联图显示角膜厚度百分比递增曲线明显下降，差异度图前后表面均显示红色，表示异常，圆锥诊断明确（图 6－67）。

右眼四联图显示角膜屈光力 K1 为 45.8D、K2 为 46.1D，最大角膜屈光力 46.9D；前后表面高度分别为＋1μm、＋4μm；角膜最薄处为 464μm（图 6－68）。七联图显示角膜厚度百分比递增曲线在 4mm 区下滑，在 6mm 外落在正常下限线之外，Dp 值红色预警，说明厚度变化率较高，表明该患者中央角膜厚度相对周边是偏薄的（图 6－69）。ARTmax 显示黄色，差异度图前后表面均显示绿色，鉴于对侧眼明确圆锥角膜，考虑此眼为亚临床圆锥角膜。该病例的右眼提示，诊断圆锥角膜必须遵循“双眼、动态”的分析原则。

Pentacam 图像

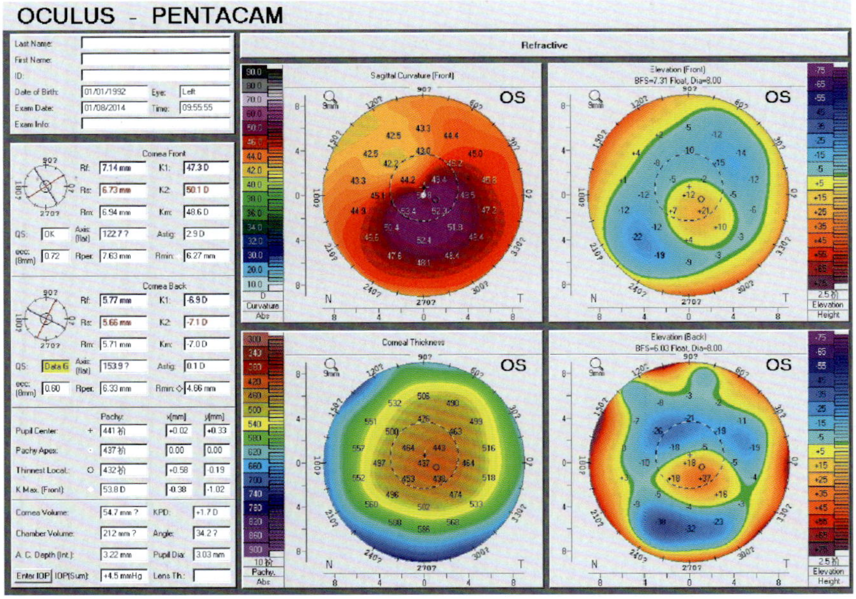

图 6-66 左眼屈光四联图

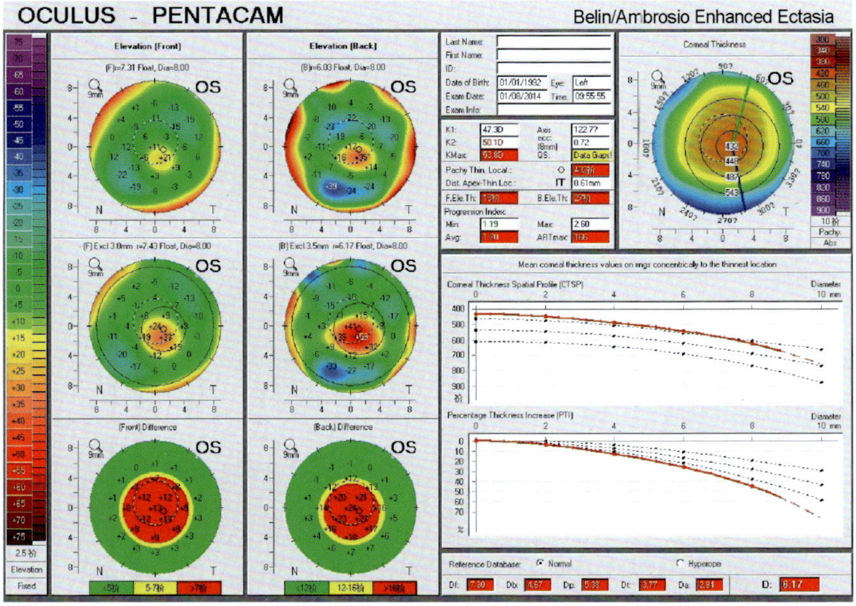

图 6-67 左眼角膜七联图

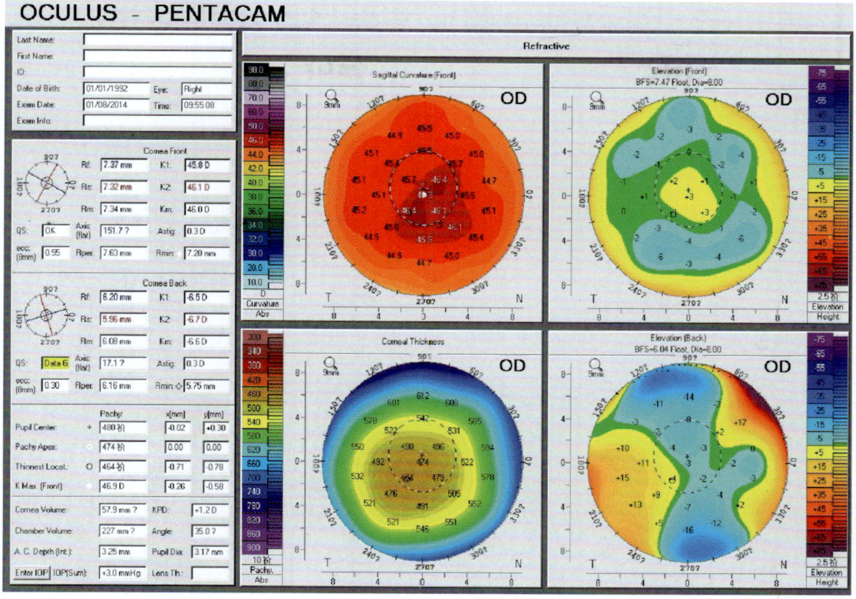

图 6－68 右眼屈光四联图

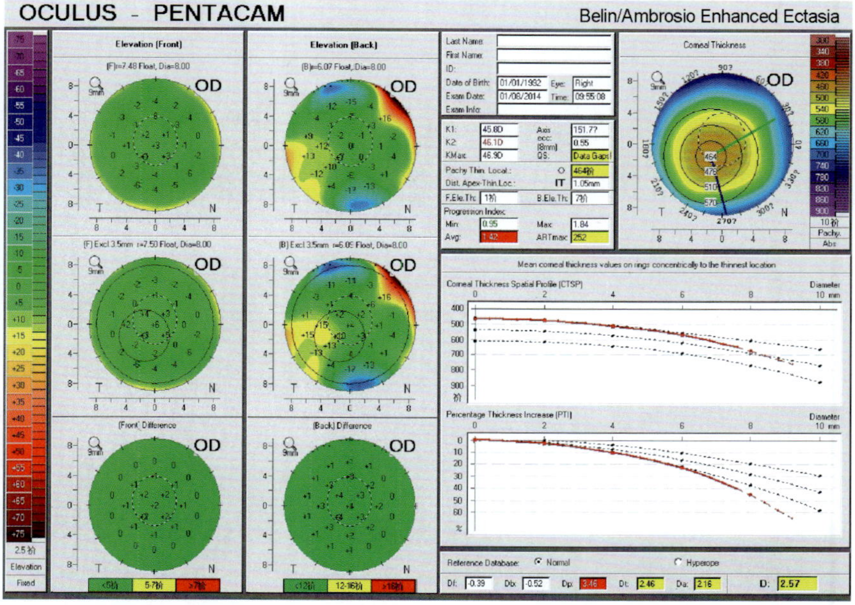

图 6－69 右眼角膜七联图

第六节　陡峭轴角膜屈光力(52.1D～55.0D)

病例 1

女性，19 岁，左眼视力下降 3 年余。

【验光】右眼：−6.50/−1.00×175→1.0；左眼：−10.25/−6.50×135→0.3。

【查体】右眼：结膜无充血，角膜透明，前房清，晶状体透明，眼底未见异常。左眼：结膜无充血，角膜透明稍前突，前房清，晶状体透明，眼底未见异常。

【个人史】双眼近视 6 年余，曾戴 RGP，具体度数不详，否认其他眼部疾病及手术史。

【家族史】父亲轻度近视(−2.00D)。否认圆锥角膜家族史。

左眼四联图显示 K1 为 49.0D、K2 为 54.7D，最大角膜屈光力为 63.3D，中央角膜厚度最薄为 465μm，前后表面呈孤岛型明显突起，前表面高度为＋48μm，后表面高度为＋64μm，前表面最高点、后表面最高点、角膜最薄处三位点合一(图 6－70)。七联图显示角膜厚度递增百分比曲线明显下降，差异高度图显示为红色，圆锥诊断明确(图 6－71)。

右眼四联图显示 K1 为 42.4D、K2 为 43.9D，最大角膜屈光力为 45.0D，中央角膜厚度最薄为 522μm，最薄点距离角膜中央向颞下移位，对应前后表面高度分别为＋2μm、＋10μm(图 6－72)。虽然七联图中差异高度图显示为绿色，表示在正常范围内，但角膜厚度递增百分比曲线从 2mm 处开始一直处于正常下限，角膜厚度变化率数值红色警示，同步 Dp 值也呈红色，结合左眼情况，可诊断此眼是亚临床圆锥角膜(图 6－73)。

Pentacam 图像

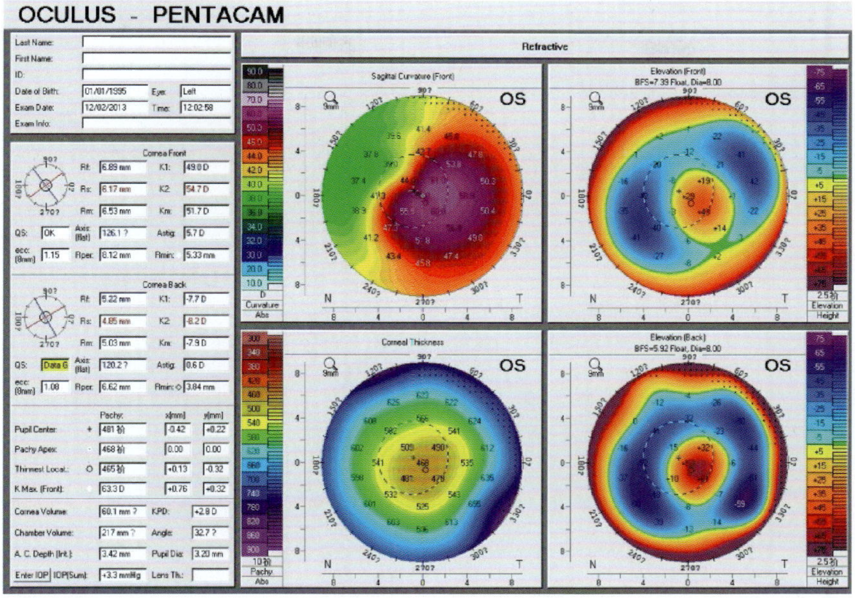

图 6 - 70　左眼屈光四联图

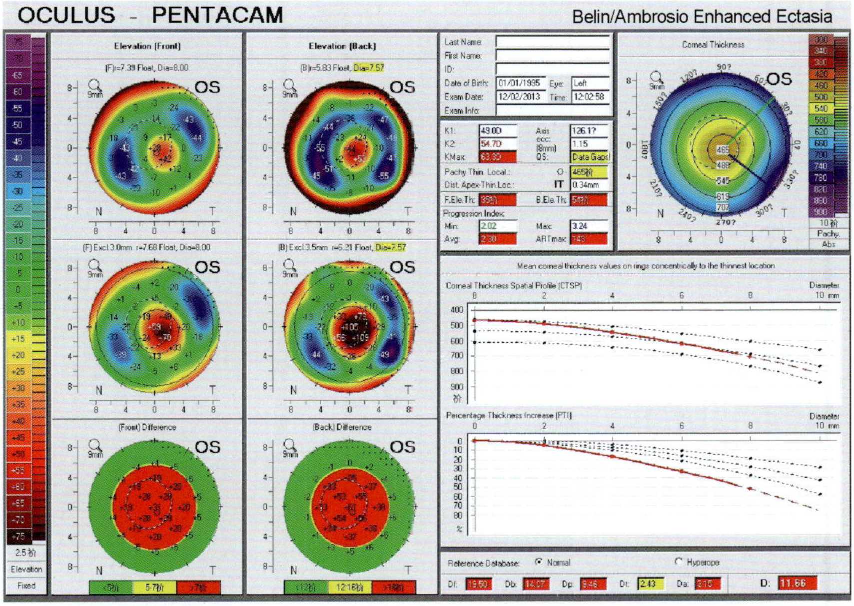

图 6 - 71　左眼角膜七联图

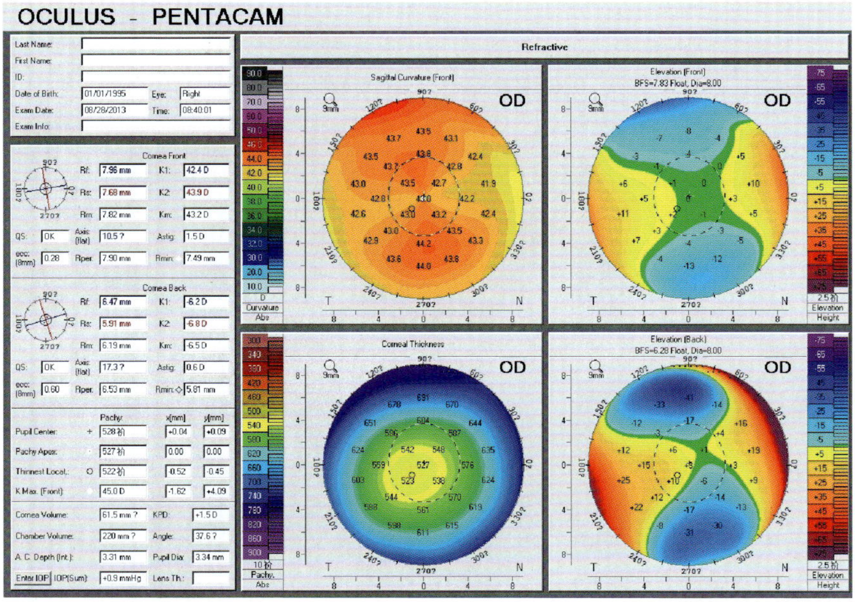

图 6－72　右眼屈光四联图

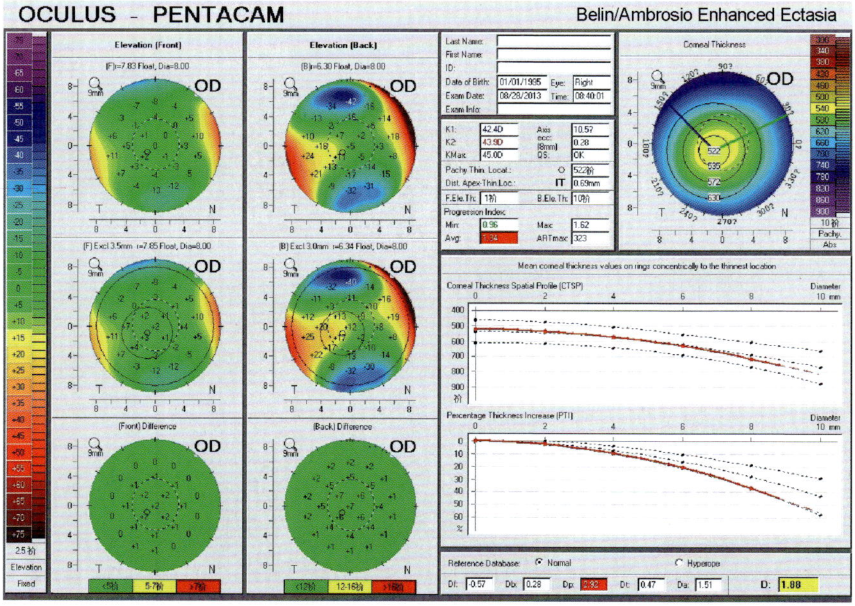

图 6－73　右眼角膜七联图

病例 2

男性，31 岁，双眼视力下降 2 年。

【验光】右眼：－2.75/－5.75×10→0.5；左眼：－2.00/－1.50×150→0.9。

【查体】右眼：结膜无充血，角膜透明，锥状前突，可见 Vogt 线，前房清，晶状体透明，眼底未见异常。左眼：结膜无充血，角膜透明，锥状前突，前房清，晶状体透明，眼底未见异常。

【个人史】双眼近视 10 余年，戴镜－1.50D，否认其他眼病及手术史。

【家族史】父亲高度散光史。

右眼四联图显示角膜屈光力 K1 为 45.5D、K2 为 54.0D，最大角膜屈光力 60.5D；前后表面明显前突，最薄点高度值前后表面为分别为＋21μm、＋50μm；角膜最薄处为 445μm，明显变薄，前后表面高点与角膜最薄点三点合一（图 6－74）。七联图显示角膜厚度百分比递增曲线明显下降，高度差异图前后表面均显示红色，圆锥诊断明确（图 6－75）。

左眼四联图显示角膜屈光力 K1 为 43.2D、K2 为 47.3D，最大角膜屈光力 51.1D；前后表面明显前突，分别为＋13μm、＋38μm；角膜最薄处为 468μm，明显变薄，三位点合一（图 6－76）。七联图显示角膜厚度百分比递增曲线明显下降，高度差异度图前后表面均显示红色，圆锥角膜诊断明确（图 6－77）。

Pentacam 图像

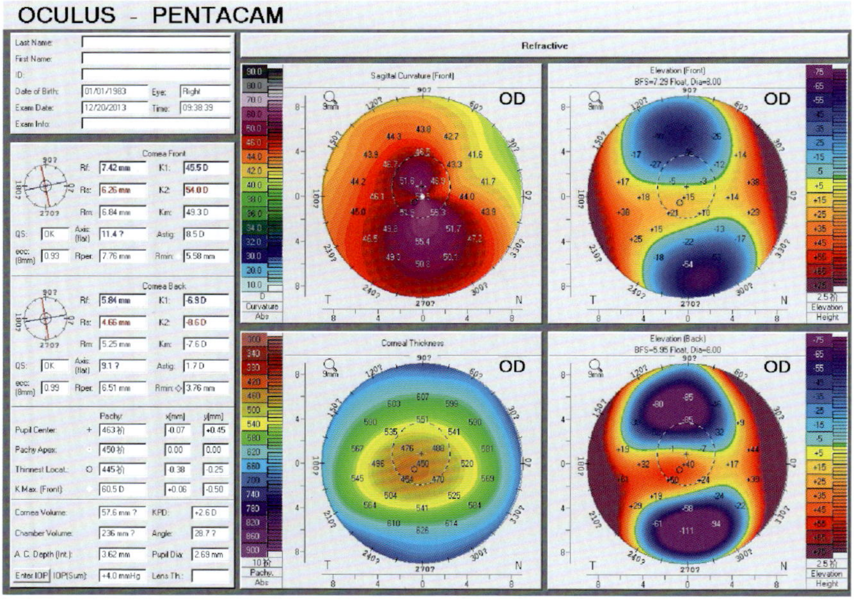

图 6－74 右眼屈光四联图

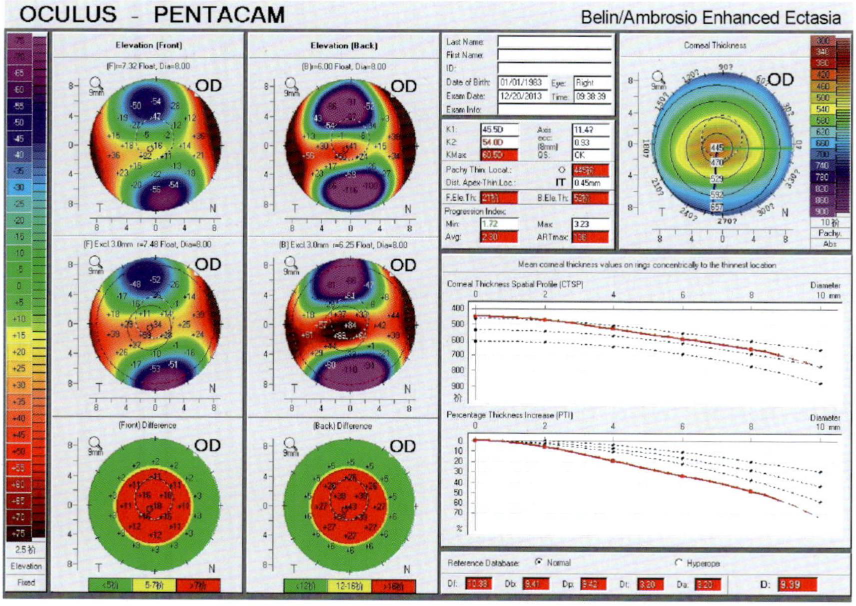

图 6－75 右眼角膜七联图

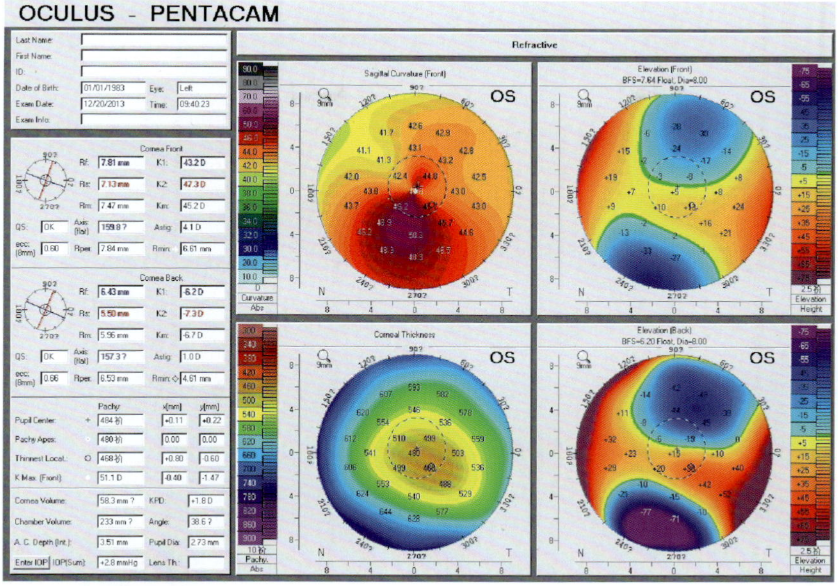

图 6－76　左眼屈光四联图

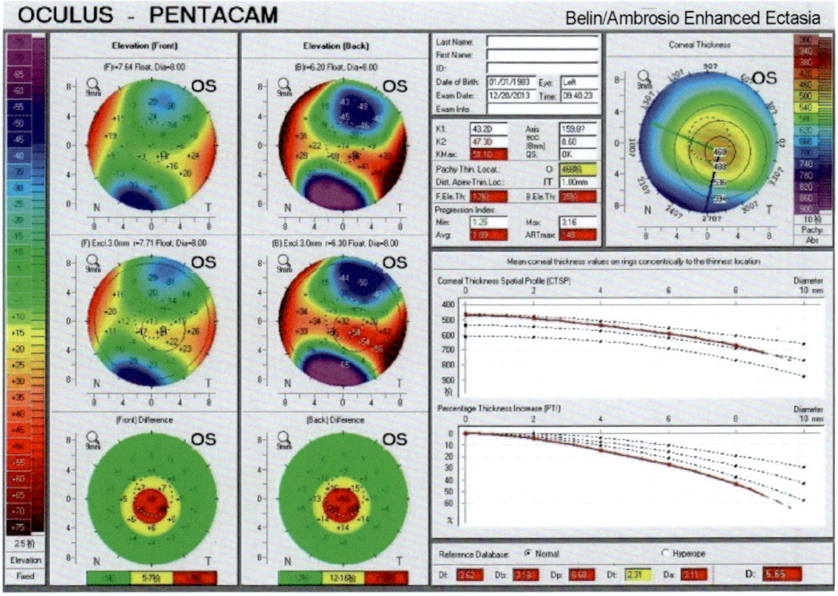

图 6－77　左眼角膜七联图

病例 3

男性,26 岁,双眼视力下降 4 年。

【验光】右眼:−5.00→0.5;左眼:−4.50/−3.00×45→0.1。

【查体】右眼:结膜无充血,角膜透明,前房清,晶状体透明,眼底未见异常。左眼:结膜无充血,角膜透明,稍见锥状前突,前房清,晶状体透明,眼底未见异常。

【个人史】否认其他眼病及手术史。

【家族史】无。

左眼四联图显示角膜屈光力 K1 为 47.8D、K2 为 54.1D,最大角膜屈光力 62.5D;前后表面呈半岛型明显前凸,最薄点前后表面高度分别为+42μm、+81μm;角膜最薄处为 443μm,明显变薄(图 6－78)。七联图显示角膜厚度百分比递增曲线明显下降,差异度图前后表面均显示红色,圆锥角膜诊断明确(图 6－79)。

右眼四联图显示角膜屈光力 K1 为 41.4D、K2 为 42.8D,最大角膜屈光力 48.6D;最薄点前后表面高度分别为+9μm、+19μm;角膜最薄处为 501μm,最薄处与前后表面最高点一致,最陡处顶点位移(图 6－80)。七联图显示角膜厚度百分比递增曲线在正常范围内,高度差异图前表面显示黄-红色,结合以上数据,圆锥角膜诊断成立(图6－81)。

Pentacam 图像

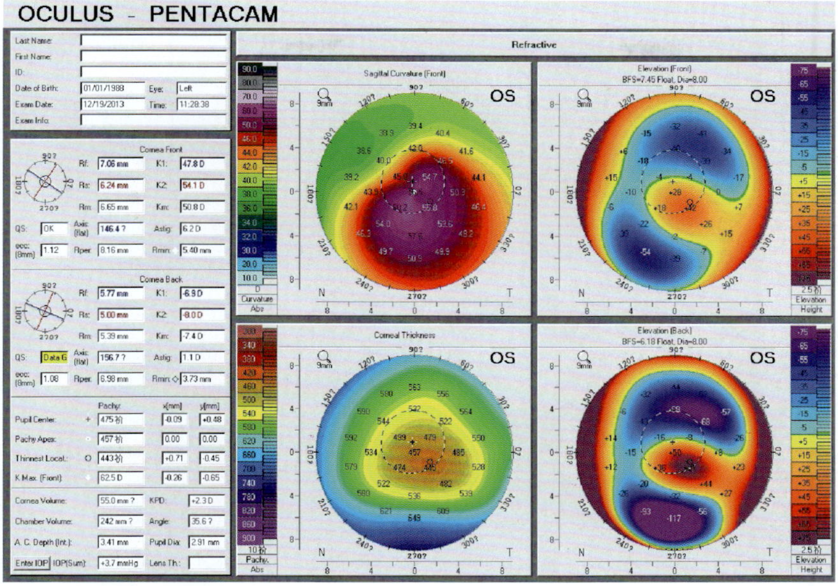

图 6－78　左眼屈光四联图

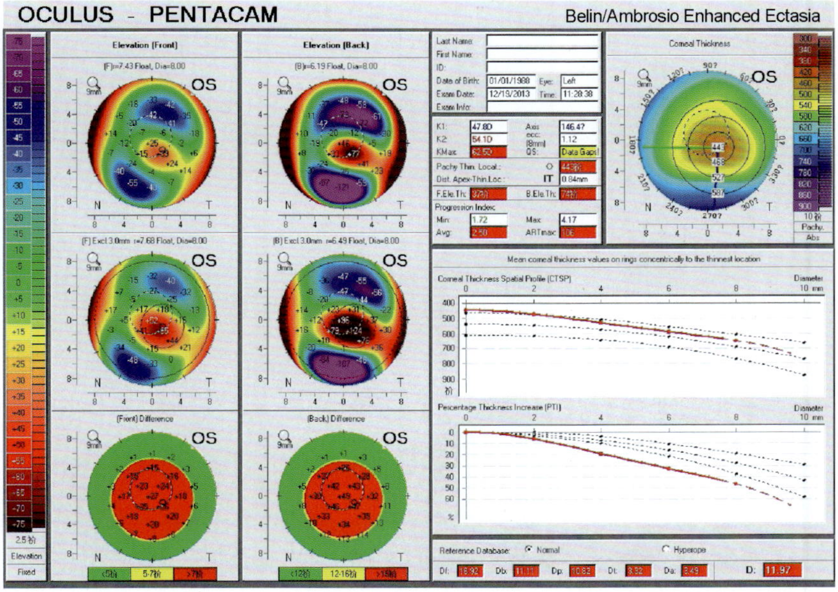

图 6－79　左眼角膜七联图

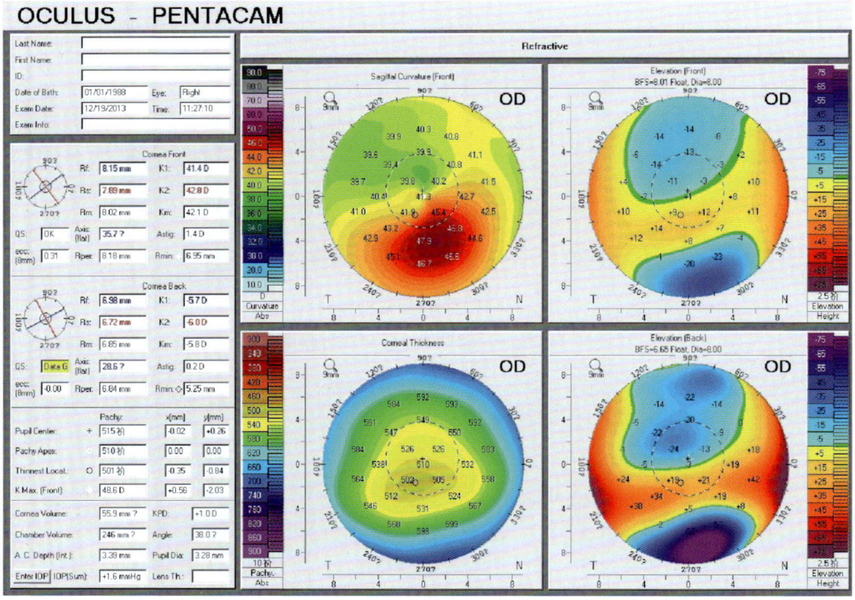

图 6－80　右眼屈光四联图

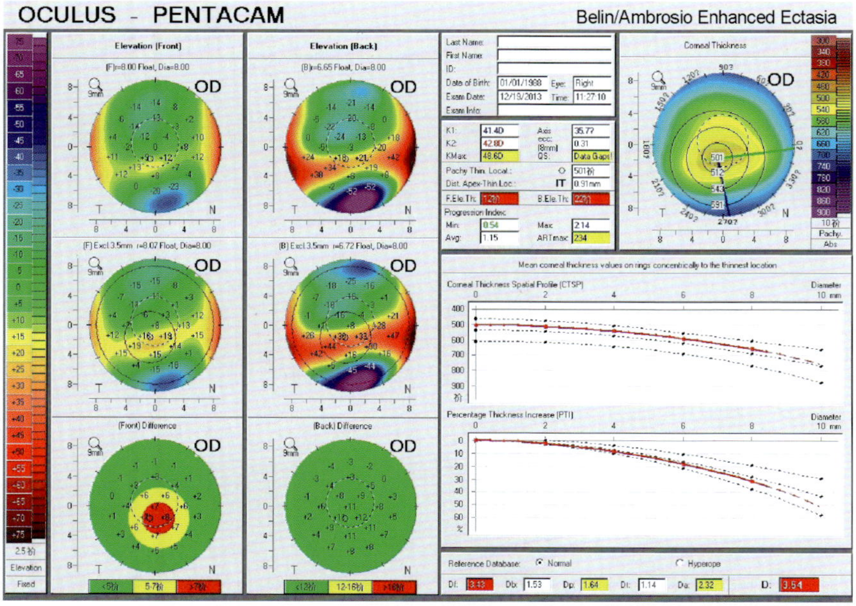

图 6－81　右眼角膜七联图

病例 4

女性，20 岁，双眼视力渐下降 8 年。

【验光】右眼：－2.0/－1.0×5→0.4；左眼：－2.50→0.6。

【查体】右眼：结膜无充血，角膜透明，中央稍偏下前突，前房清，晶状体透明，眼底未见异常。左眼：结膜无充血，角膜透明，中央稍偏下前突，前房清，晶状体透明，眼底未见异常。

【个人史】1 年前外院诊断"双眼圆锥角膜"，现配戴 RGP 治疗。

【家族史】无。

右眼四联图显示 K1 为 48.7D、K2 为 52.8D，最大角膜屈光力 68.4D，此处对应角膜即为最薄点，厚度为 442μm，同时与前后表面最高点（高度分别为＋40μm、＋72μm）基本吻合（图 6－82）。七联图中 F. Ele. Th 及 B. Ele. Th 均显示红色，角膜厚度百分比递增曲线明显下降，差异度图前后表面均显示红色异常，综合以上数据，诊断圆锥角膜（图 6－83）。

左眼四联图显示 K1 为 44.8D、K2 为 49.1D，最大角膜屈光力 59.2D，此处对应角膜即为最薄点，厚度为 427μm，同时与前后表面最高点（高度分别为＋27μm、＋62μm）基本吻合（图 6－84）。七联图中 F. Ele. Th 及 B. Ele. Th 均显示红色，角膜厚度百分比递增曲线明显下降，差异度图前后表面均显示红色异常，综合以上数据，诊断圆锥角膜（图 6－85）。

请注意：圆锥角膜顶点是最薄点与前后表面最高点的重合点，角膜前表面曲率最高点是最陡的位置，但并非最高的位置。圆锥发展到中晚期，最陡点会靠近最高点附近。

Pentacam 图像

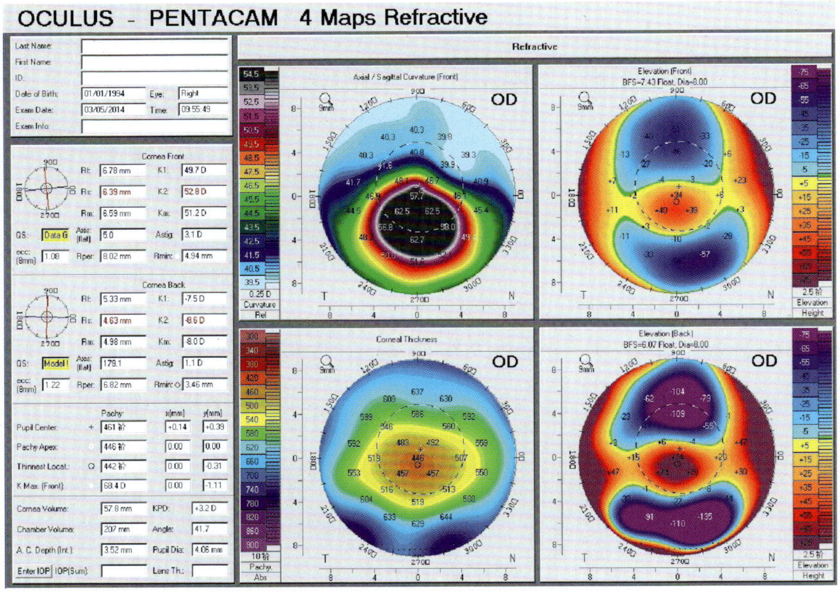

图 6－82　右眼屈光四联图

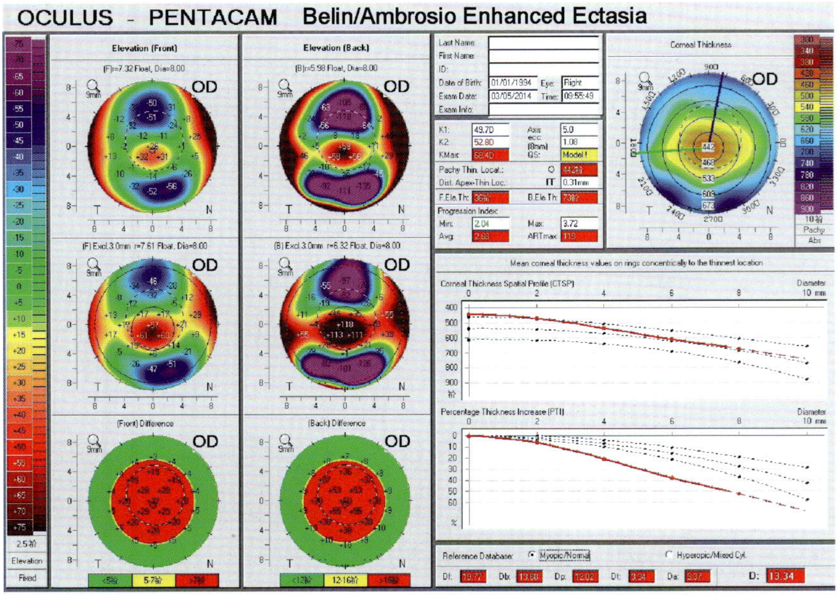

图 6－83　右眼角膜七联图

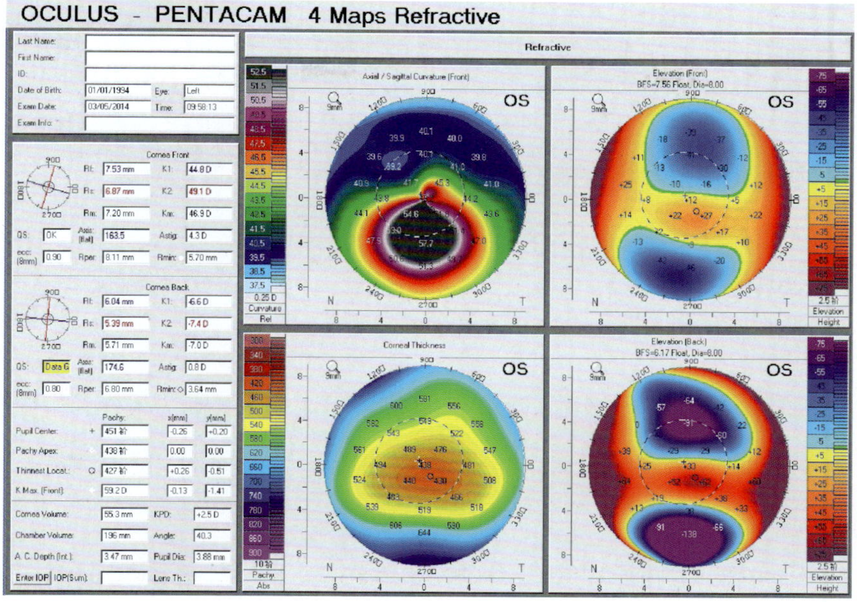

图 6－84　左眼屈光四联图

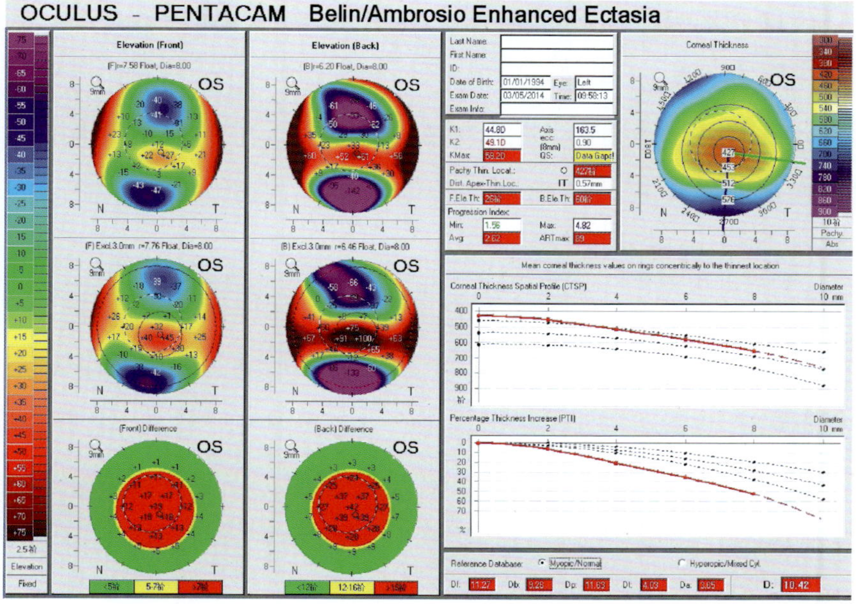

图 6－85　左眼角膜七联图

第七节　陡峭轴角膜屈光力(55.1D～58.0D)

病例 1

男性，24 岁，双眼视力下降 1 年余。

【验光】右眼：－0.50/－2.25×5→1.0；左眼：－5.00/－1.00×100→0.05。

【查体】右眼：结膜无充血，角膜透明，前房清，晶状体透明，眼底未见异常。左眼：结膜无充血，角膜透明，中央锥状前突，前房清，晶状体透明，眼底未见异常。

【个人史】双眼近视 8 年余，左眼戴镜－5.00D，否认其他眼部疾病及手术史。

【家族史】无。

左眼四联图显示角膜屈光力 K1 为 53.1D、K2 为 55.5D，最大角膜屈光力 63.7D；前后表面明显前突，中心孤岛样，分别为＋53μm、＋88μm；角膜最薄处为 468μm，明显变薄，三位点合一(图 6－86)。七联图显示角膜厚度百分比递增曲线明显下降，高度差异图前后表面均显示红色，圆锥诊断明确(图 6－87)。

右眼四联图显示角膜屈光力 K1 为 37.4D、K2 为 41.7D，最大角膜屈光力 44.4D；前后表面高度分别为＋9μm、＋18μm；角膜最薄处为 514μm，最薄处与后表面最高点吻合(图 6－88)。七联图显示角膜厚度百分比递增曲线自 2mm 开始下降，高度差异度图后表面显示红色，高度图及增强高度图中后表面均显示异常，后圆锥角膜诊断成立(图 6－89)。

Pentacam 图像

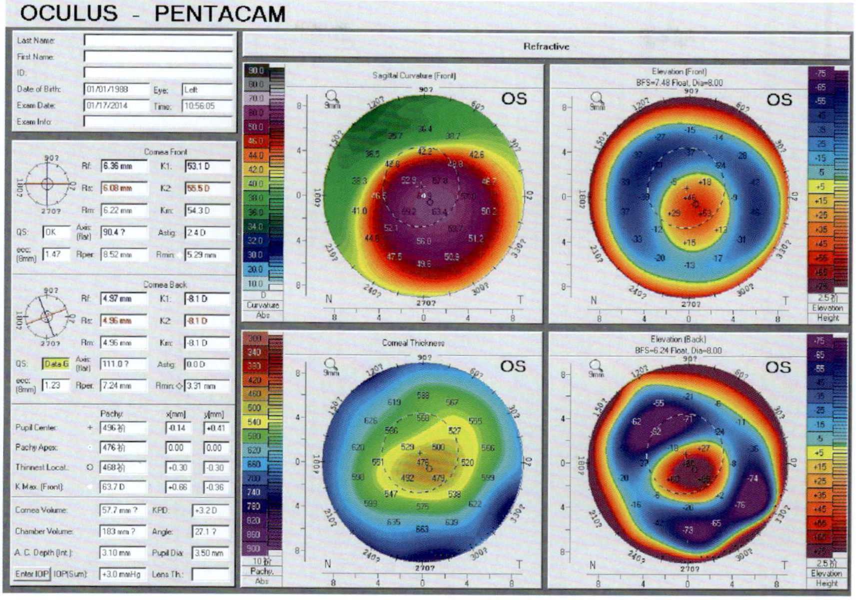

图 6－86　左眼屈光四联图

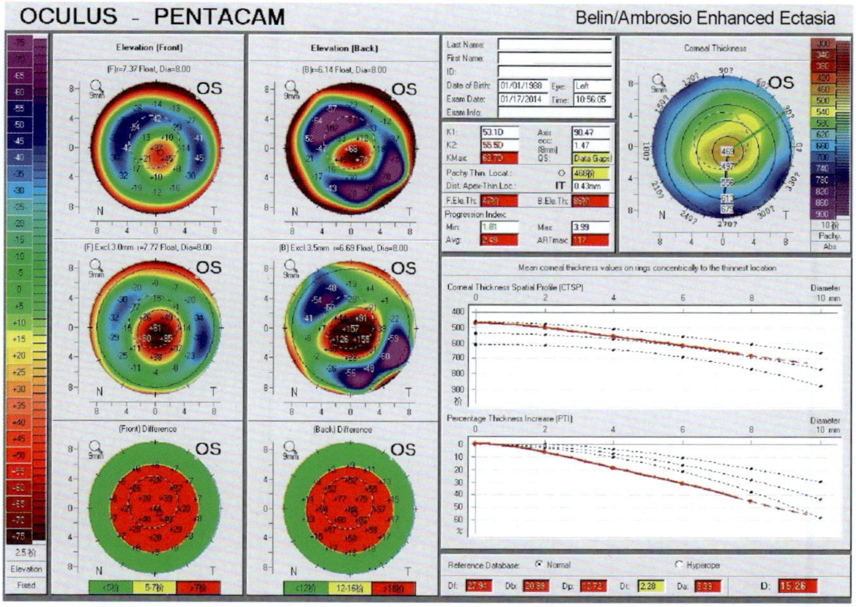

图 6－87　左眼角膜七联图

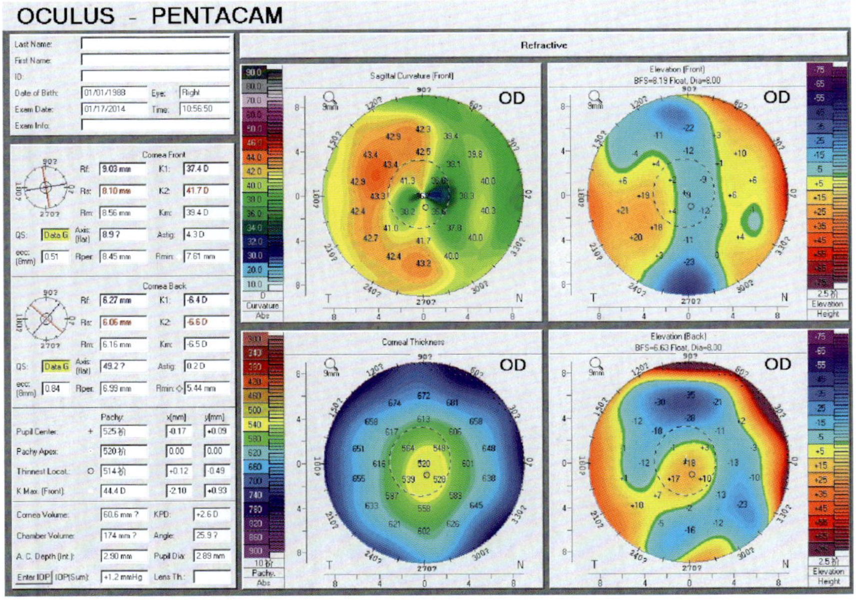

图 6－88　右眼屈光四联图

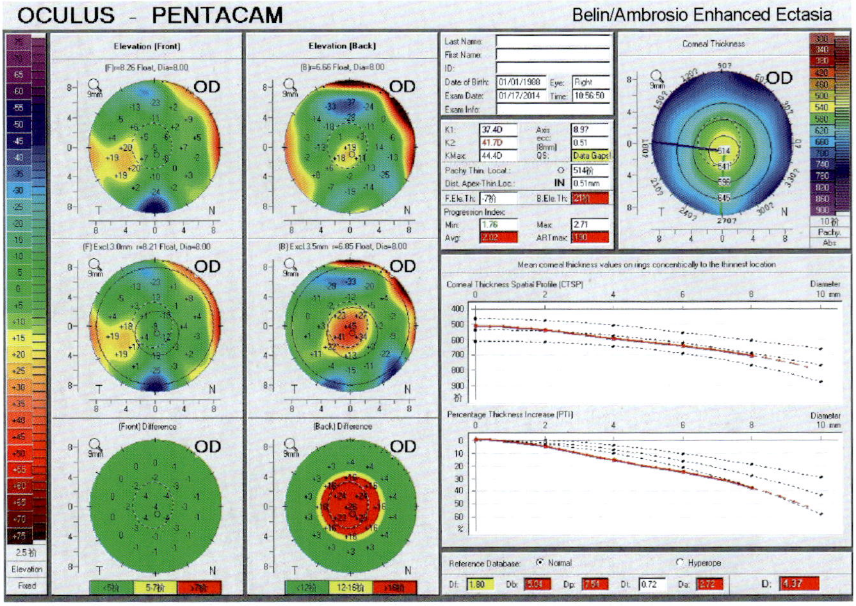

图 6－89　右眼角膜七联图

注意：该例如果仅看到单眼的角膜前表面形态及高度是容易漏诊的，在诊断圆锥角膜时须前后表面高度及双眼结合考虑。

病例 2

男性，25 岁，右眼视力下降 5 年。

【验光】右眼：−2.00/−6.00×60→0.3；左眼：−3.75DS→1.0。

【查体】右眼：结膜无充血，角膜透明，中央锥状前突，前房清，晶状体尚透明，眼底未见异常。左眼：结膜无充血，角膜透明，前房清，晶状体透明，眼底未见异常。

【个人史】否认其他眼病及手术史。

【家族史】无。

右眼四联图显示角膜屈光力 K1 为 50.2D、K2 为 56.0D，最大角膜屈光力 61.3D；前后表面明显前突，呈半岛及孤岛状显著抬高，分别为 +23μm、+68μm；角膜最薄处为 472μm，明显变薄，三位点合一（图 6－90）。七联图显示角膜厚度百分比递增曲线明显下降，高度差异度图前后表面均显示红色，圆锥诊断明确（图 6－91）。

左眼四联图显示角膜屈光力 K1 为 44.7D、K2 为 44.8D，最大角膜屈光力 45.2D；最薄点前后表面高度分别为 +1μm、+3μm，数值上正常，前表面高度图中央突起呈孤岛状，后表面呈半岛状；角膜最薄处为 546μm，属于正常范围（图 6－92）。虽然七联图显示角膜厚度百分比递增曲线在正常范围内，高度差异度图前后表面均显示绿色，增强型高度图显示后表面接近 12μm，结合对侧眼圆锥角膜诊断，圆锥通常为双眼发病的循证证据，仍需考虑左眼为圆锥角膜尚未表现出来，需临床随访（图 6－93）。

Pentacam 图像

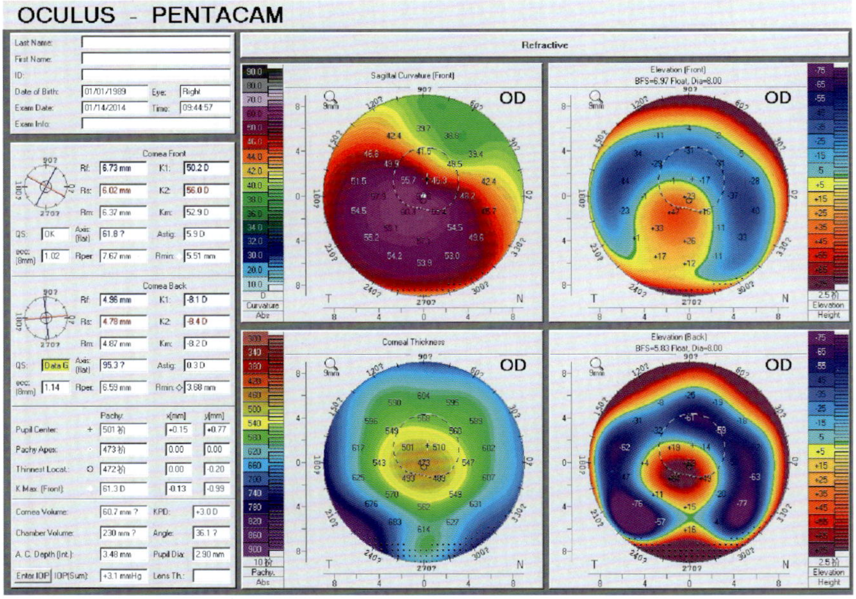

图 6-90　右眼屈光四联图

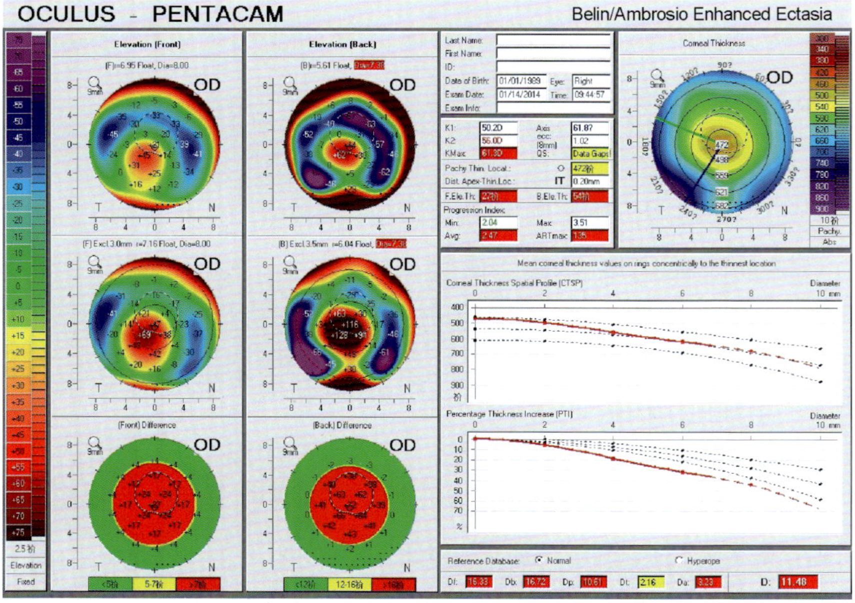

图 6-91　右眼角膜七联图

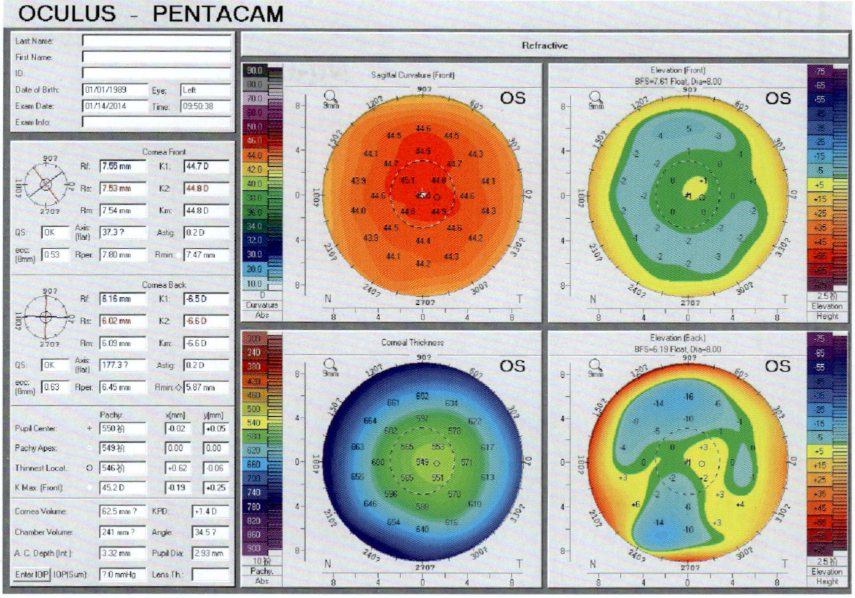

图 6－92　左眼屈光四联图

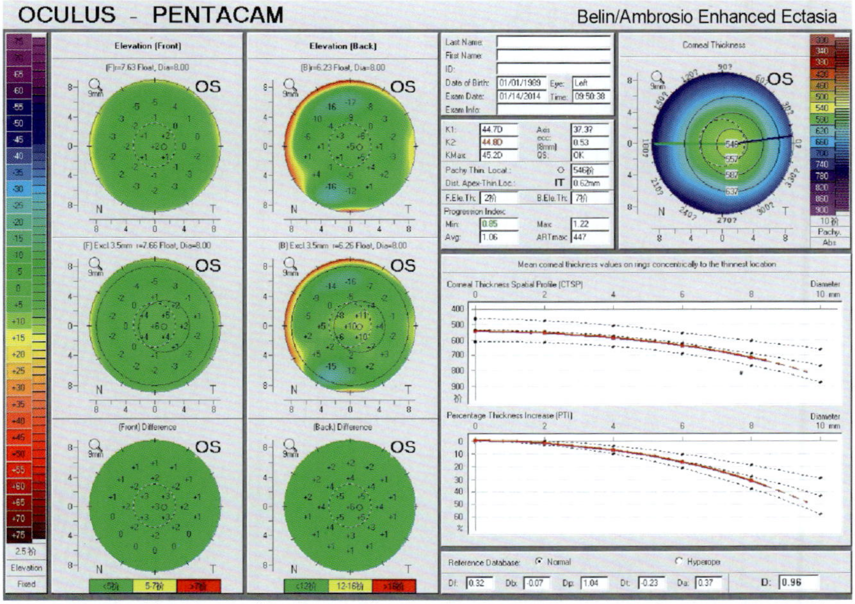

图 6－93　左眼角膜七联图

病例 3

男性,45 岁,双眼视力下降 3 年。

【验光】右眼:－11.00/－3.25×95→0.3;左眼:－3.00×10→0.4。

【查体】右眼:结膜无充血,角膜透明,稍见锥状前突,前房清,晶状体透明,眼底未见异常。左眼:结膜无充血,角膜透明,锥状前突,前房清,晶状体透明,眼底未见异常。

【个人史】否认其他眼部疾病及手术史。

【家族史】无。

右眼四联图显示角膜屈光力 K1 为 49.9D、K2 为 55.4D,最大角膜屈光力 62.8D;前后表面明显前突,分别为＋34μm、＋56μm;角膜最薄处为 424μm,明显变薄,角膜最薄点和角膜前后表面最高点三位点一致(图 6－94)。七联图显示角膜厚度百分比递增曲线明显下降,高度差异图前后表面均显示红色(图 6－95),圆锥角膜诊断明确。

左眼四联图显示角膜屈光力 K1 为 49.8D、K2 为 55.8D,最大角膜屈光力 65.9D;前后表面明显前突,分别为＋27μm、＋70μm;角膜最薄处为 392μm,明显变薄,角膜最薄点和角膜前后表面最高点三位点一致(图 6－96)。七联图显示角膜厚度百分比递增曲线明显下降,高度差异图前后表面均显示红色(图 6－97),圆锥角膜诊断明确。

Pentacam 图像

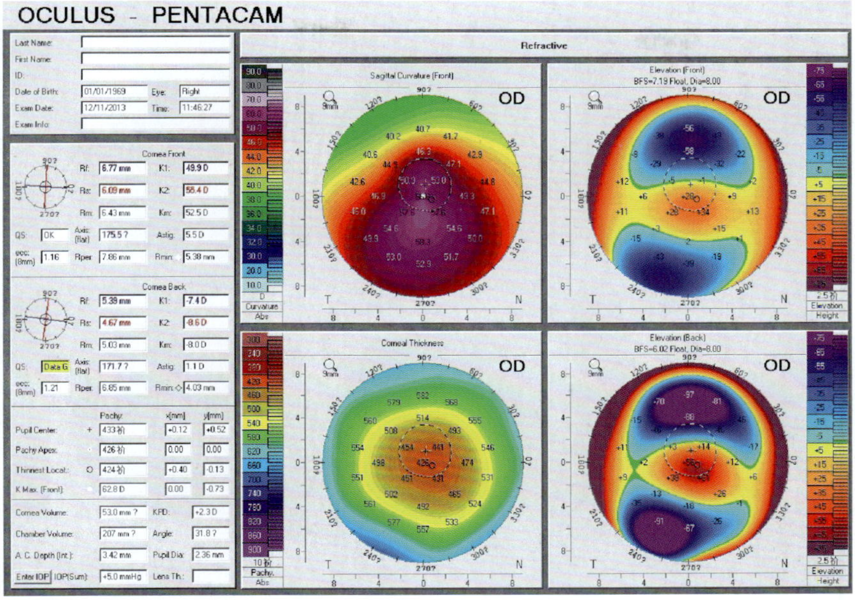

图 6－94　右眼屈光四联图

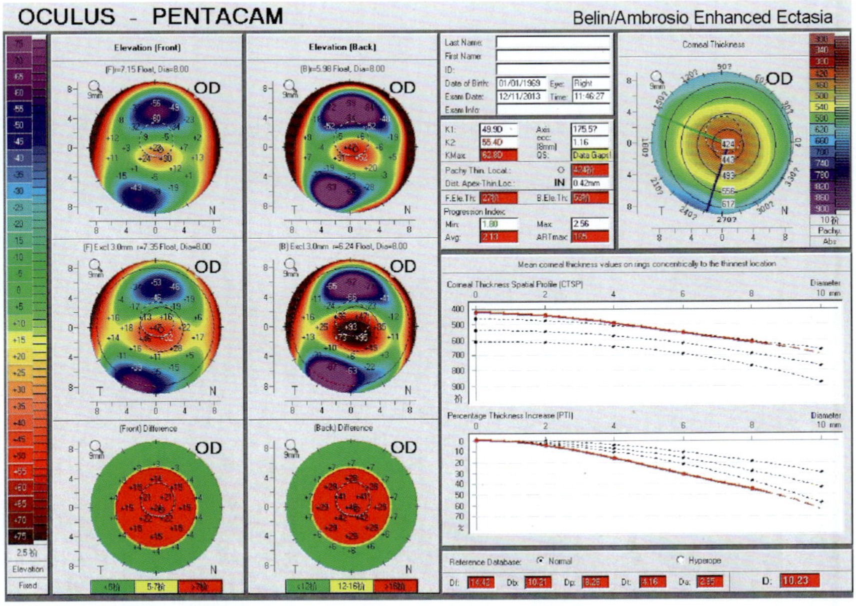

图 6－95　右眼角膜七联图

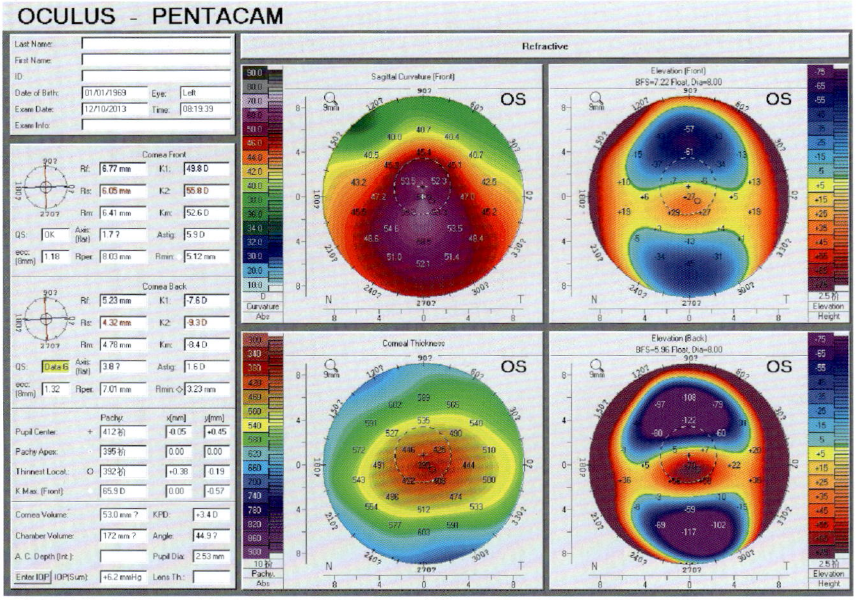

图 6－96　左眼屈光四联图

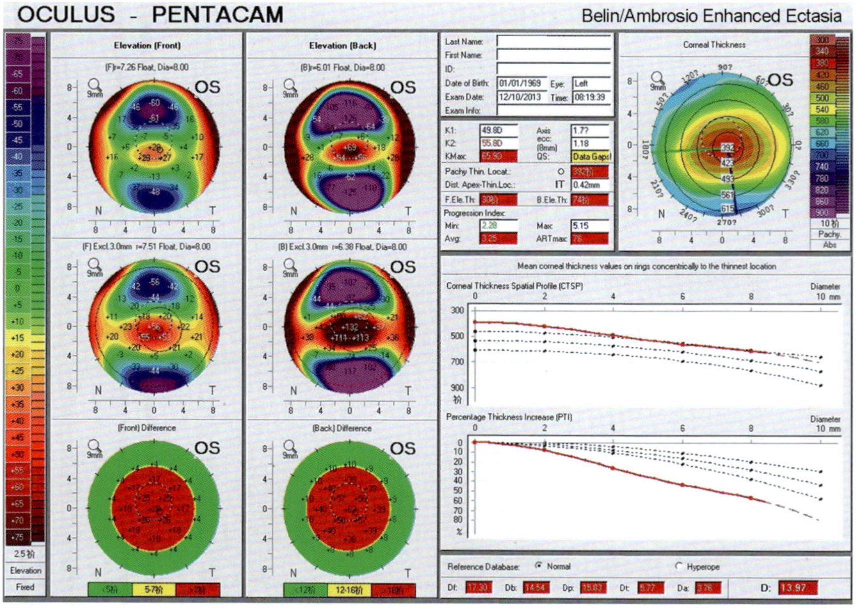

图 6－97　左眼角膜七联图

病例 4

女性,26 岁,双眼视力渐下降 12 年。

【验光】右眼:−23.00/−2.00×5→0.3;左眼:−8.25/−3.00×180→0.9。

【查体】右眼:结膜无充血,角膜透明,基质环可见,前房清,晶状体透明,眼底未见异常。左眼:结膜无充血,角膜透明,基质环可见,前房清,晶状体透明,眼底未见异常。

【个人史】7 年前外院诊断"双眼圆锥角膜"并行双眼角膜基质环植入术。

【家族史】无。

右眼四联图显示 K1 为 53.2D、K2 为 55.7D,最大角膜屈光力 69.6D。最薄角膜厚度为 419μm,与最大角膜屈光力点基本吻合,相应前后表面高度分别为 +45μm、+87μm,为角膜前后表面最高处(图 6-98)。七联图中 F. Ele. Th 及 B. Ele. Th 均显示红色,高度差异度图前后表面显示为红色异常,角膜厚度百分比递增曲线异常下滑(图 6-99),前后表面高度明显超过正常。角膜最大屈光力点、最薄点及前后表面最高点基本四点合一,诊断为圆锥角膜,角膜基质环植入术后。虽已植入角膜基质环,但疗效欠佳。

左眼四联图显示 K1 为 43.8D、K2 为 45.6D,最大角膜屈光力 48.3D。最薄角膜厚度为 480μm,与最大角膜屈光力点基本吻合,相应前后表面高度分别为 +16μm、+33μm,为角膜前后表面最高处(图 6-100)。七联图中 F. Ele. Th 及 B. Ele. Th 均显示红色,高度差异度图前后表面显示为红色异常,角膜厚度百分比递增曲线明显异常下滑(图 6-101),考虑患眼前后表面高度明显超过正常,同时角膜最大屈光力点、最薄点及前后表面最高点基本三点合一,可诊断为圆锥角膜。

右眼前节 OCT,见角膜基质环(图 6-102)。

Pentacam 图像

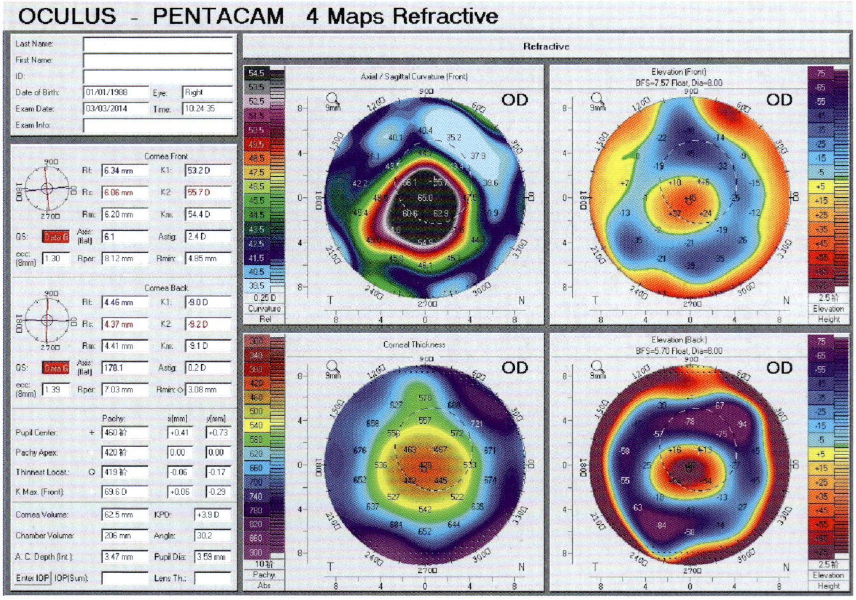

图 6－98　右眼屈光四联图

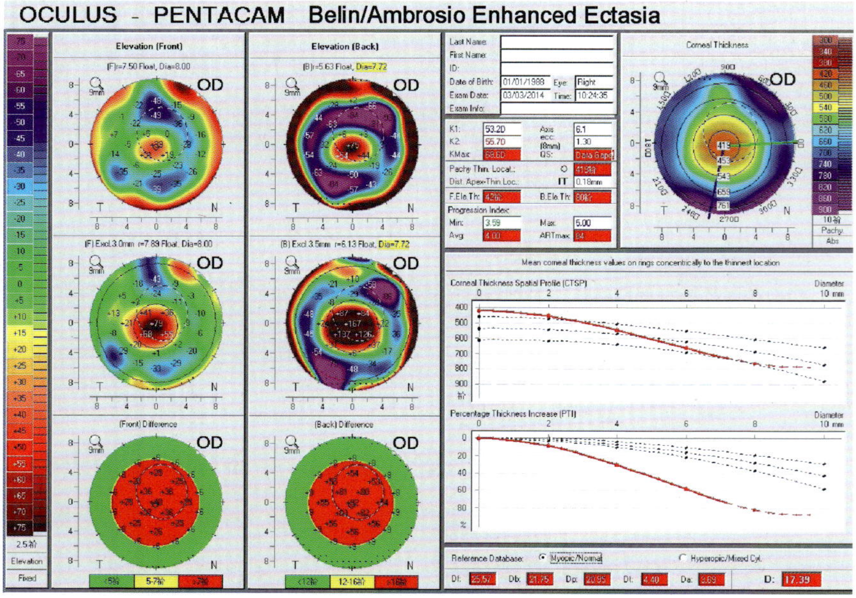

图 6－99　右眼角膜七联图

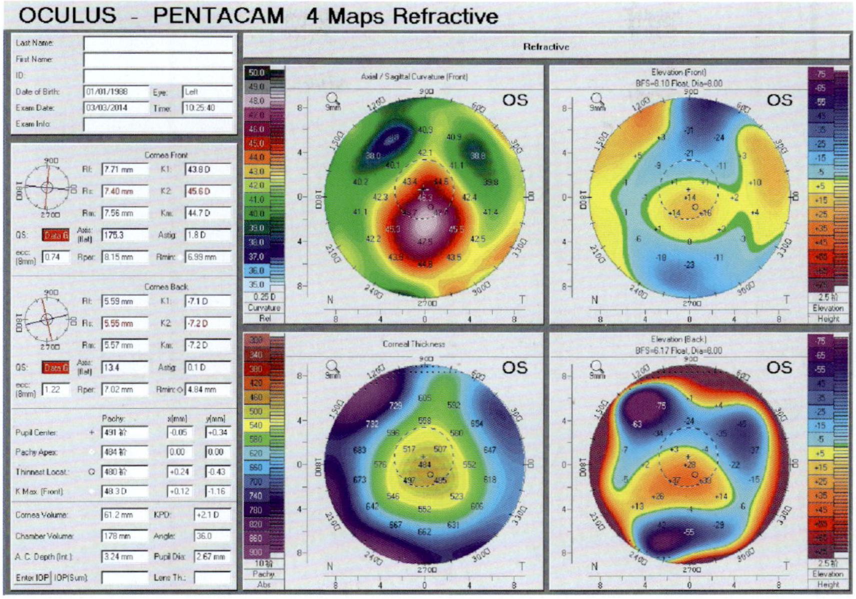

图 6－100　左眼屈光四联图

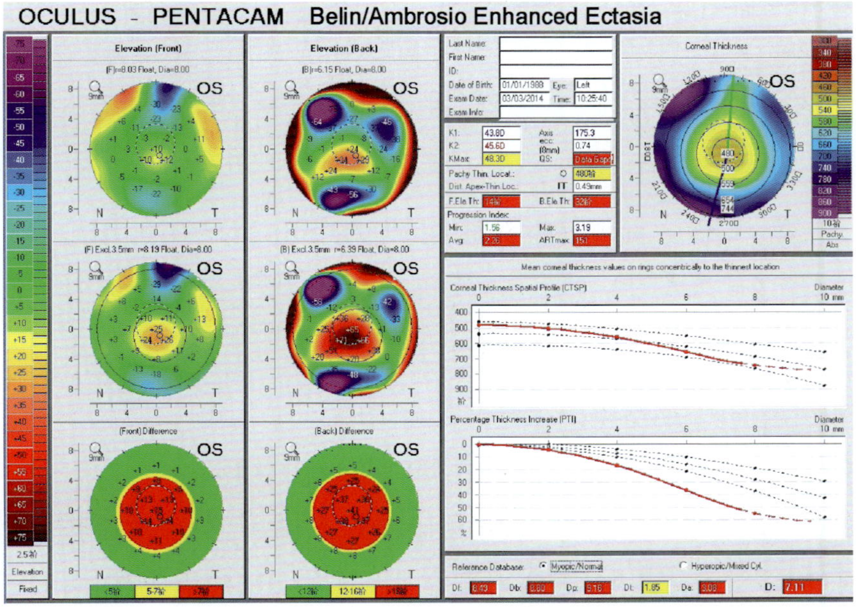

图 6－101　左眼角膜七联图

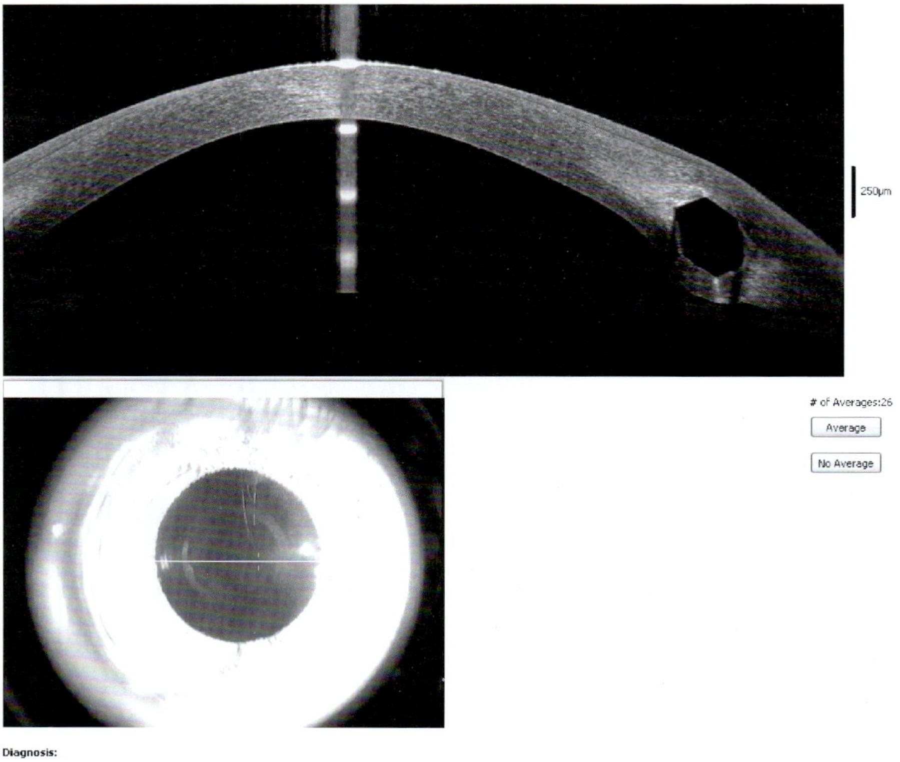

图 6-102　右眼前节 OCT 见角膜基质环

第八节　陡峭轴角膜屈光力(58.1D～61.0D)

病例 1

男性,17 岁,双眼视力下降 6 年。

【验光】右眼：Plano→0.2;左眼：Plano→0.12。

【查体】右眼：结膜无充血,角膜植片在位,光学区尚透明,中央前突,前房清,晶状体透明,眼底未见异常。左眼：结膜无充血,角膜透明,稍见锥状前突,前房清,晶状体透明,眼底未见异常。

【个人史】右眼穿透性角膜移植(PKP)术后。

【家族史】无。

左眼四联图显示角膜屈光力 K1 为 51.4D、K2 为 58.4D,最大角膜屈光力 69.4D;前后表面明显前突,分别为+34μm、+61μm;角膜最薄处为 447μm,明显变薄,且角膜最薄点、角膜前后表面最高点三点合一(图 6-103)。七联图显示角膜厚度百分比递增曲线明显下降,高度差异图前后表面均显示红色,圆锥角膜诊断明确(图 6-104)。

右眼 PKP 术后,角膜缝线部位对应的前后表面高度变化明显。前后表面 K 值、角膜厚度及前后表面高度参数可信度低(图 6-105 和图 6-106)。

Pentacam 图像

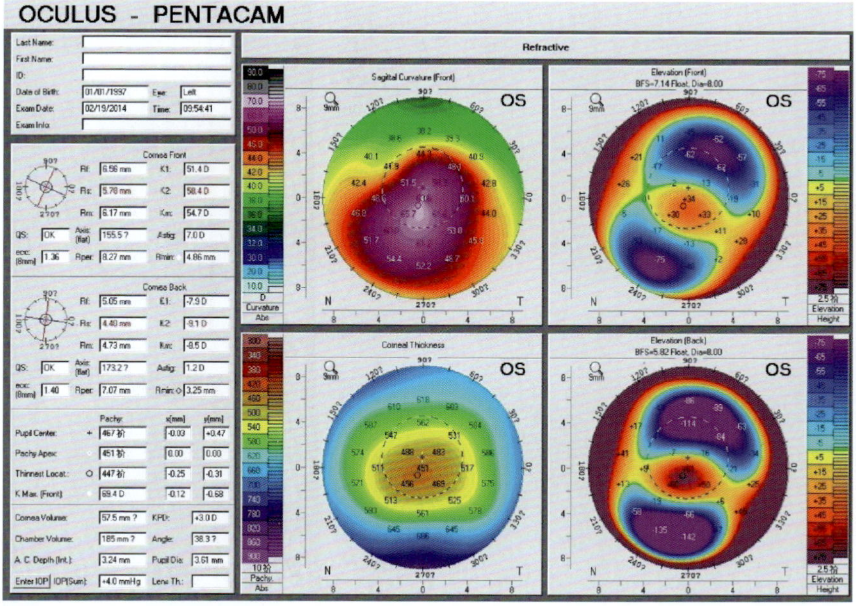

图 6-103　左眼屈光四联图

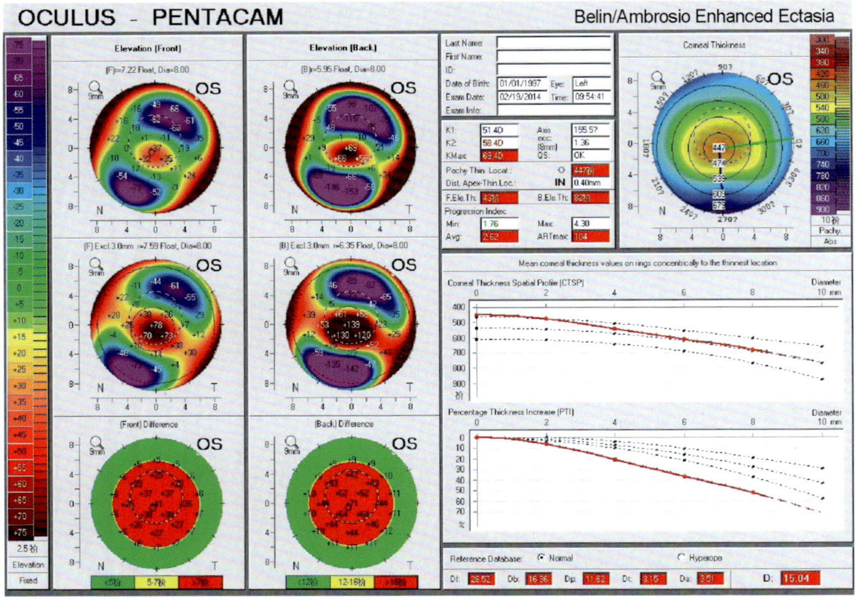

图 6－104　左眼角膜七联图

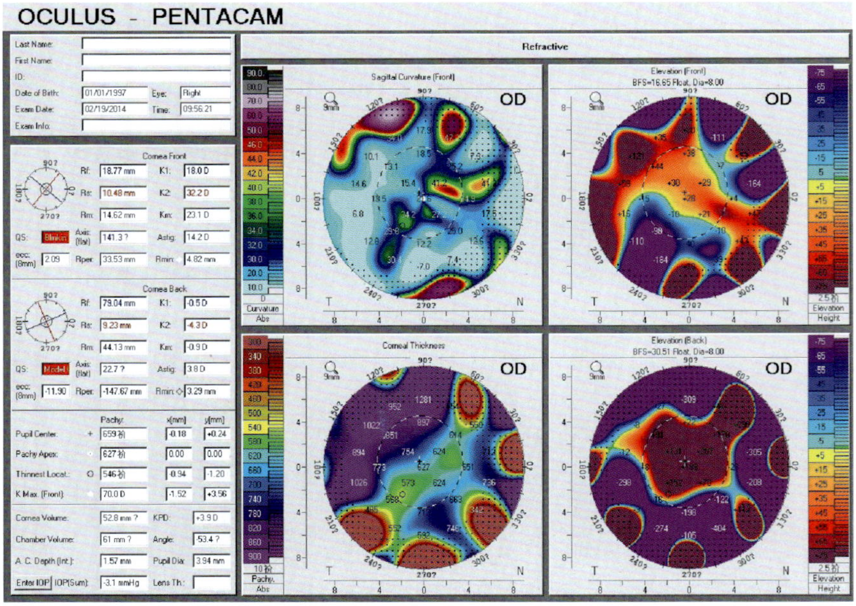

图 6－105　右眼屈光四联图

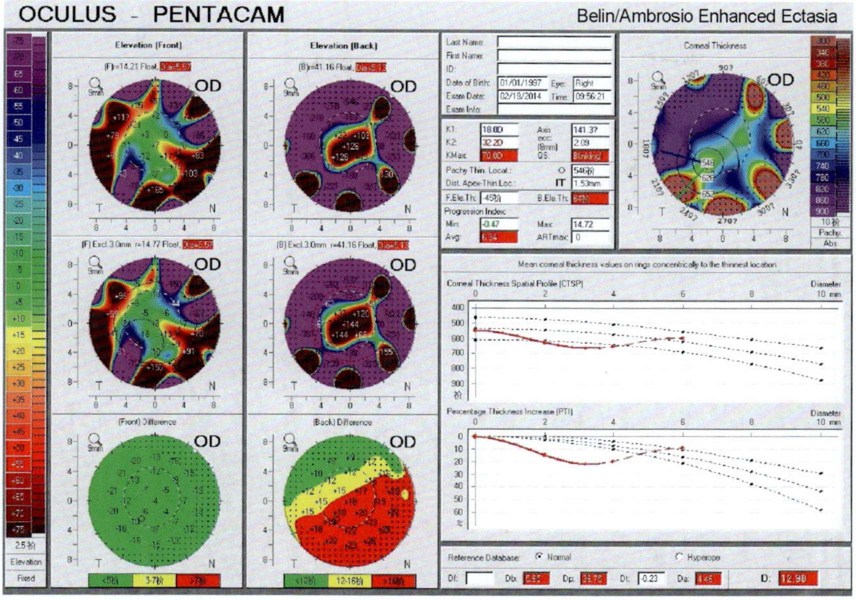

图 6－106　右眼角膜七联图

病例 2

男性，15 岁，双眼视力下降 3 年。

【验光】右眼：－11.50/－8.00×60→0.5；左眼：－11.50/－6.00×30→0.4。

【查体】右眼：结膜无充血，角膜透明，锥状前突，前房清，晶状体透明，眼底未见异常。左眼：结膜无充血，角膜透明，锥状前突，前房清，晶状体透明，眼底未见异常。

【个人史】否认其他眼病及手术史。

【家族史】无。

左眼四联图显示角膜屈光力 K1 为 54.8D、K2 为 59.7D，最大角膜屈光力 67.5D；前后表面明显前突，分别为＋37μm、＋76μm；角膜最薄处为 435μm，明显变薄，角膜最薄点、前后表面最高点三位点一致（图 6－107）。七联图显示角膜厚度百分比递增曲线明显下降，差异度图前后表面均显示红色，表示有异常，圆锥角膜诊断明确（图 6－108）。

右眼四联图显示角膜屈光力 K1 为 54.3D、K2 为 56.0D，最大角膜屈光力 66.1D；前后表面明显突起，分别为＋24μm、＋50μm；角膜最薄处为 444μm，明显变薄（图 6－109）。七联图显示角膜厚度百分比递增曲线明显下降，差异度图前后表面均显示红色，表示有异常，圆锥角膜诊断明确（图 6－110）。

Pentacam 图像

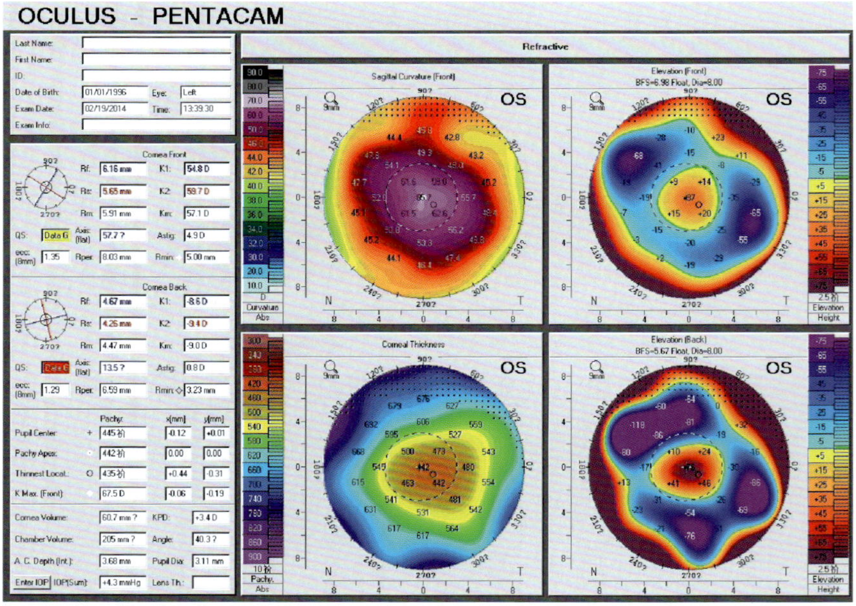

图 6－107　左眼屈光四联图

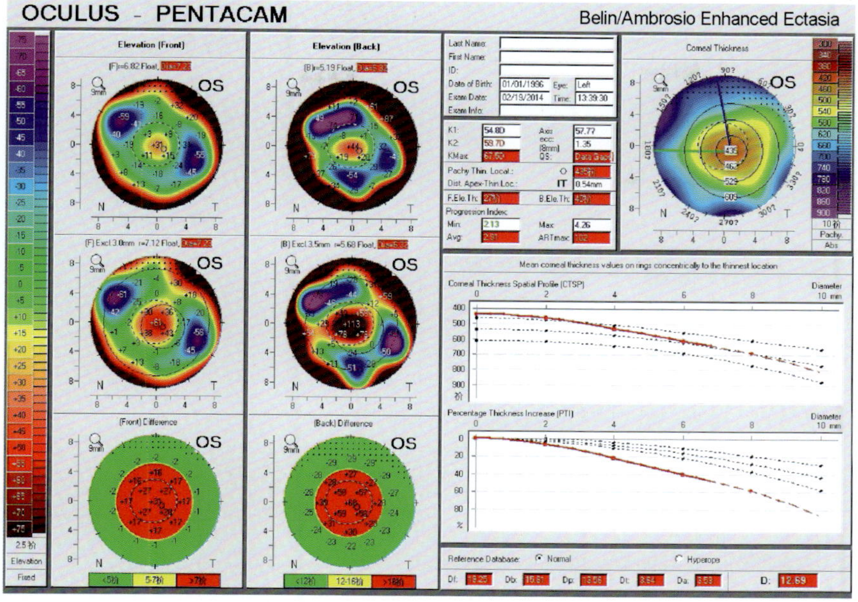

图 6-108　左眼角膜七联图

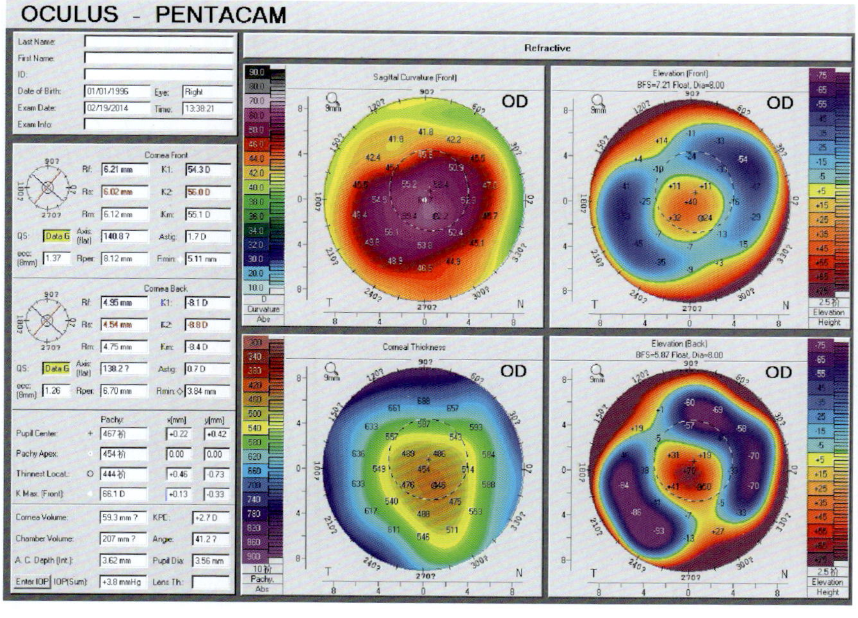

图 6-109　右眼屈光四联图

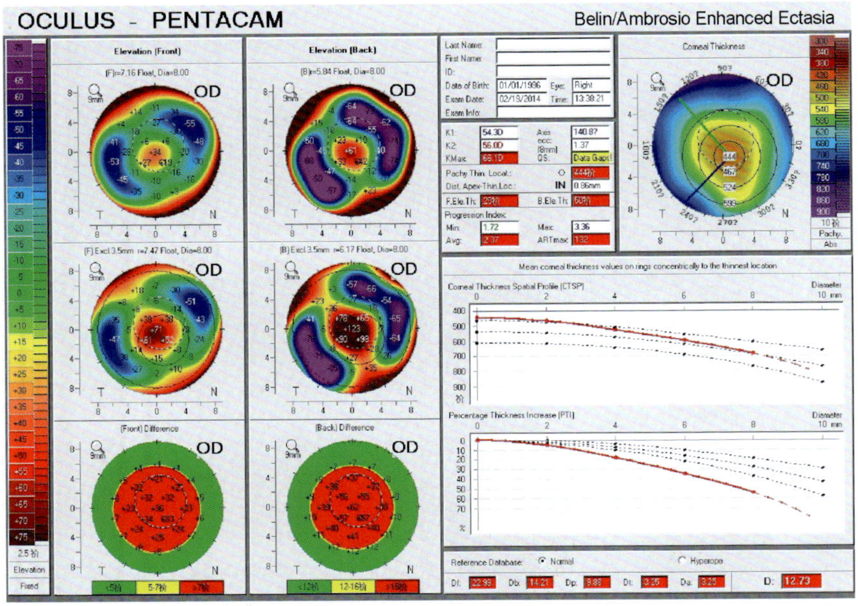

图 6-110　右眼角膜七联图

第九节　陡峭轴角膜屈光力(61.1D～64.0D)

病例 1

女性，22岁，双眼视力下降4年。

【验光】右眼：－5.25/－2.00×50→0.3；左眼：－18.25/－6.75×180→0.3。

【查体】右眼：结膜无充血，角膜尚透明，Vogt线(＋)，Munson征(＋)，前房清，晶体透明，眼底未见异常。左眼：结膜无充血，角膜上皮见点状缺失，Vogt线(＋)，Munson征(＋)，前房清，晶状体透明，眼底未见异常。

【个人史】否认眼部疾病及手术史。

【家族史】无。

左眼四联图显示角膜屈光力K1为58.6D、K2为61.9D，最大角膜屈光力 70.1D；前后表面明显前突，分别为 +38μm、+80μm；角膜最薄处为 435μm，明显变薄，最薄点与前后表面最高点三位点一致（图 6 -111）。七联图显示角膜厚度百分比递增曲线明显下降，高度差异图前后表面均显示红色，圆锥角膜诊断明确（图 6 - 112）。

右眼四联图显示角膜屈光力 K1 为 47.6D、K2 为 51.9D，最大角膜屈光力 61.1D；前后表面明显前突，分别为 +41μm、+68μm；角膜最薄处为 471μm，明显变薄，最薄点与前后表面最高点三位点一致（图 6 - 113）。七联图显示角膜厚度百分比递增曲线明显下降，差异度图前后表面均显示红色，圆锥角膜诊断明确（图 6 - 114）。该病例已发生后弹力层异常，需警惕急性圆锥角膜，密切随访。

Pentacam 图像

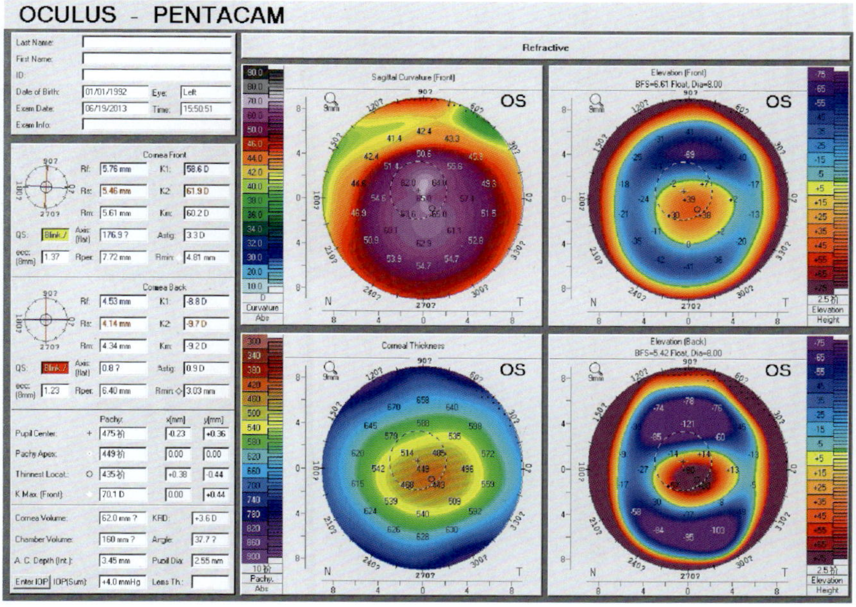

图 6 - 111　左眼屈光四联图

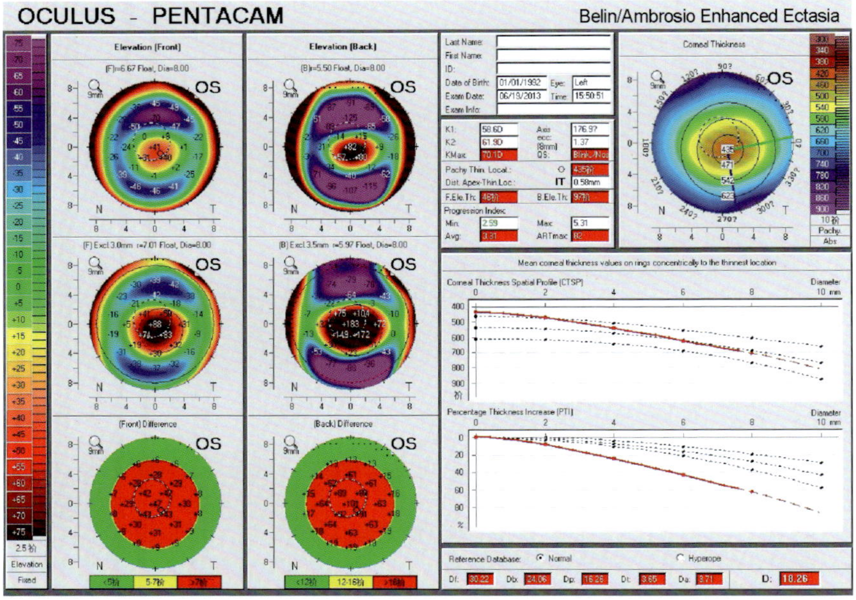

图 6－112　左眼角膜七联图

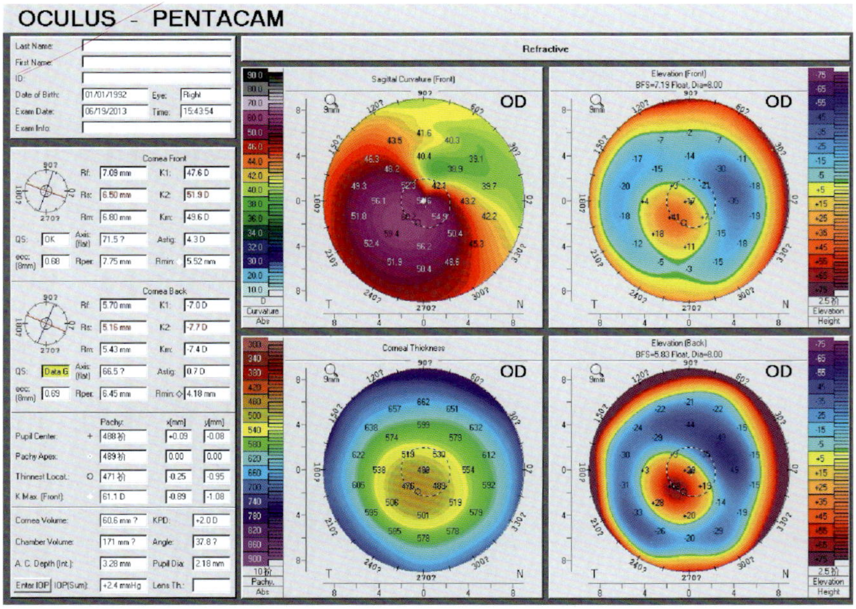

图 6－113　右眼屈光四联图

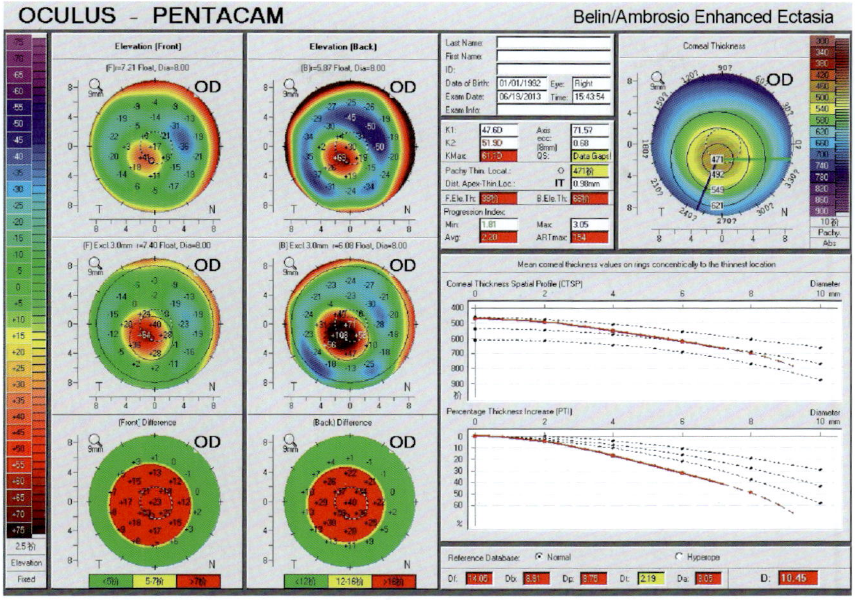

图 6－114　右眼角膜七联图

病例 2

女性，30 岁，双眼视力下降 10 余年。

【验光】右眼：－14.75/－3.50×145→0.3；左眼：－6.25→0.4。

【查体】右眼：结膜无充血，角膜中央前突，前房清，晶状体透明，眼底未见异常。左眼：结膜无充血，角膜中央前突，前房清，晶状体透明，眼底未见异常。

【个人史】近视 14 年，右眼戴 RGP 7 年，具体度数不详，否认其他眼部疾病及手术史。

【家族史】无。

左眼四联图显示角膜屈光力 K1 为 62.1D、K2 为 63.7D，最大角膜屈光力 69.1D；前后表面明显前突，均呈孤岛状隆起区域，分别为＋44μm、＋134μm；角膜最薄处为356μm，明显变薄，最薄点与前后表面最高点三位点一致（图6－115）。七联图显示角膜厚度百分比递增曲线明显下降，差异度图前后表面均显示红色异常，圆锥角膜诊断明确（图6－116）。

右眼四联图显示角膜屈光力K1为60.2D、K2为67.2D，最大角膜屈光力75.8D；前后表面明显前突，呈孤岛状改变，分别为＋37μm、＋96μm；角膜最薄处为396μm，明显变薄，最薄点与前后表面最高点三位点合一（图6－117）。七联图显示角膜厚度百分比递增曲线明显下降，差异度图前后表面均显示红色，表示有异常，圆锥角膜诊断明确（图6－118）。

Pentacam图像

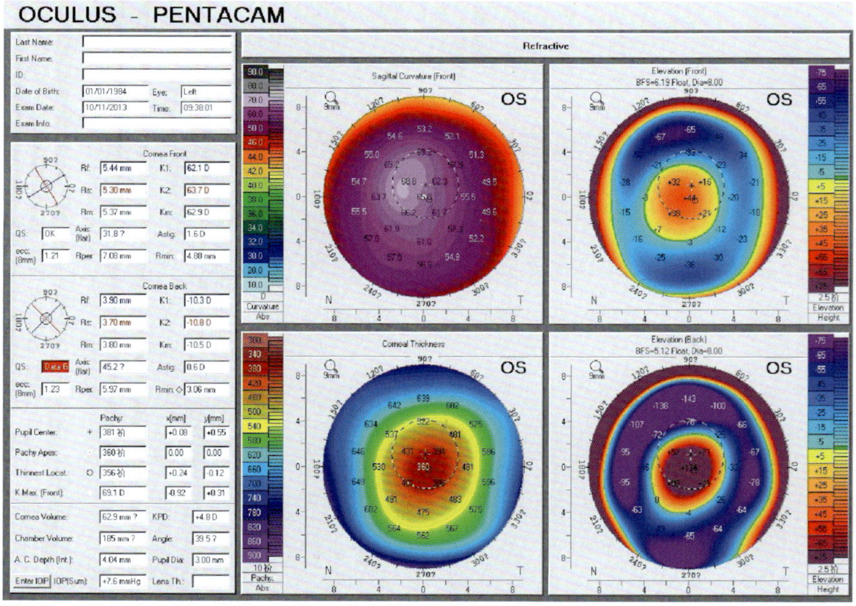

图6－115　左眼屈光四联图

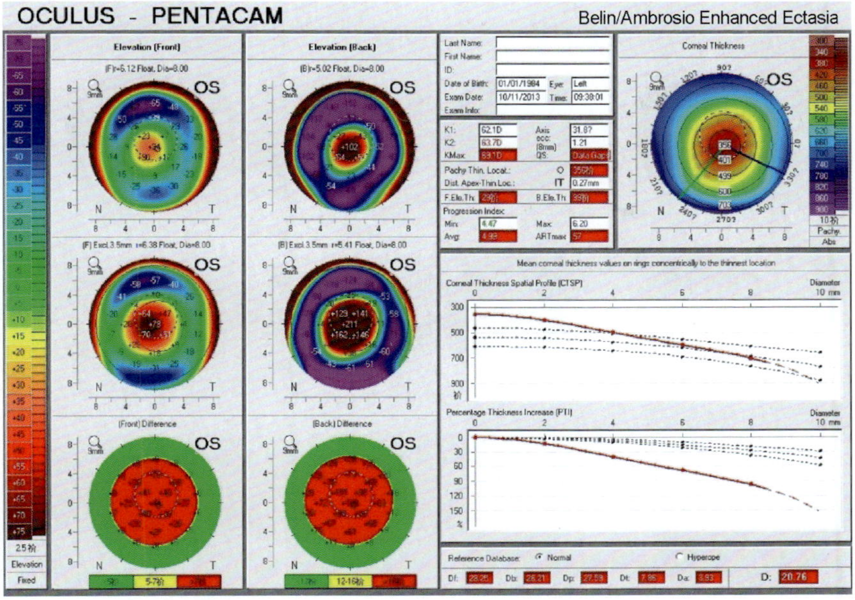

图 6－116　左眼角膜七联图

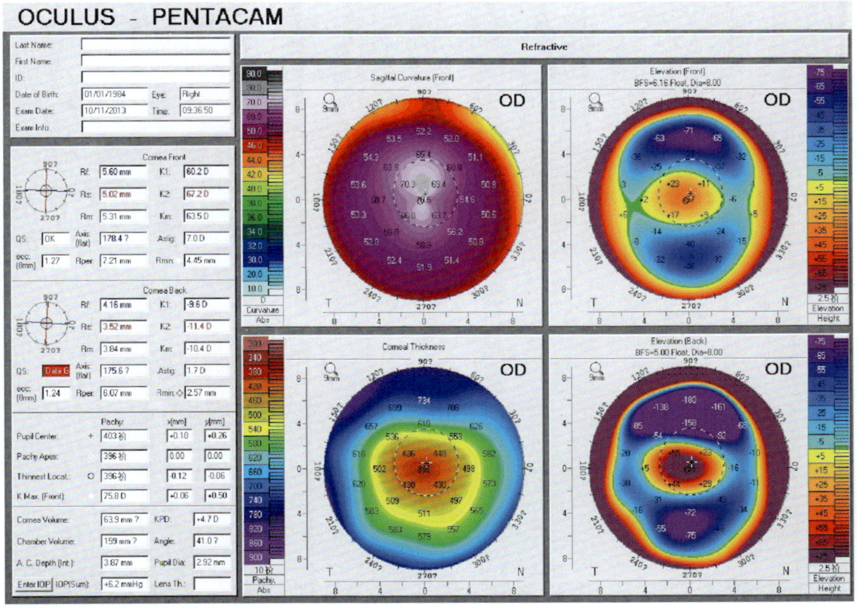

图 6－117　右眼屈光四联图

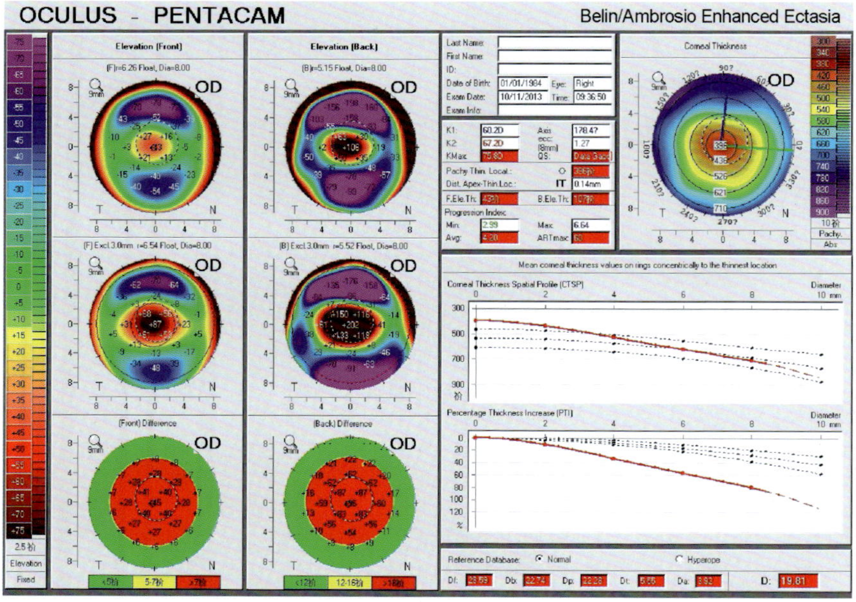

图 6－118　右眼角膜七联图

第十节　陡峭轴角膜屈光力(＞64.0D)

病例 1

男性，24 岁，右眼视力下降 2 年。

【验光】右眼：Plano→0.25；左眼：－0.75/－2.75×55→0.7。

【查体】右眼：结膜无充血，角膜透明，锥状前突，前房清，角膜晶体透明，眼底未见异常。左眼：角膜移植片在位，光学区透明。

【个人史】2 年前外院诊断左眼圆锥角膜行穿透性角膜移植术(PKP)。否认其他眼病史。

【家族史】无。

右眼四联图显示角膜屈光力 K1 为 63.2D、K2 为 64.9D，最大角膜屈光力 71.3D；前后表面明显前突，孤岛状显著隆起，分别为＋68μm、

+155μm；角膜最薄处为 335μm，明显变薄，三位点一致（图 6－119）。七联图显示角膜厚度百分比递增曲线明显下降，高度差异图前后表面均显示红色，圆锥诊断明确（图 6－120）。

左眼 PKP 术后，四联图显示角膜屈光力 K1 为 40.6D、K2 为 43.6D，角膜散光约为 3D，轴向是斜轴，约 58°；植片部位前表面屈光力最大位置与最薄点不吻合，最薄点角膜厚度为 461μm，最薄点对应处的角膜屈光力为 39.9D，最陡处顶点向颞侧偏移，对应前后表面高度分别为 +16μm、+15μm，增强高度图显示前后表面抬高且一致（图 6－121）。七联图显示角膜厚度百分比递增曲线部分段下降、角膜厚度变化率及对应 Dp 值红色预警，高度差异图前后表面显示绿色，提示左眼病情尚稳定（图 6－122）。但鉴于角膜变薄及角膜厚度变化率增高，后表面高度增加等，提示圆锥角膜潜在复发风险，需密切临床随访。

Pentacam 图像

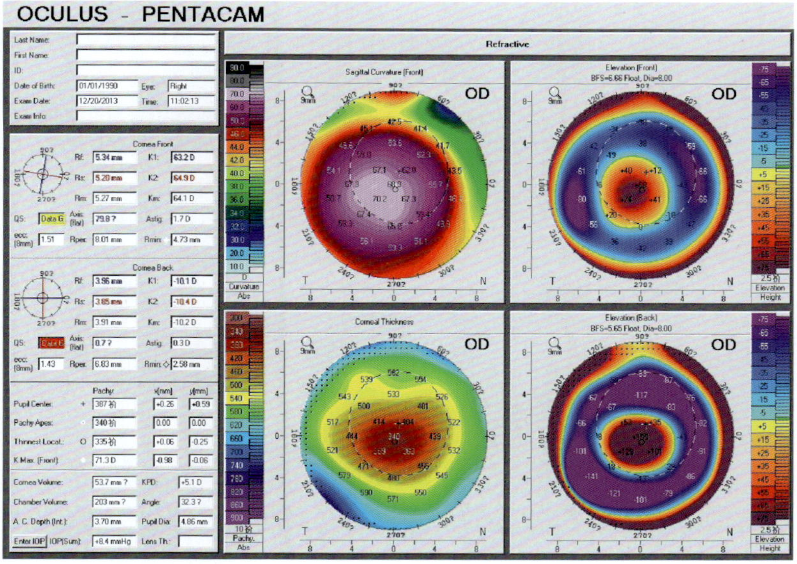

图 6－119　右眼屈光四联图

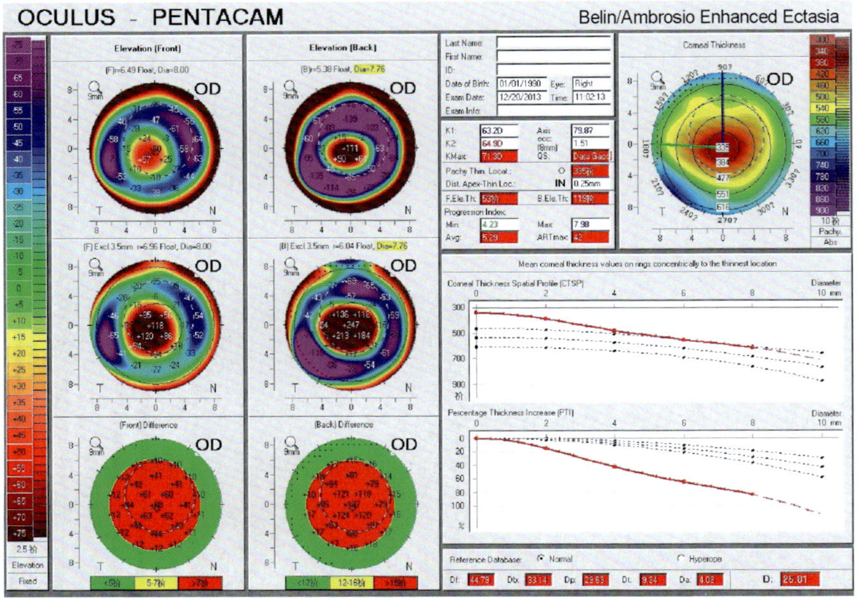

图 6－120　右眼角膜七联图

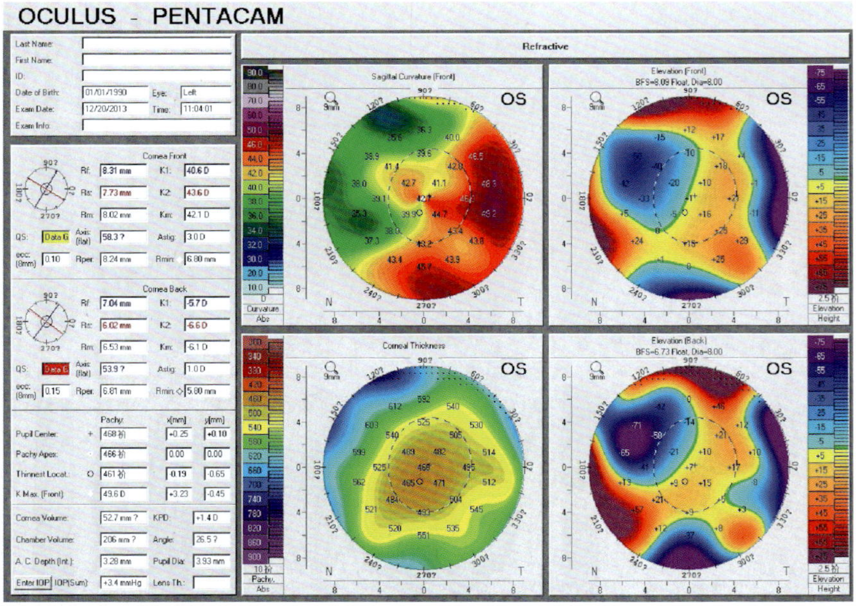

图 6－121　左眼屈光四联图

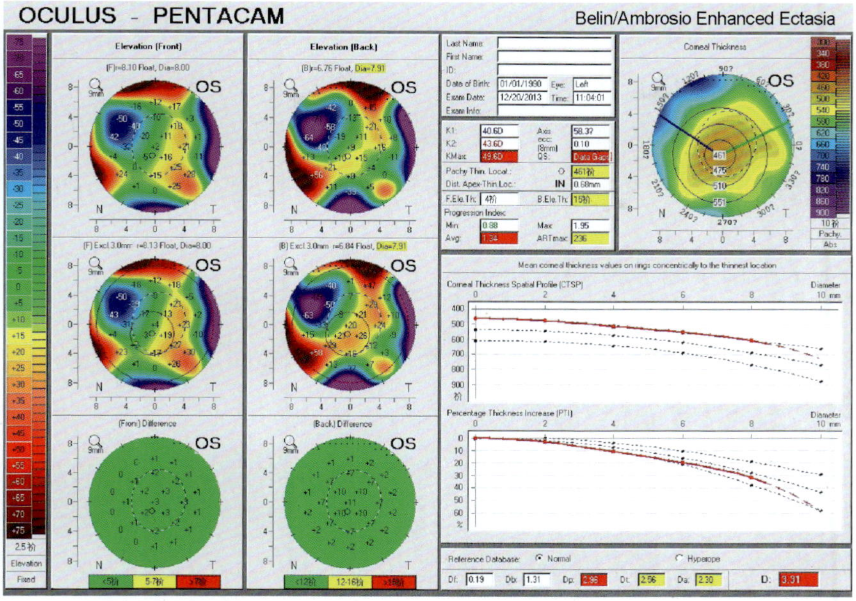

图 6－122　左眼角膜七联图

病例 2

男性，18 岁，左眼视力下降 3 个月。

【验光】右眼：－2.00/－0.50×40→0.7；左眼：Plano→0.05。

【查体】右眼：结膜无充血，角膜透明，前房清，晶状体透明，眼底未见异常。左眼：结膜无充血，角膜中央见 1mm×2mm 瘢痕，中央锥状前突，前房清，晶状体透明，眼底未见异常。

【个人史】双眼近视 7 年余，戴镜－2.00D，否认其他眼部疾病及手术史。

【家族史】无。

左眼四联图显示角膜屈光力 K1 为 62.6D、K2 为 64.5D，最大角膜屈光力 82.1D；前后表面明显前突，中心孤岛状隆起，最薄点对应前后表面高度分别为＋57μm、＋124μm；角膜最薄处为 358μm，明显变薄，最薄点与前后表面最高点三位点合一（图 6－123）。七联图显示角膜厚度百分比递增曲线明显下降，差异度图前后表面均显示红色，圆锥角膜诊断明确（图 6－124）。

右眼四联图显示角膜屈光力 K1 为 42.7D、K2 为 44.3D，最大角膜屈光力 46.3D；前后表面高度分别为＋7μm、＋23μm，后表面高度大于正常；角膜最薄处为 480μm，角膜最薄处与前后表面最高点三点合一（图 6－125）。七联图显示角膜厚度百分比递增曲线未见明显下降，角膜厚度变化率及 Dp 值升高红色警示，表明最薄点已相对周边偏薄，高度差异度图前后表面均显示黄色，结合左眼情况，诊断为右眼亚临床圆锥角膜，建议患者临床随访（图 6－126）。

Pentacam 图像

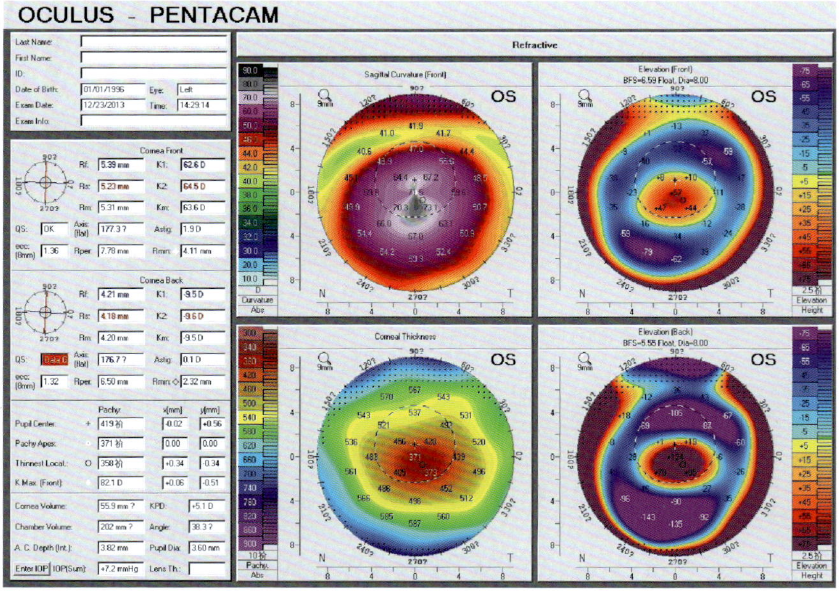

图 6－123　左眼屈光四联图

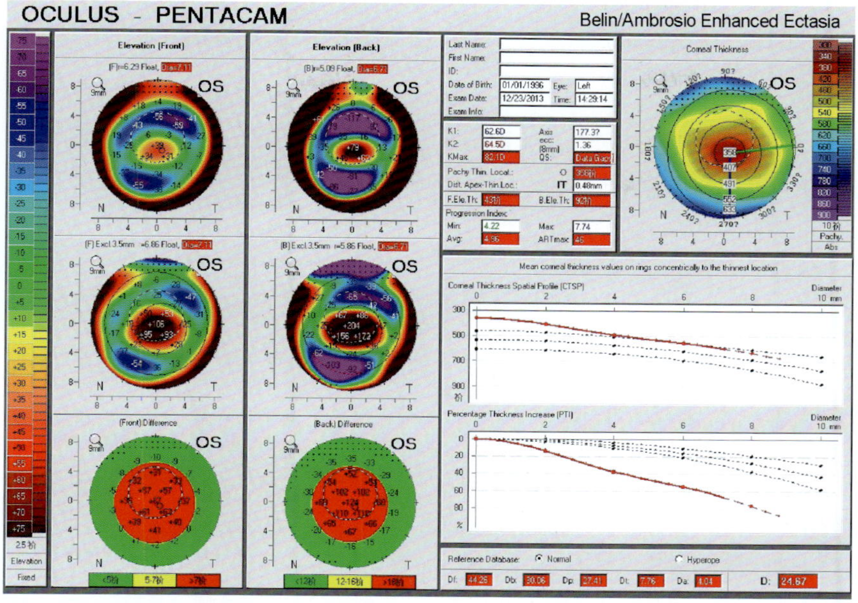

图 6－124　左眼角膜七联图

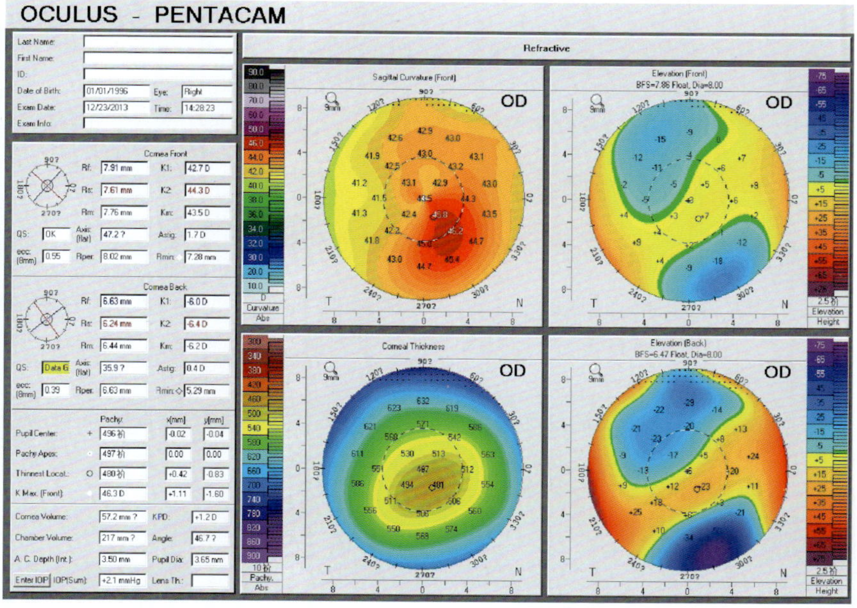

图 6－125　右眼屈光四联图

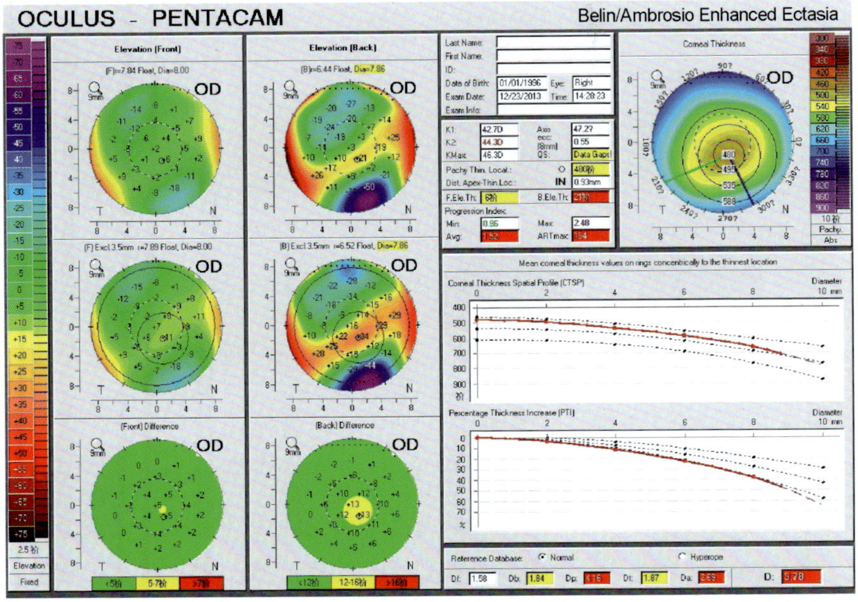

图 6-126　右眼角膜七联图

病例 3

女性，22 岁，左眼视力下降 3 个月。

【验光】右眼：CF/眼前；左眼：－10.50/－2.50×130→0.5。

【查体】右眼：结膜无充血，角膜中央白斑，其后虹膜粘连，余窥不清。左眼：结膜无充血，角膜透明，中央锥状前突，前房清，晶状体透明，眼底未见异常。

【个人史】双眼近视 7 年余，戴镜－2.00D，3 年前外院诊断圆锥角膜，否认其他眼部疾病及手术史。

【家族史】无。

右眼四联图显示角膜屈光力 K1 为 68.6D、K2 为 79.1D，最大角膜屈光力 100.4D；因角膜中央白斑并虹膜粘连，四联图前表面屈光力分布极不规则，四联图与七联图参数可信度欠缺（图 6－127 和 6－128）。圆锥角膜后弹力层破裂时出现急性角膜水肿，角膜屈光力明显增加，甚至可超过 100D，此时无需 Pentacam 检查，常规裂隙灯下已可明确诊断。

左眼四联图显示角膜屈光力 K1 为 56.3D、K2 为 57.7D，最大角膜屈光力 73.8D；前后表面明显前突，中心岛孤立高隆，分别为＋49μm、＋103μm；角膜最薄处为 437μm，明显变薄，最薄点与前后表面最高点三点合一（图 6－129）。七联图显示角膜厚度百分比递增曲线明显下降，高度差异图前后表面均显示红色，圆锥角膜诊断明确（图 6－130）。

Pentacam 图像

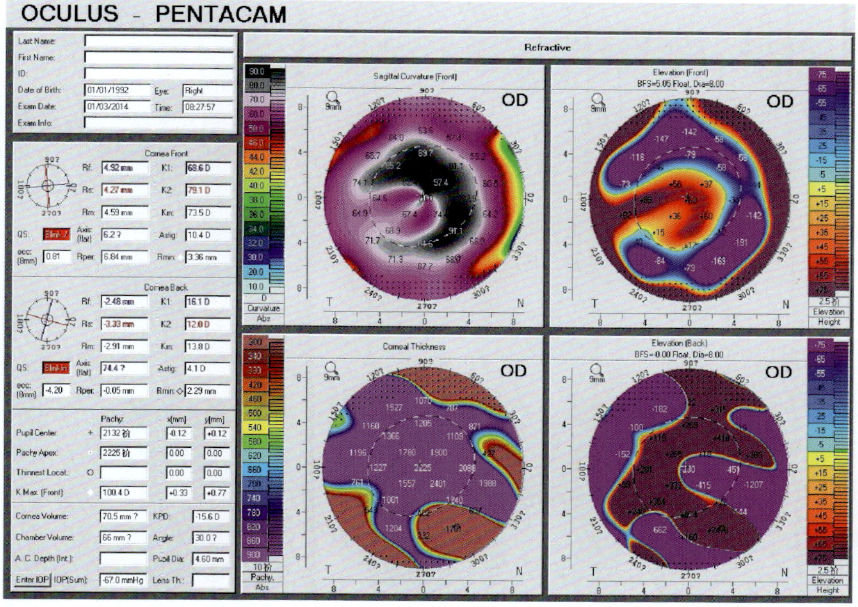

图 6－127　右眼屈光四联图

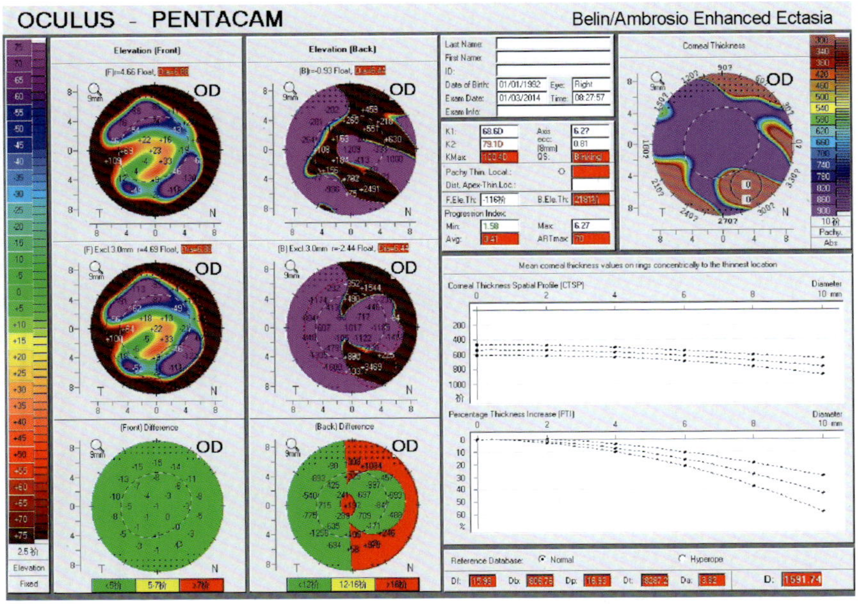

图 6－128　右眼角膜七联图

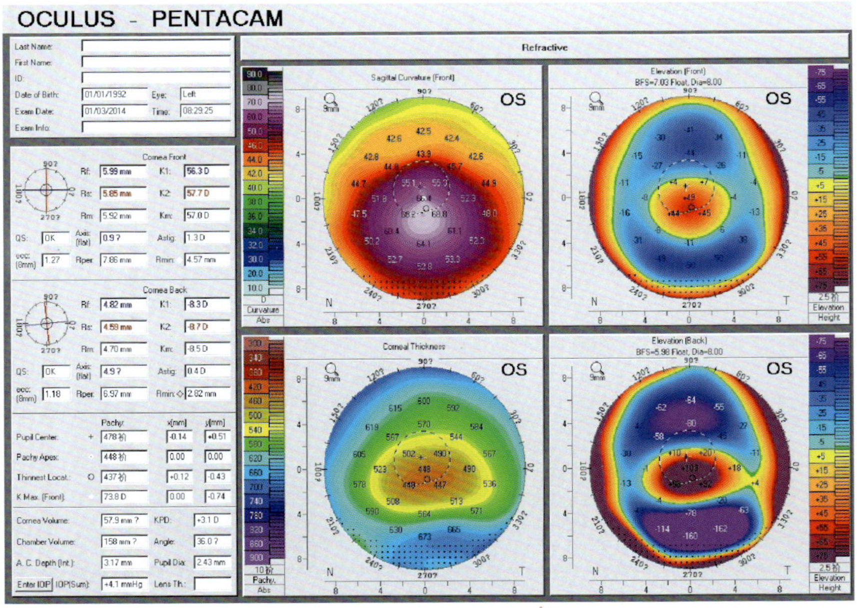

图 6－129　左眼屈光四联图

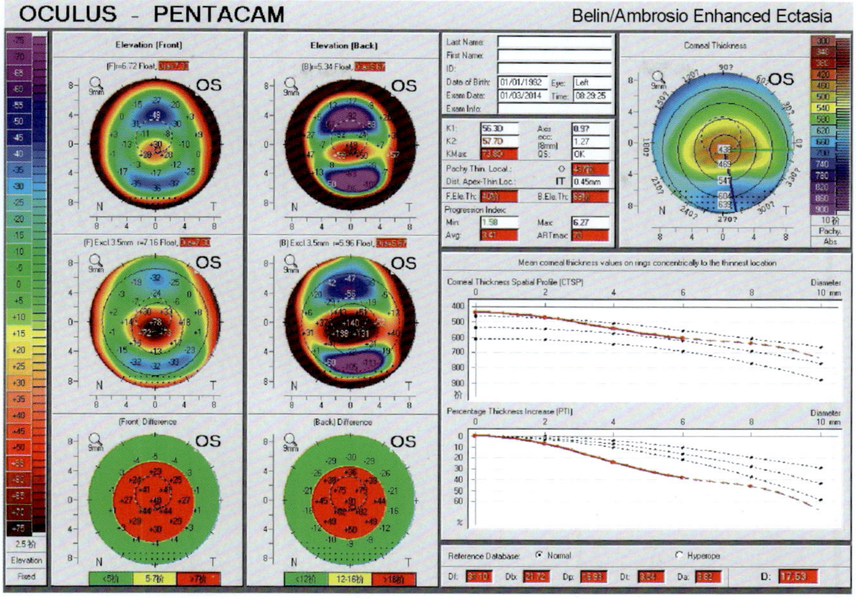

图 6 - 130　左眼角膜七联图

第七章

特殊病例 Pentacam 图像与 Corvis ST 解析

第一节　圆锥角膜

病例 1

23 岁男性，近视 10 余年，右眼视力明显下降 1 年。

【验光】右眼：－6.00/－2.50×10→0.4；左眼：－3.50 /－0.50×175→1.0。

【查体】右眼：角膜尚透明，中央偏下方稍向前突，可见 Fleischer 环，前房深度正常，晶状体透明，眼底未见明显异常。左眼：角膜透明，前房深度正常，晶状体透明，眼底未见明显异常。

【个人史】否认其他眼部手术及眼部疾病史。

【家族史】无。

右眼屈光四联图显示角膜屈光力 K1 为 48.1D、K2 为 50.7D，最大角膜屈光力为 64.3D(图 7－1)。角膜最薄点(482μm)、前表面最高点(＋33μm)及后表面最高点(＋76μm)数值明显异常增高，与角膜顶点均在同一区域，且角膜厚度分布异常，圆锥角膜诊断明确(图 7－2 和图 7－3)。采用圆锥角膜断层分级，本例评定为

A2B3C1D2（Amsler-KrumeichⅡ级）。

左眼屈光四联图显示角膜屈光力 K1 为 40.7D、K2 为 41.9D，最大角膜屈光力为 43.2D（图 7-4）。角膜最薄点（546μm）、前表面最高点（+5μm）及后表面最高点（+15μm）三点位于同一区域，角膜顶点也接近这一区域。左眼从形态上看角膜前表面下方陡峭，后表面形态虽然基本对称，但后表面高度已经有异常增高，结合右眼体征，可以诊断为圆锥角膜，断层分级评定为 A0B0C0D0（Amsler-Krumeich Ⅰ级，图 7-5 和图 7-6）。

Corvis ST 角膜断层形态学联合生物力学评估显示右眼 CBI 值为 1.00，BAD D 值为 11.96，TBI 值为 1.00，均明显增高（图 7-7）；Vinciguerra 筛查报告 SP-AI 值为 56.3（图 7-8），明显异常，这些结果提示右眼角膜生物力学显著降低。

Corvis ST 角膜断层形态学联合生物力学评估显示左眼 CBI 值为 0.15，BAD D 值为 1.95（图 7-9），Vinciguerra 筛查报告 SP-AI 值为 95.4（图 7-10），数值未见明显异常，但 TBI 值为 1.00，提示左眼角膜生物力学已经开始降低，需密切关注变化。

综合以上数据，这是一个典型的圆锥角膜病例，年轻男性患者，右眼呈中度圆锥改变，近期视力明显下降，角膜透明，最薄点厚度大于 400μm，符合角膜交联指征，临床上予以快速角膜交联治疗；左眼后表面及角膜生物力学均已开始出现异常，虽然视力尚未见明显下降，仍需密切观察，如继续进展可予以快速角膜交联。

Pentacam 图像

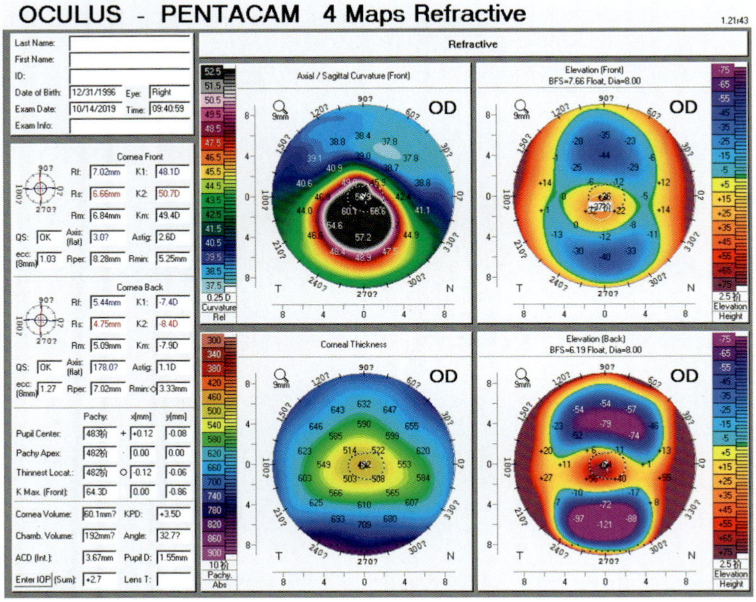

图 7－1 右眼屈光四联图

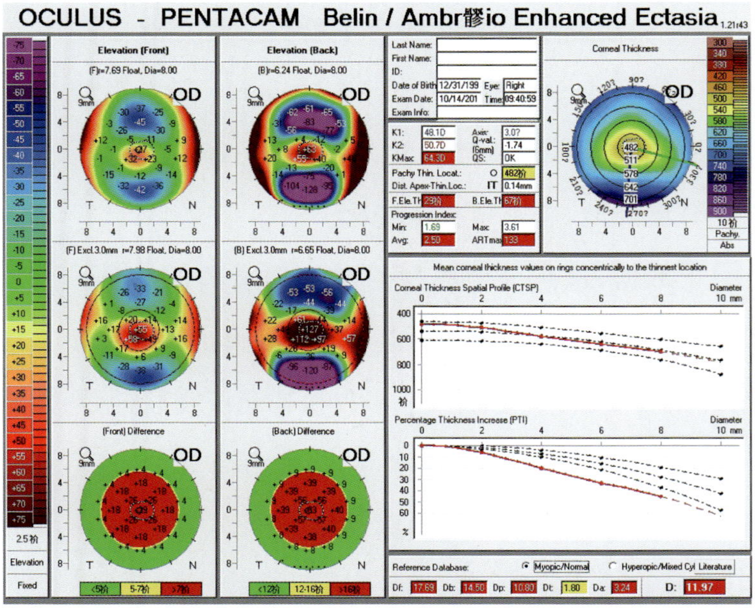

图 7－2 右眼 Belin 六联图

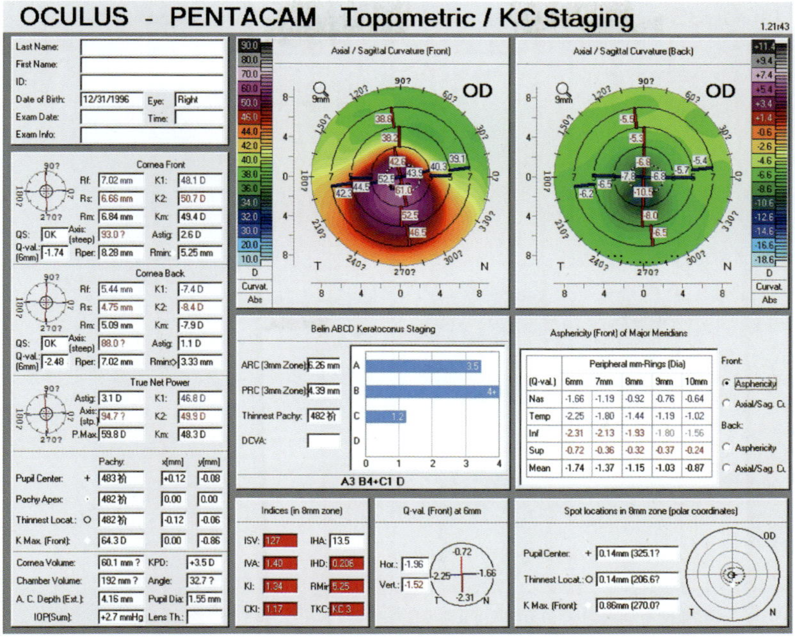

图 7-3 右眼圆锥分期图

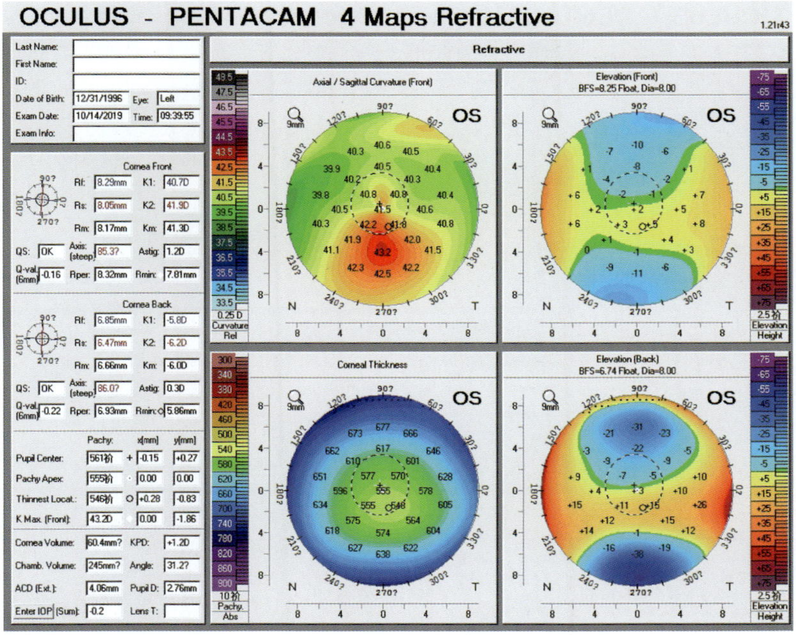

图 7-4 左眼屈光四联图

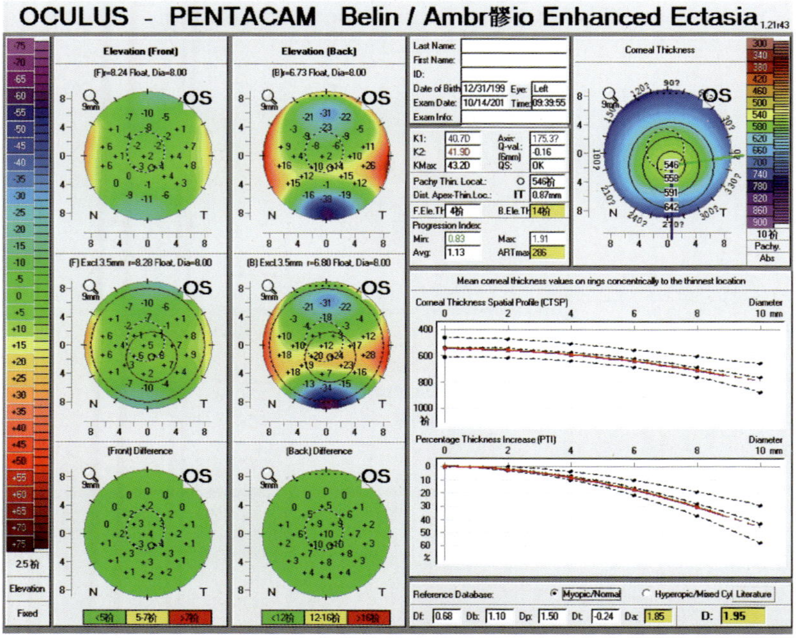

图 7－5　左眼 Belin 六联图

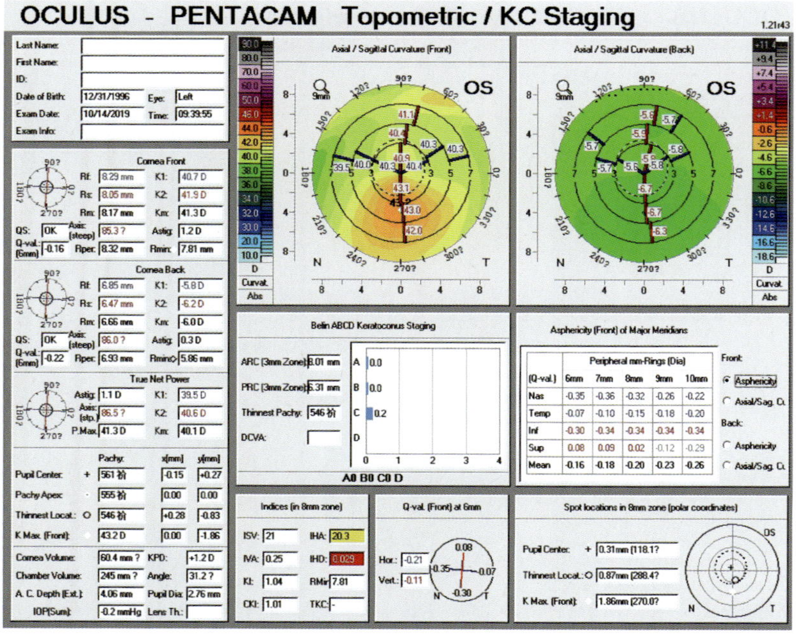

图 7－6　左眼圆锥分期图

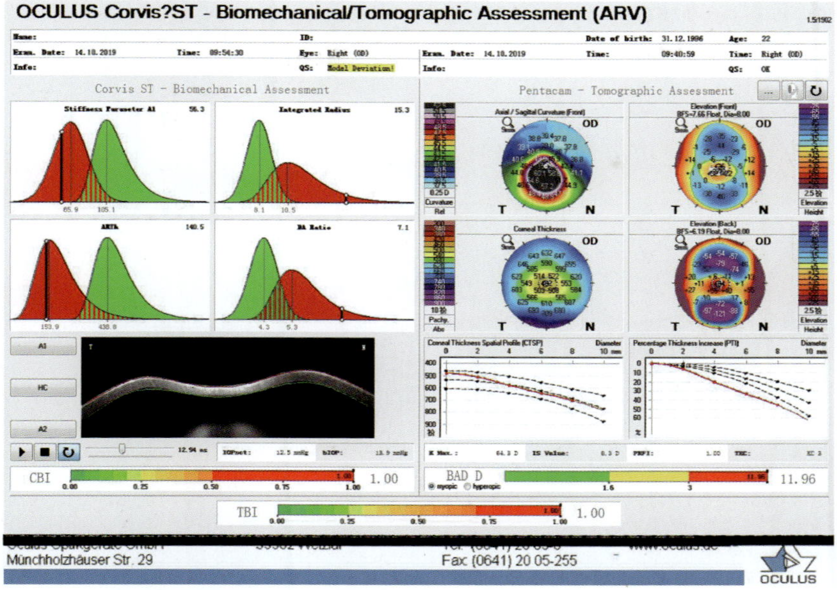

图 7－7 右眼角膜断层形态学联合生物力学评估

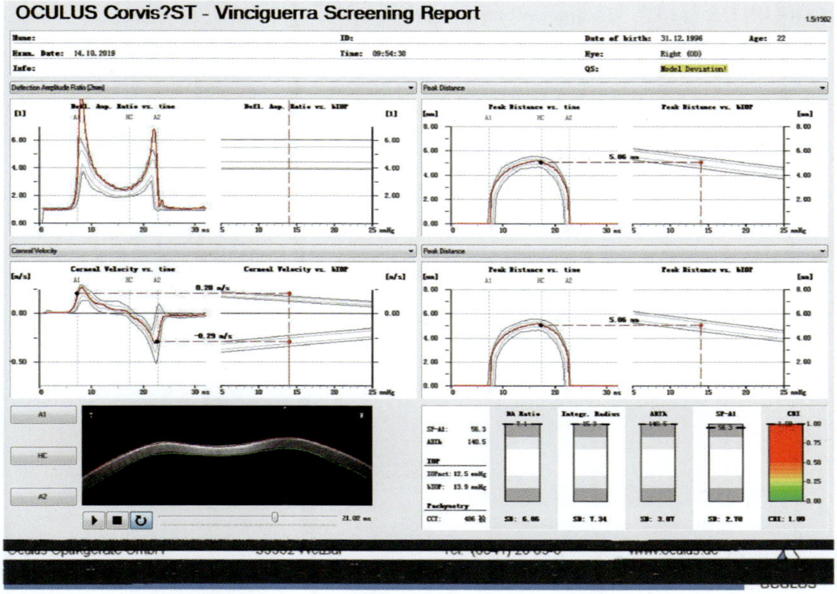

图 7－8 右眼 Vinciguerra 筛查报告

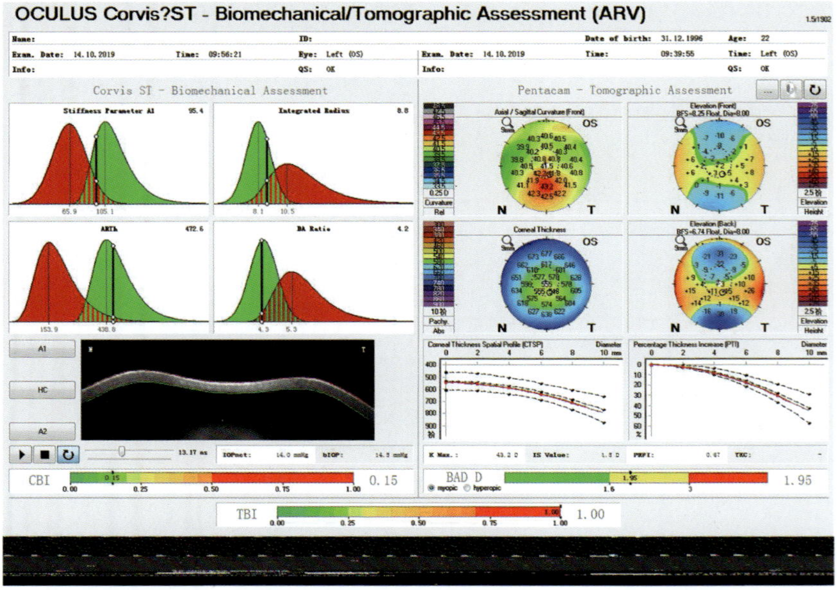

图 7－9　左眼角膜断层形态学联合生物力学评估

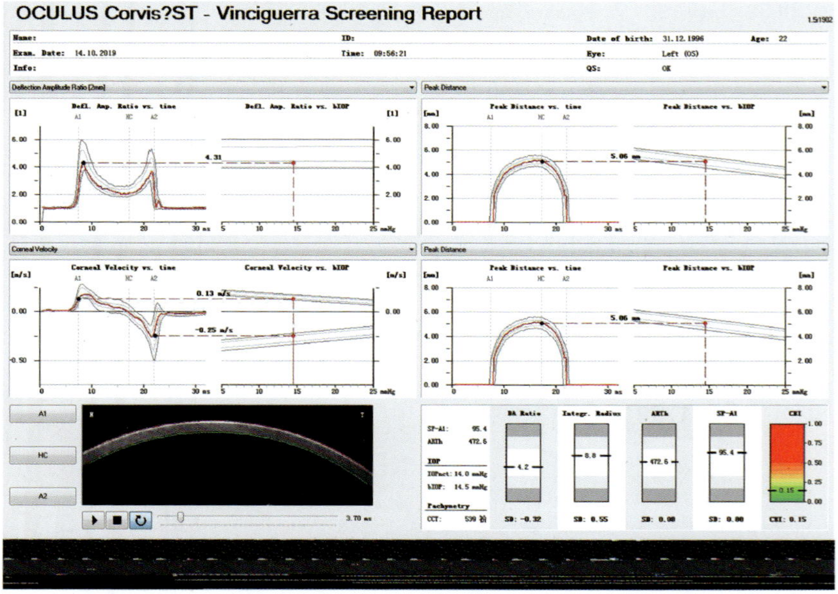

图 7－10　左眼 Vinciguerra 筛查报告

病例 2

27 岁女性，双眼视力下降 1 年。

【验光】右眼：－5.50/－2.50×105→0.6；左眼：－9.00/－4.00×60→0.3。

【查体】右眼：角膜透明，中央偏下方稍向前突，前房深度正常，晶体透明，眼底未见明显异常。左眼：角膜透明，中央偏下方前突，Munson 征（＋），前房深度正常，晶体透明，眼底未见明显异常。

【个人史】否认其他眼部手术及眼部疾病史。

【家族史】无。

右眼屈光四联图显示角膜屈光力 K1 为 45.2D、K2 为 47.7D，最大角膜屈光力为 56.7D（图 7－11）。角膜最薄点（447μm）、前表面最高点（＋30μm）及后表面最高点（＋65μm）数值明显异常增高，且与角膜顶点处于同一区域，基本重合，圆锥角膜诊断明确，断层分级评定为 A0B2C2D1（Amsler-Krumeich Ⅱ级，图 7－12 和图 7－13）。

左眼屈光四联图显示角膜屈光力 K1 为 53.7D、K2 为 55.3D，最大角膜屈光力为 63.4D（图 7－14）。角膜最薄点（406μm）、前表面最高点（＋36μm）及后表面最高点（＋76μm）数值明显增高异常，与角膜顶点处于同一区域，基本重合，圆锥角膜诊断明确，断层分级评定为 A3B3C2D2（Amsler-Krumeich Ⅲ级，图 7－15 和图 7－16）。

Corvis ST 角膜断层形态学联合生物力学评估显示右眼 CBI 值为 1.00，BAD D 值为 9.64，TBI 值为 1.00（图 7－17），Vinciguerra 筛查报告 SP-AI 值为 69.6（图 7－18），均明显异常，提示右眼角膜生物力学显著降低。

Corvis ST 角膜断层形态学联合生物力学评估显示左眼 CBI 值为 1.00，BAD D 值为 15.25，TBI 值为 1.00（图 7－19），Vinciguerra 筛查报告 SP-AI 值为 53.4（图 7－20），均明显异常，提示左眼角膜生物力学显著降低。

Pentacam 图像

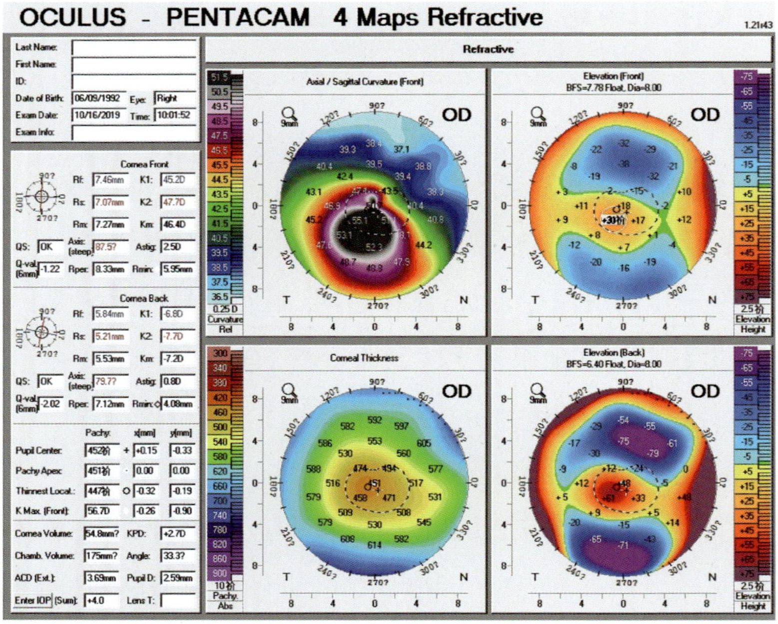

图 7－11　右眼屈光四联图

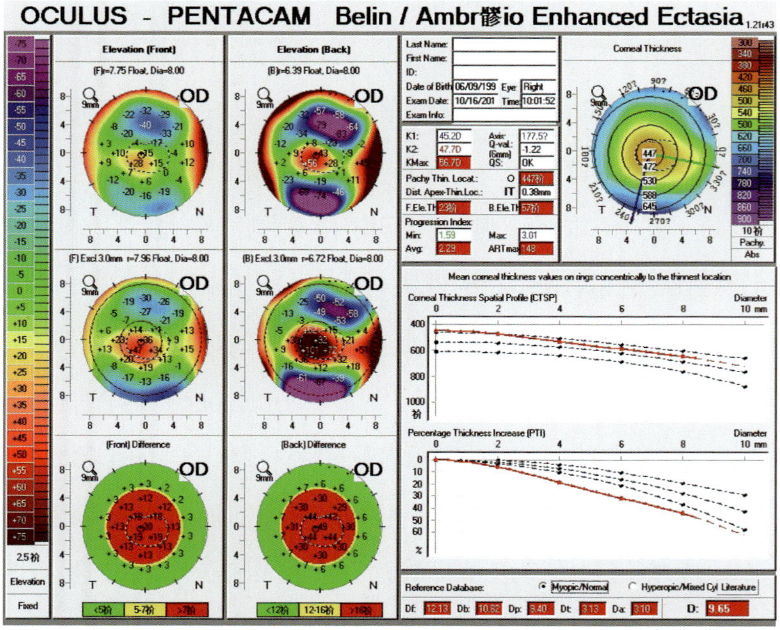

图 7－12　右眼 Belin 六联图

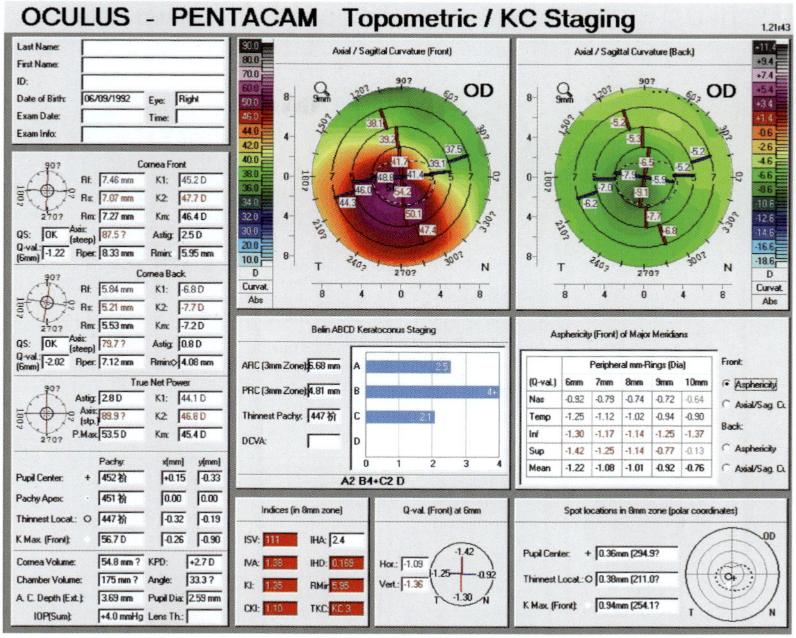

图 7－13　右眼圆锥分期图

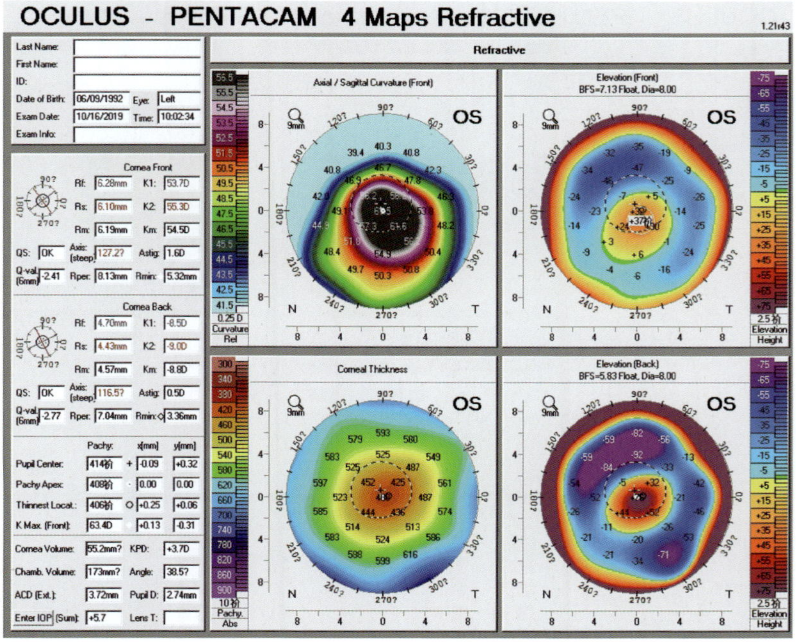

图 7－14　左眼屈光四联图

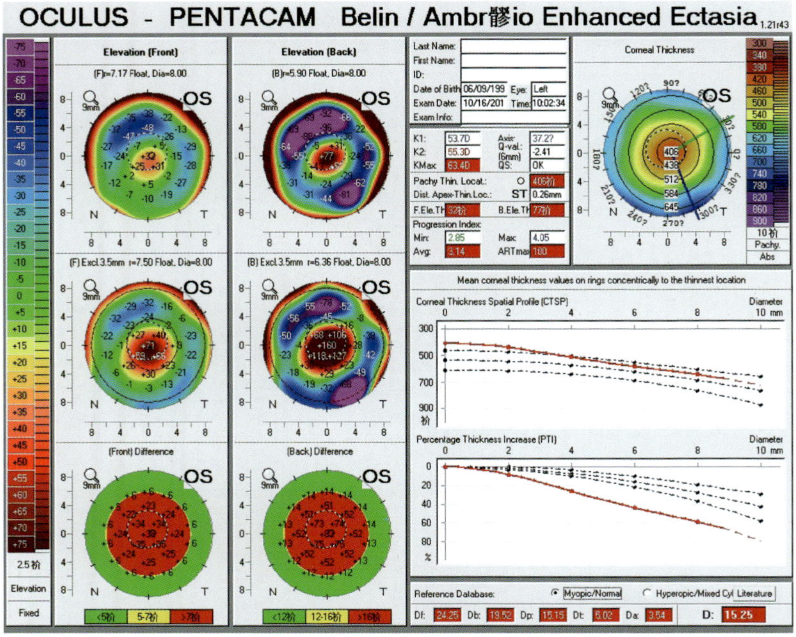

图 7 - 15　左眼 Belin 六联图

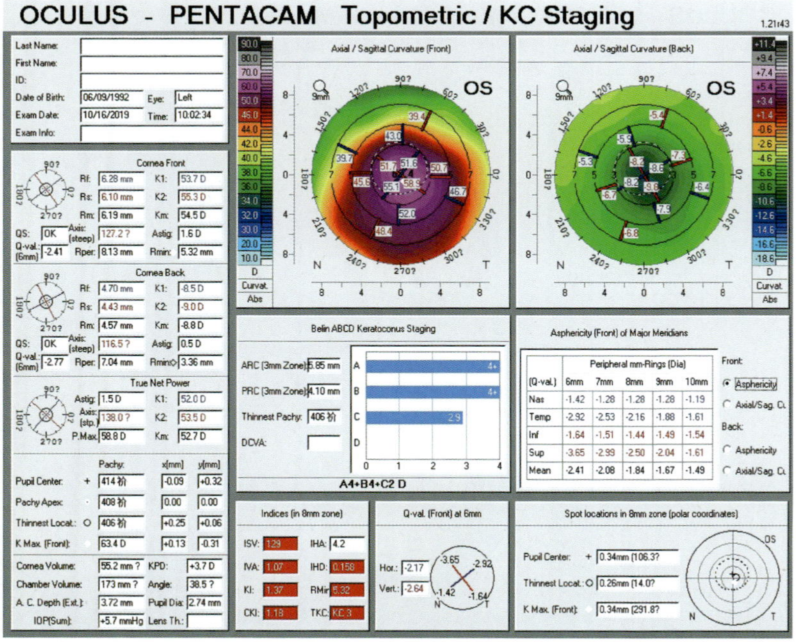

图 7 - 16　左眼圆锥分期图

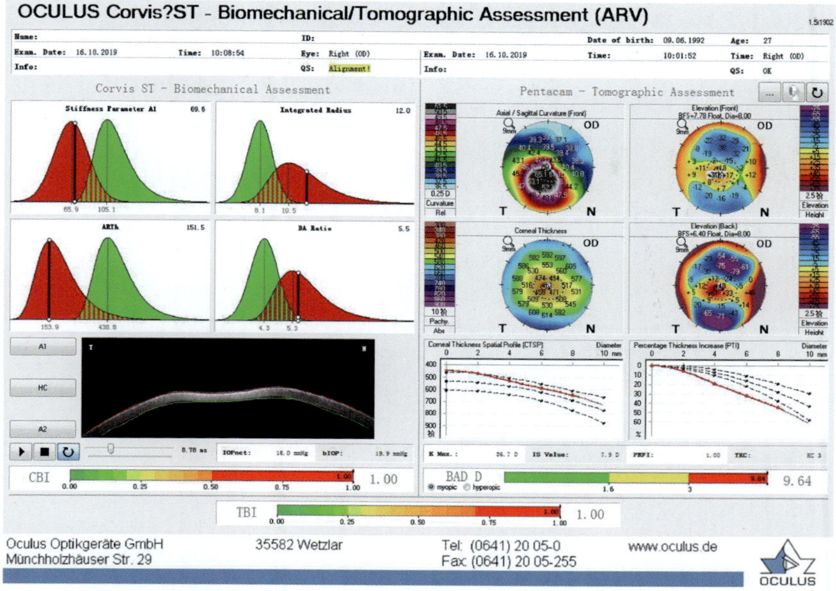

图 7-17 右眼角膜断层形态学联合生物力学评估

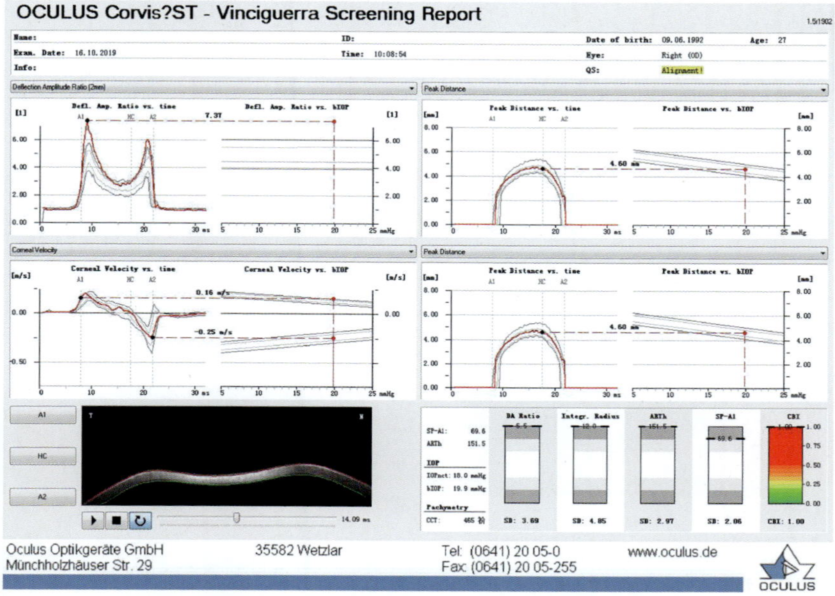

图 7-18 右眼 Vinciguerra 筛查报告

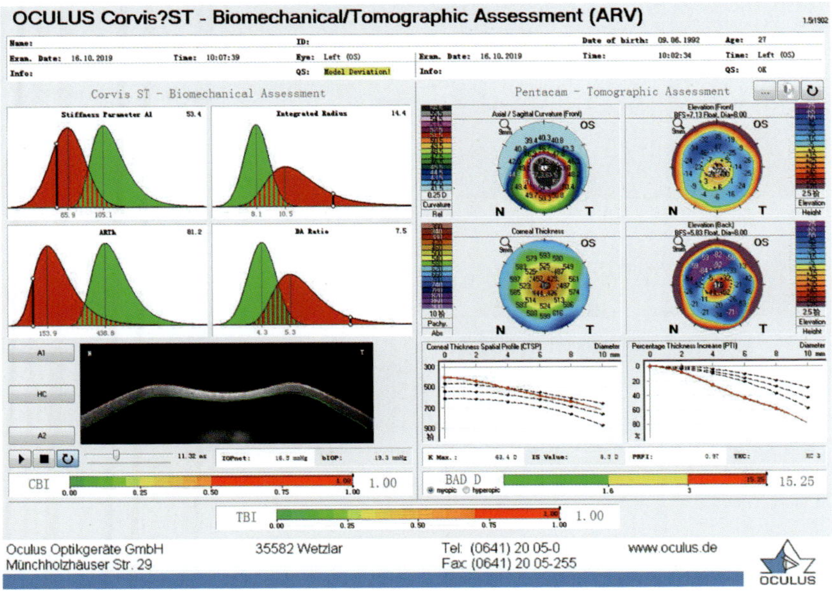

图 7－19　左眼角膜断层形态学联合生物力学评估

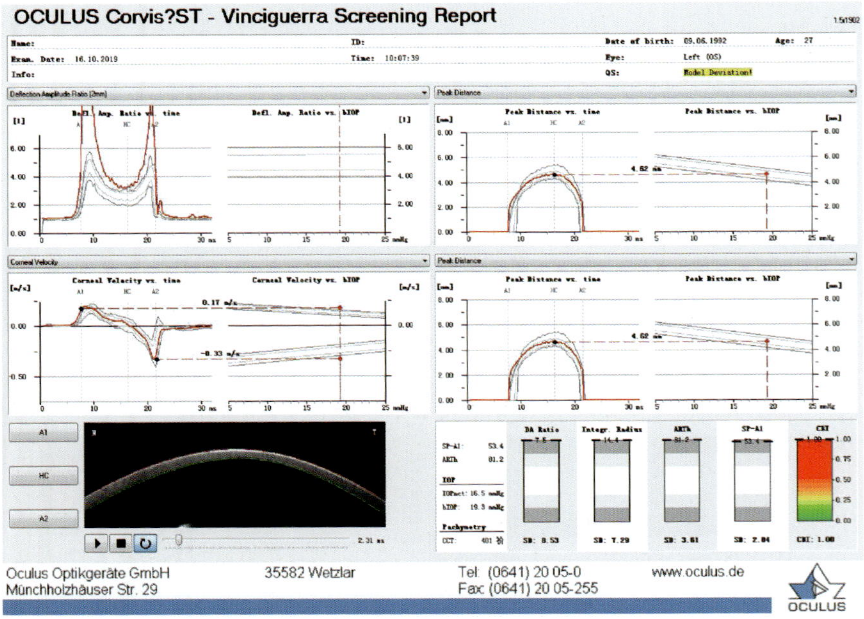

图 7－20　左眼 Vinciguerra 筛查报告

综合以上数据，这是一个典型的圆锥角膜病例，年轻女性，双眼呈中、重度圆锥变化，近期视力明显下降，角膜尚透明，最薄点厚度大于400μm，符合角膜交联指征，可予以快速角膜交联治疗。

病例 3

35 岁男性，双眼视力下降 1 年。

【验光】右眼：－1.50→0.8；左眼：－4.00/－4.00×5→0.4。

【查体】右眼：结膜无充血，角膜透明，角膜瓣在位，瞳孔居中，玻璃体透明，眼底未见异常。左眼：结膜无充血，角膜透明，角膜瓣在位，瞳孔居中，玻璃体透明，眼底未见异常。

【个人史】双眼 FS-LASIK 术后 10 年。

【家族史】无。

右眼屈光四联图显示角膜屈光力 K1 为 39.6D、K2 为 41.3D，最大角膜屈光力为 43.8D（图 7－21）。角膜光学区居中，角膜最薄点（527μm）、前表面最高点（＋2μm）及后表面最高点（＋5μm）数值正常，但与角膜顶点处于同一区域，四点基本重合，符合激光术后角膜形态学表现（图 7－22）。

左眼屈光四联图显示角膜屈光力 K1 为 51.1D、K2 为 56.8D，最大角膜屈光力为 61.0D（图 7－23）。角膜最薄点（377μm）、前表面最高点（＋17μm）及后表面最高点（＋80μm）数值明显增高异常，与角膜顶点位于同一区域，四位点基本合一，诊断为激光术后圆锥角膜，断层分级评定为 A4B3C3D2（Amsler-Krumeich Ⅲ级，图 7－24）。

Corvis ST 角膜断层形态学联合生物力学评估显示右眼 CBI 值为 0.99，BAD D 值为 1.65，TBI 值为 0.38（图 7－25），Vinciguerra 筛查报告 SP-AI 值为 82.6（图 7－26），虽 TBI 数值小于 0.5，但 CBI 数值已明

显大于0.5，提示右眼角膜生物力学已开始降低。

Corvis ST角膜断层形态学联合生物力学评估显示左眼CBI值为1.00，BAD D值为16.43，TBI值为1.00（图7－27），Vinciguerra筛查报告SP-AI值为24（图7－28），均明显异常，提示左眼角膜生物力学显著降低。

综合以上数据，这是一个典型的LASIK术后发生圆锥角膜的病例，患者为青年男性，左眼呈中重度圆锥变化，近期视力明显下降，角膜尚透明，最薄点角膜厚度377μm，低于传统角膜交联建议的400μm，可予以保留上皮的快速角膜交联治疗；右眼尚未有明确圆锥表现，但生物力学指标已经出现异常，应密切随访，必要时可给予角膜交联。

Pentacam图像

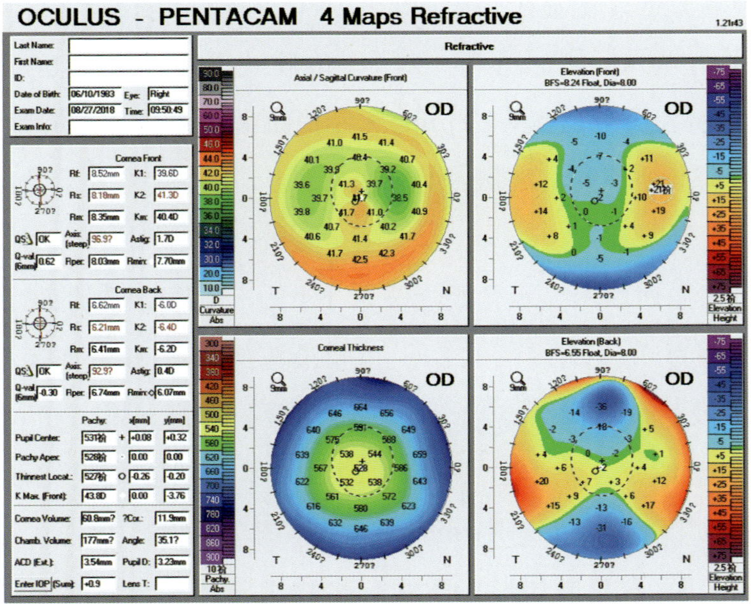

图7－21　右眼屈光四联图

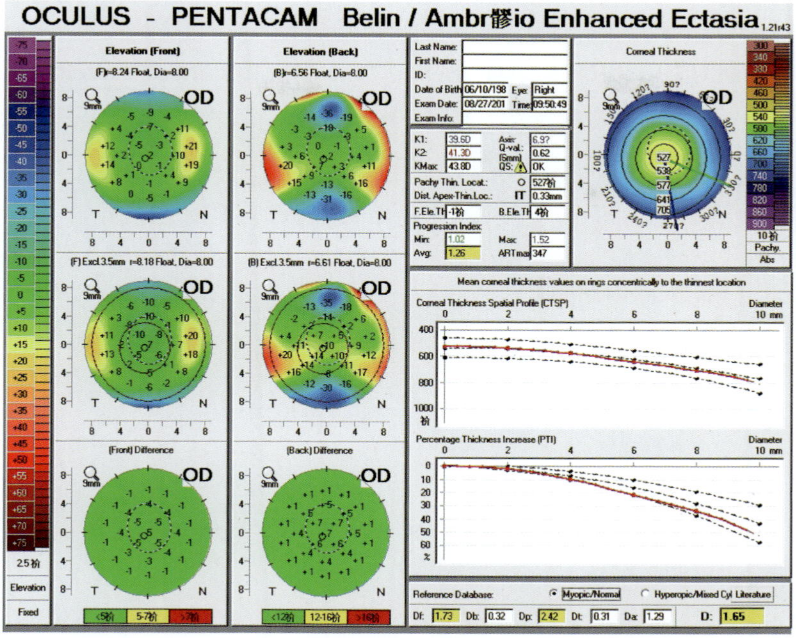

图 7－22　右眼 Belin 六联图

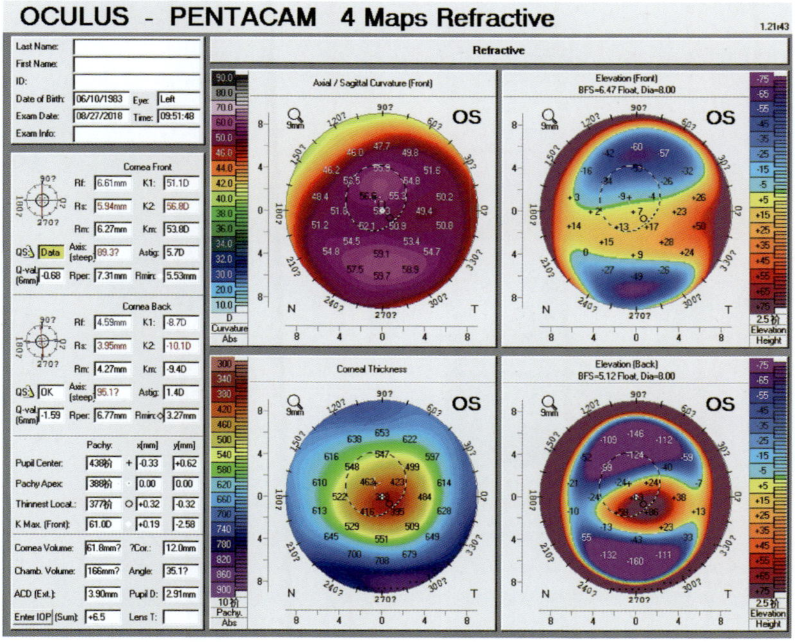

图 7－23　左眼屈光四联图

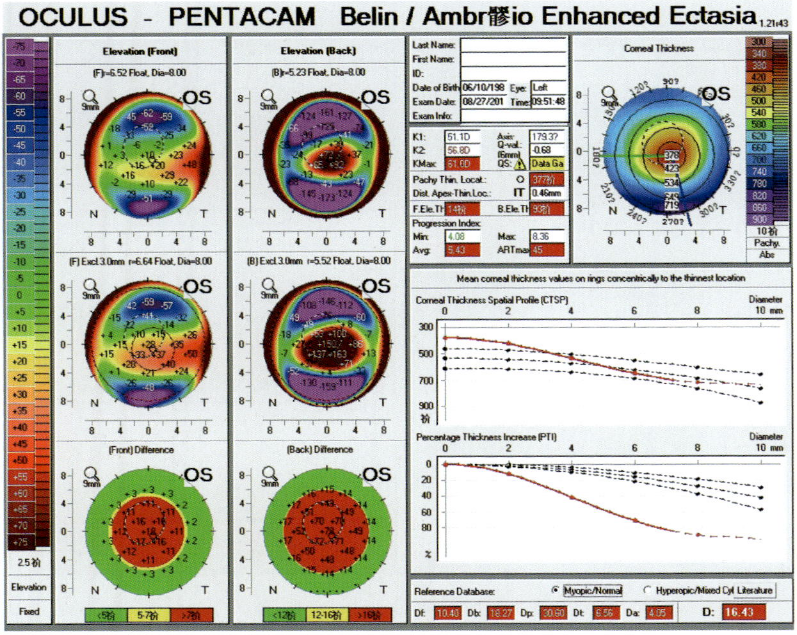

图 7－24　左眼 Belin 六联图

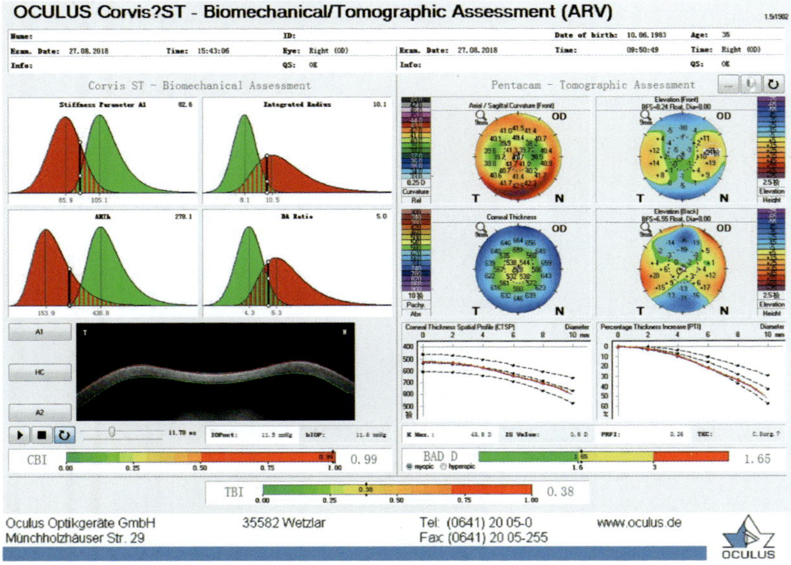

图 7－25　右眼角膜断层形态学联合生物力学评估

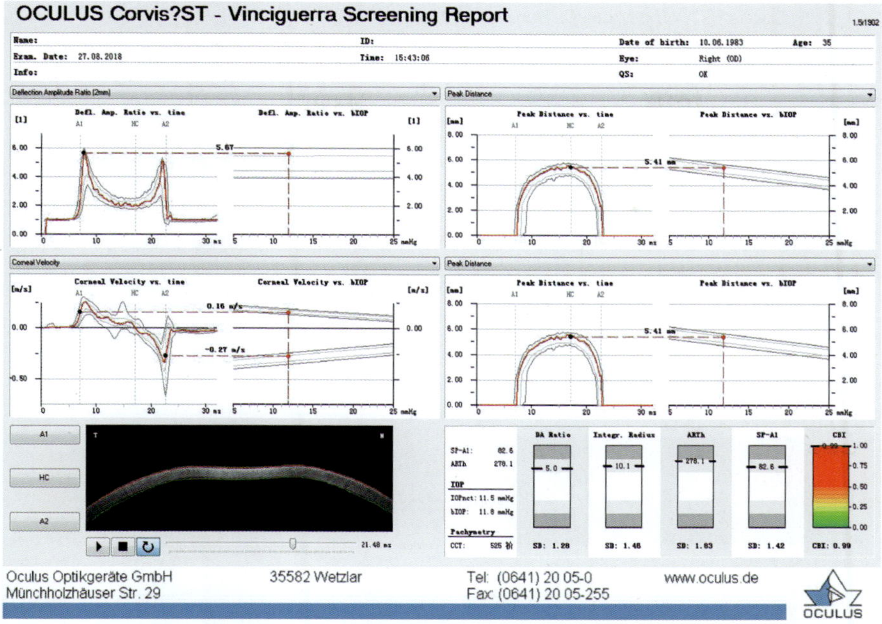

图 7 - 26　右眼 Vinciguerra 筛查报告

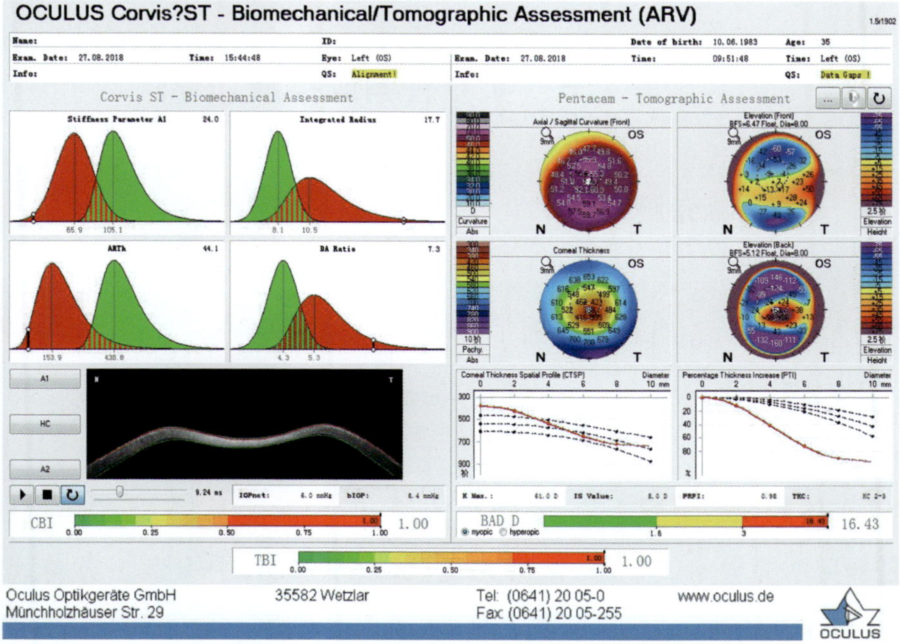

图 7 - 27　左眼角膜断层形态学联合生物力学评估

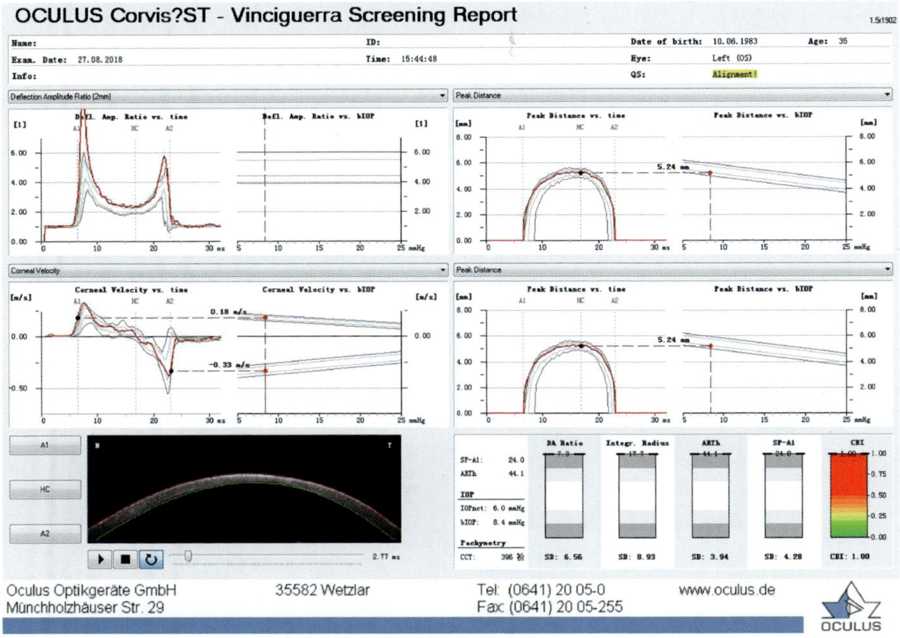

图 7-28 左眼 Vinciguerra 筛查报告

第二节 扩张性角膜疾病

1. 透明边缘角膜变性

病例

女性，34 岁，左眼散光增加 1 年余。

【验光】右眼 −6.50/−2.00×55→1.0−；左眼 −5.25/−6.00×120→0.7。

【查体】右眼：结膜无充血，角膜透明，前房深度正常，晶状体透明，眼底未见明显异常。左眼：结膜无充血，角膜透明，中央颞下方角膜膨隆，前房深度正常，晶状体透明，眼底未见明显异常。

【个人史】否认眼部手术及其他眼部疾病史。

【家族史】无。

右眼屈光四联图显示角膜屈光力 K1 41.6D，K2 43.2D，最大角膜屈光力为 44.3D(图 7－29)。前表面最高点(＋18 μm)与后表面最高点(＋32μm)数值明显异常增高，基本重合，位于角膜偏颞下方，接近角膜周边；角膜最薄点(466μm)位于角膜中央偏颞下方，与前后表面最高点不重合。

CorvisST 角膜断层形态学联合生物力学评估显示右眼 CBI 值 0.06，BAD D 值 2.69，TBI 值 0.97，提示角膜生物力学降低(图 7－30)。

左眼屈光四联图显示角膜屈光力 K1 42.2D，K2 45.9D，最大角膜屈光力为 46.9D(图 7－31)。前表面最高点(＋28μm)与后表面最高点(＋45μm)数值明显异常增高，基本重合位于角膜偏颞下方，接近角膜周边；角膜最薄点(439μm)位于角膜中央偏颞下方，与前后表面最高点不完全重合。

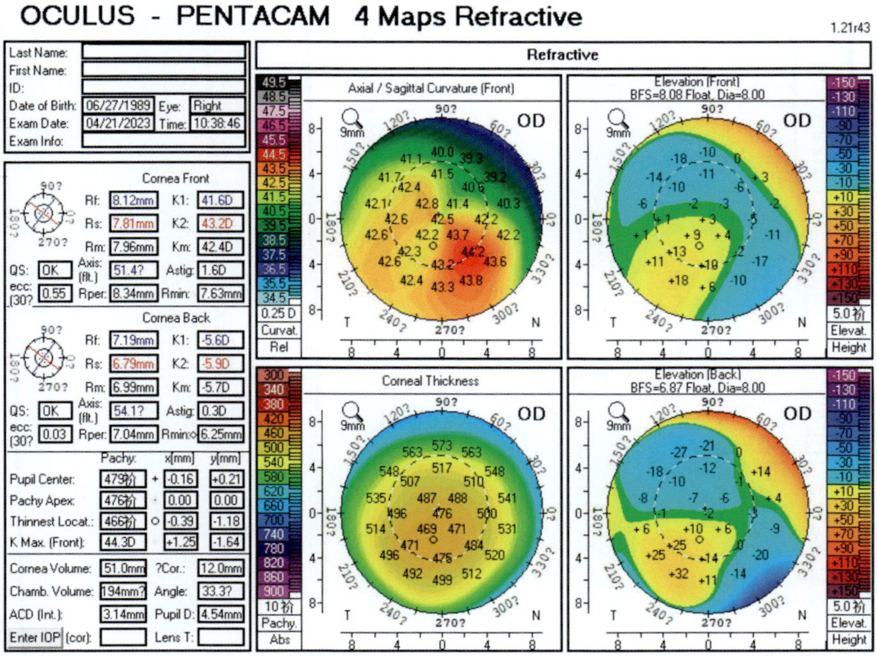

图 7－29 右眼屈光四联图

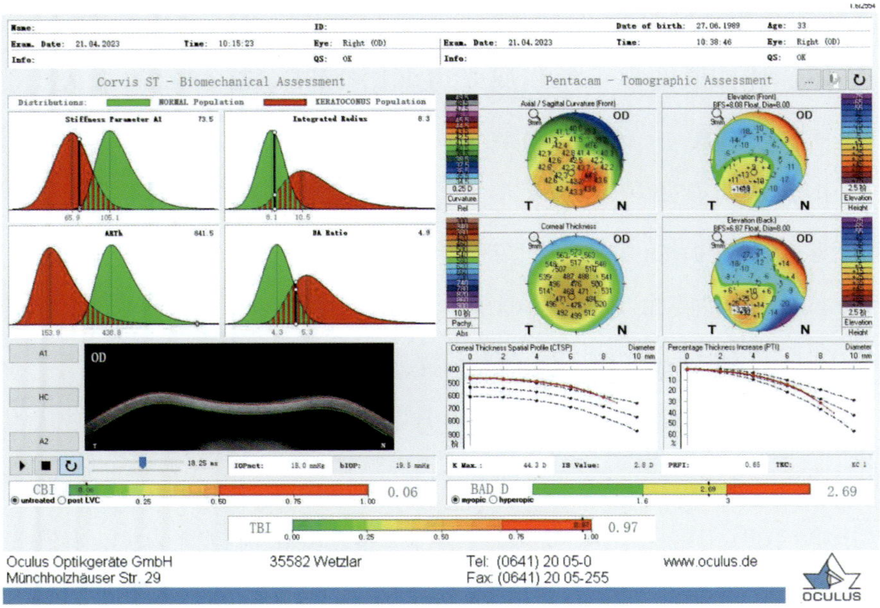

图 7－30　右眼角膜断层形态学联合生物力学评估

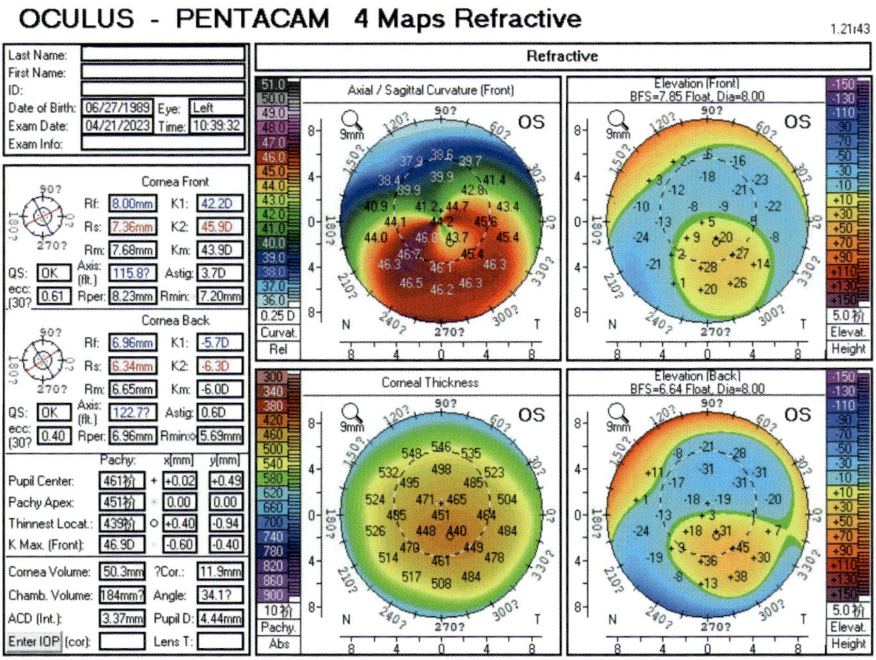

图 7－31　左眼屈光四联图

CorvisST 角膜断层形态学联合生物力学评估显示左眼 CBI 值 0.92，BAD D 值 5.34，TBI 值 1.0，均明显异常，提示角膜生物力学显著降低（图 7－32）。

根据患者散光显著增加，视力下降，角膜透明以及角膜地形图双眼“蟹钳”样表现，可明确诊断双眼透明边缘角膜变性（PMD）。透明边缘角膜变性是少见的非炎症性角膜变薄扩张性病变，角膜变薄区常在下方周边部。研究者认为，PMD 与圆锥角膜可能是同一疾病的不同类型，圆锥角膜发病年龄更小，且角膜变薄区与角膜膨隆点基本重合。

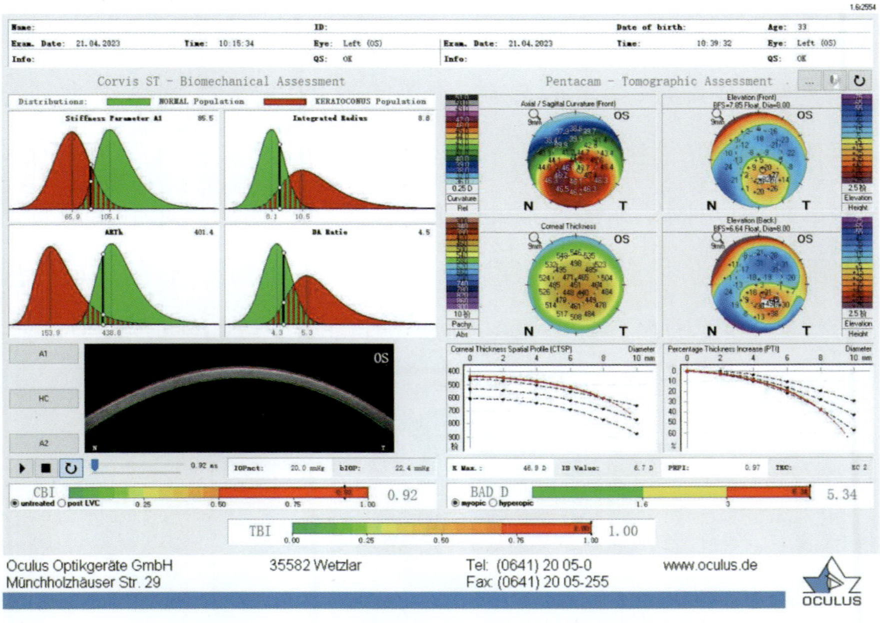

图 7－32　左眼角膜断层形态学联合生物力学评估

2. 球形角膜

病例

男性，37 岁，左眼视力下降 5 年余。

【验光】右眼：义眼；左眼：－18.00/－3.0×55→0.1。

【查体】右眼义眼片在位；左眼结膜稍充血，角膜尚透明，全角膜广泛变薄膨隆。前房深清，晶体尚透明，眼底网膜平。

【个人史】近亲婚育。

【家族史】无

左眼屈光四联图显示角膜屈光力 K1 50.0D，K2 54.5D，最大角膜屈光力为 64.2D（图 7－33），角膜基质全范围均匀变薄，角膜最薄点厚度 160μm，角膜顶点厚度 179μm，瞳孔中央角膜厚度 160μm，周边角膜厚度 200～300μm，为正常角膜厚度的 1/3～1/2。

患者地形图显示左眼角膜均一性变薄，总览图可见角膜球状前隆（图 7－34），均为球形角膜特征性改变，因此诊断明确。球形角膜是一种罕见的非炎症性角膜疾病，多双眼发病，常染色体隐性遗传，通常会造成高度近视和不规则散光而影响视力。球形角膜与圆锥角膜同属于扩张性角膜疾病的一种，但与圆锥角膜属于不同疾病，需加以鉴别。球形角膜通常在出生时即出现或在儿童发育早期发病，与圆锥角膜相比，它的进展较慢。

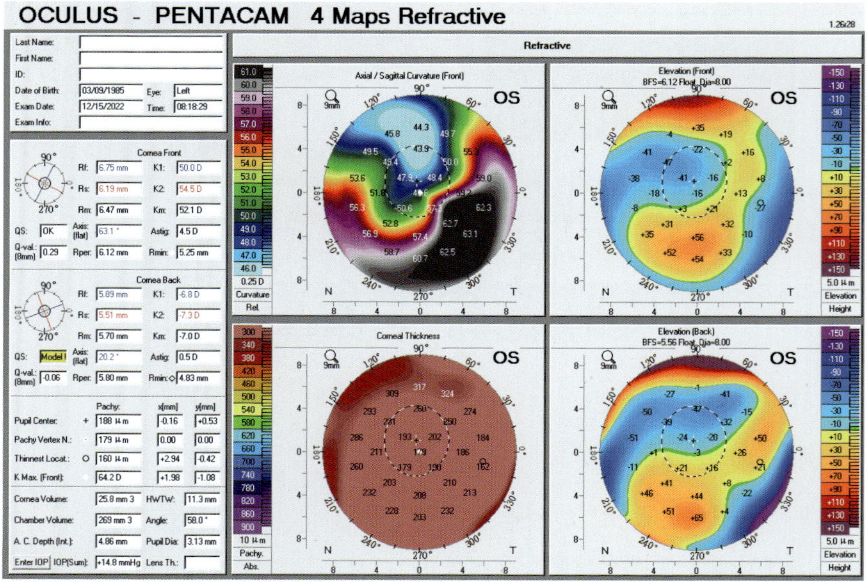

图 7－33 左眼屈光四联图

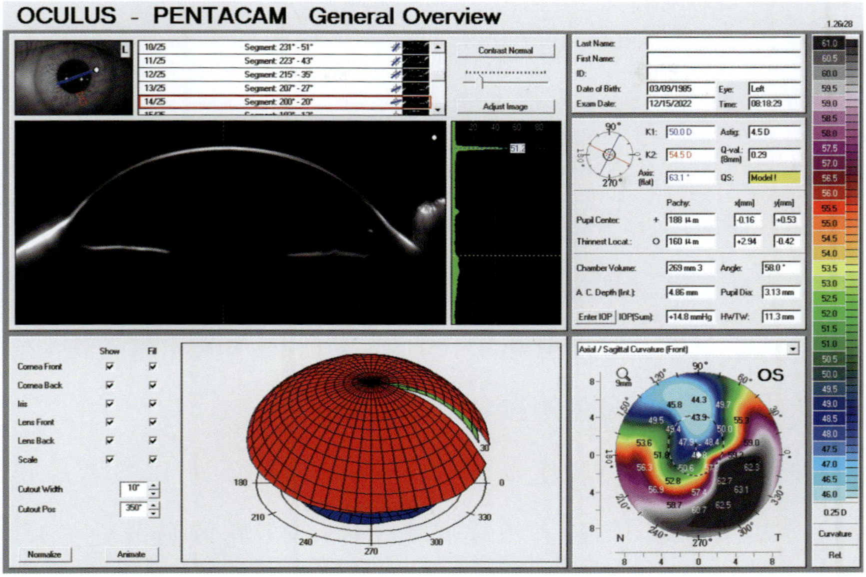

图 7－34　左眼 overview 图

第三节　角膜异常表现集萃

1. 薄角膜

病例 1

女性，28 岁，双眼视力下降 10 余年，无接触镜配戴史。要求近视矫正。

【验光】右眼：－3.00/－0.25×80→1.0；左眼：－3.00/－0.25×20→1.0。

【查体】右眼：结膜无充血，角膜透明，瞳孔居中，玻璃体透明，眼底未见异常。左眼：结膜无充血，角膜透明，瞳孔居中，玻璃体透明，眼底未见异常。

【个人史】双眼重睑术后5年。否认其他眼部手术及眼部疾病史。

【家族史】否认圆锥角膜家族史。

右眼四联图显示角膜屈光力K1为41.8D、K2为42.8D，角膜散光度数1.0D，轴向99.2°，最大角膜屈光力43.2D，角膜最薄处为487μm，角膜前后表面高度分别为+2μm、+2μm，形态规则、对称，呈领结样（图7-35）。六联图显示厚度分布CTSP图、PTI图均为正常范围，强化图显示前后表面高度图未见明显异常（图7-36）。

左眼四联图显示角膜屈光力K1为41.7D、K2为42.3D，角膜散光度数0.6D，轴向76.1°，最大角膜屈光力43.5D，角膜最薄处为480μm，角膜前后表面高度分别为+2μm、+2μm，形态规则、对称，呈领结样（图7-37）。六联图显示厚度分布CTSP图、PTI图均为正常范围，强化图显示前后表面高度图未见明显异常（图7-38）。

Corvis ST角膜断层形态学联合生物力学评估显示右眼CBI值为0.06，BAD D值为0.32，TBI值为0.27，力学数据均为正常（图7-39和图7-40）。

Corvis ST角膜断层形态学联合生物力学评估显示左眼CBI值为0.06，BAD D值为0.15，TBI值为0.33，力学数据均为正常（图7-41和图7-42）。

Pentacam 图像

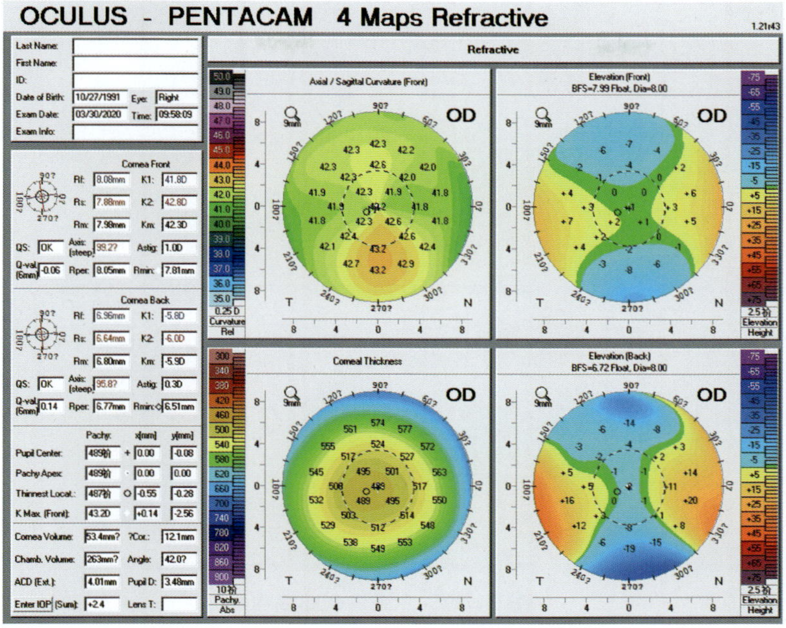

图 7-35　右眼屈光四联图

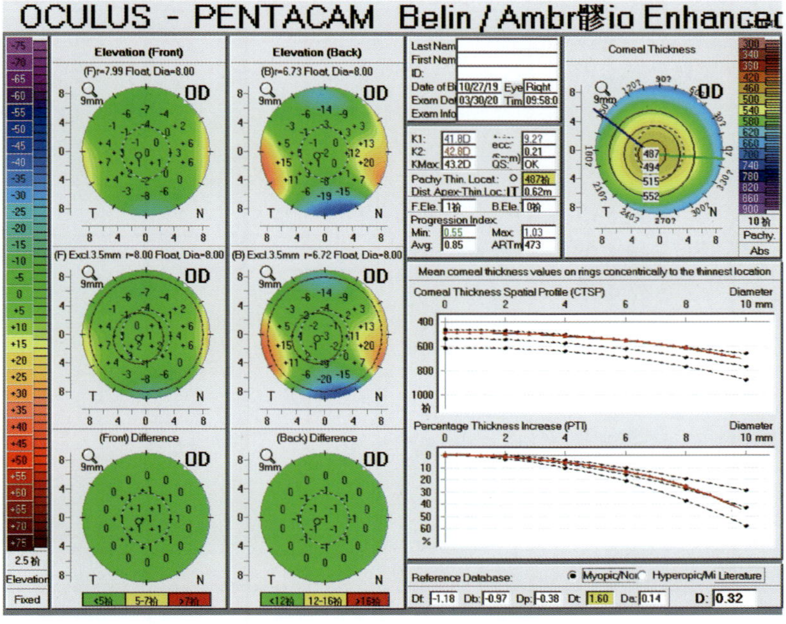

图 7-36　右眼 Belin 六联图

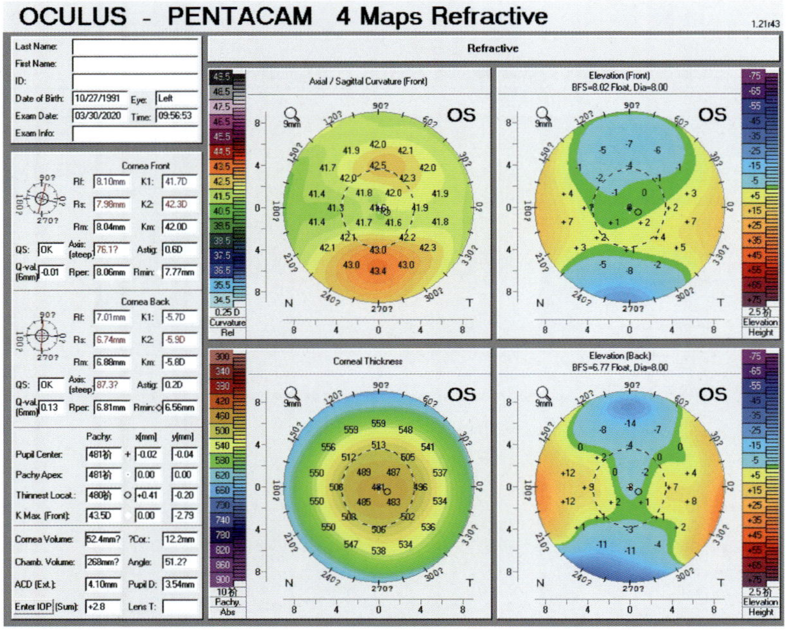

图 7－37 左眼屈光四联图

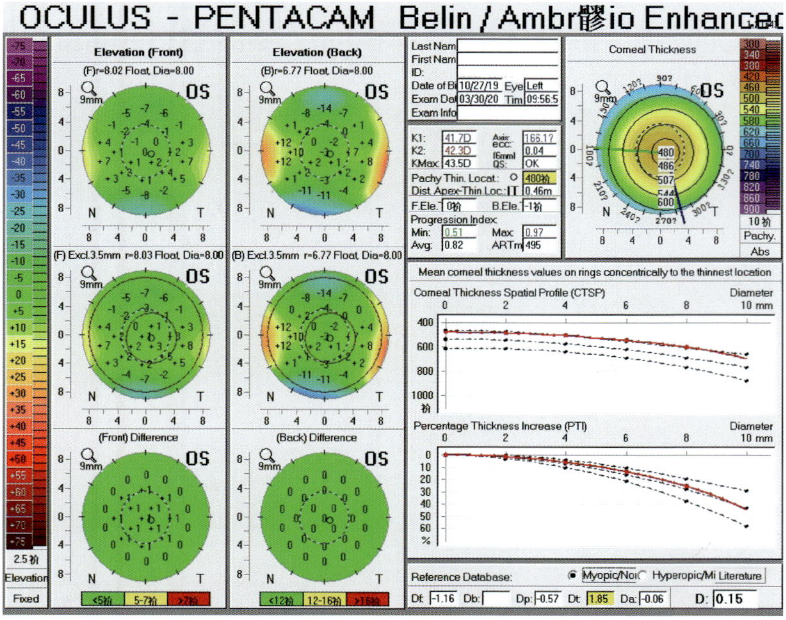

图 7－38 左眼 Belin 六联图

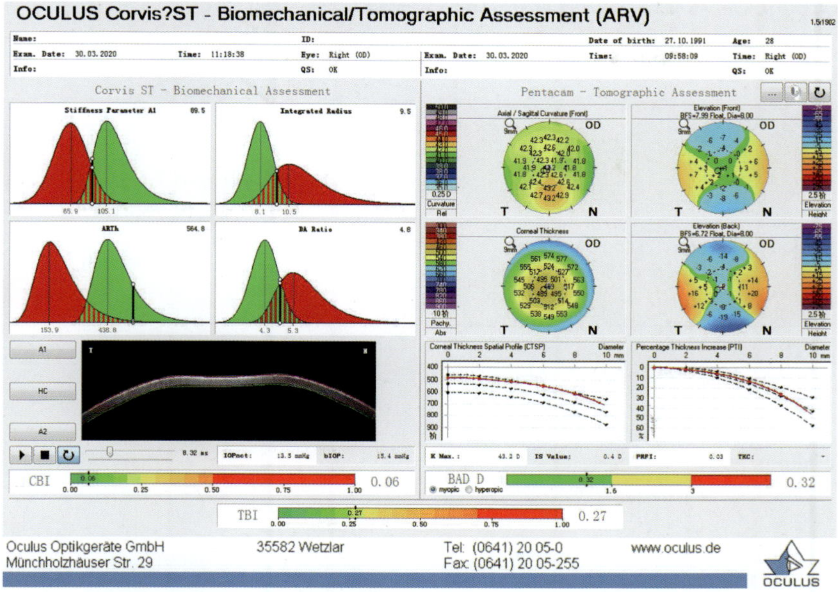

图 7－39　右眼角膜断层形态学联合生物力学评估

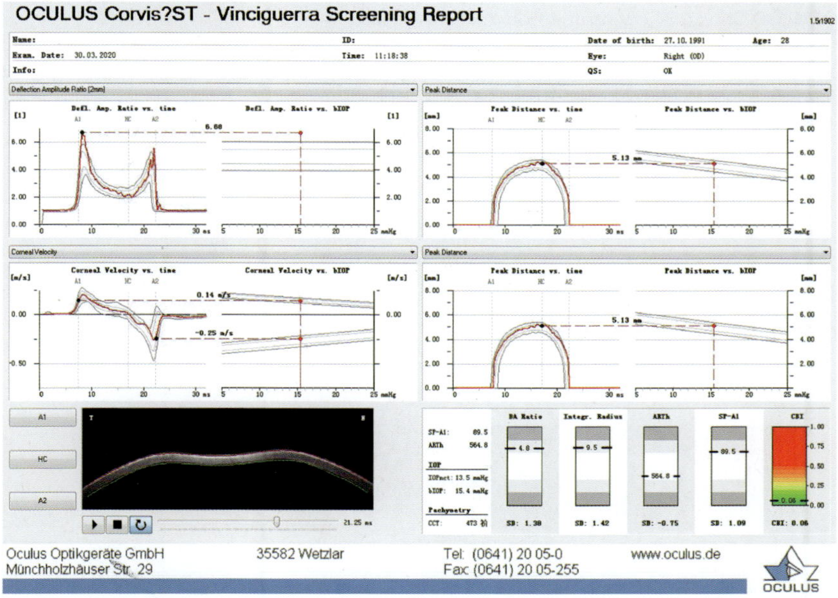

图 7－40　右眼 Vinciguerra 筛查报告

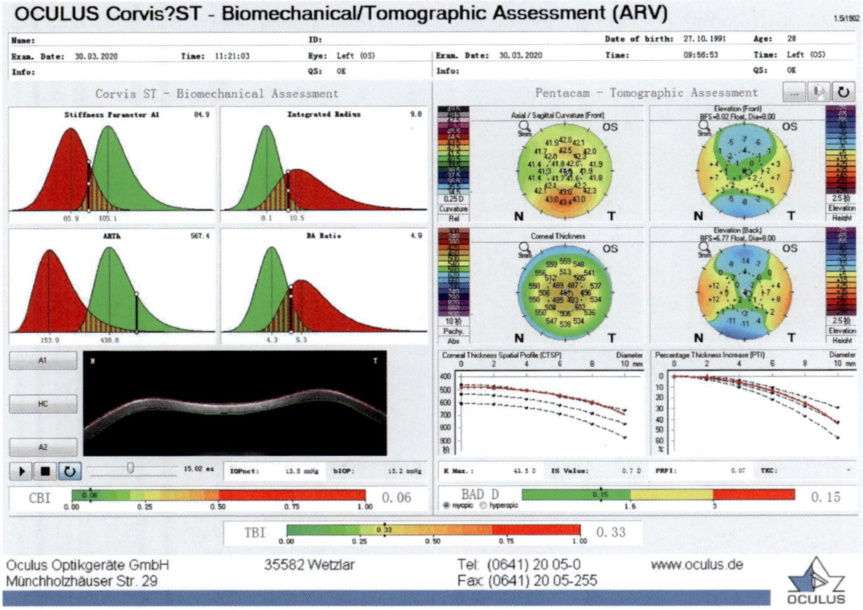

图 7-41　左眼角膜断层形态学联合生物力学评估

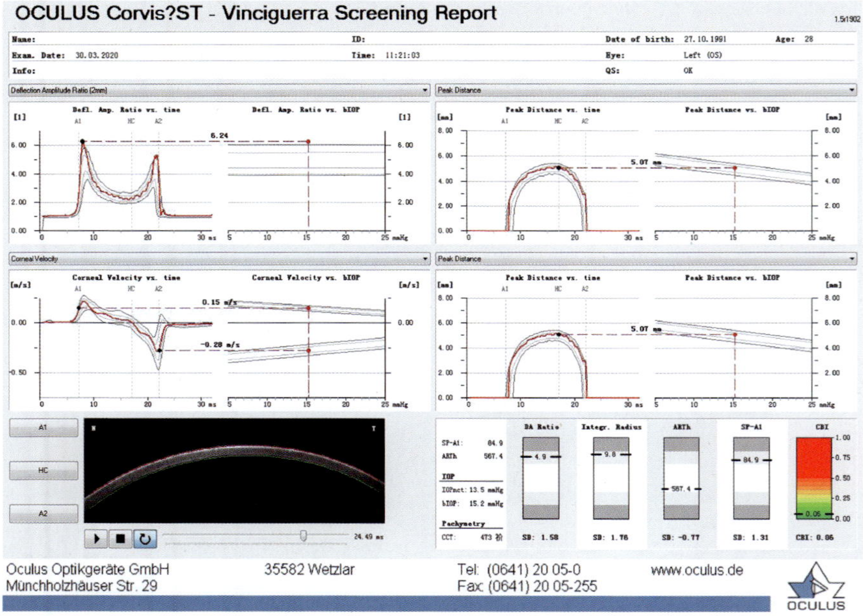

图 7-42　左眼 Vinciguerra 筛查报告

该患者角膜偏薄，但角膜顶点、前后表面最高点、角膜厚度最薄点都在正常数值，且角膜厚度分布正常，考虑为正常薄角膜。Corvis 提示 CBI、TBI 均在正常范围，进一步支持为正常薄角膜。可在保留安全残余角膜基质床厚度的基础上，行角膜激光手术。

病例 2

女性，29 岁，双眼视力下降 10 余年，无接触镜配戴史。要求近视矫正。

【验光】右眼：－3.50/－0.75×190→1.0；左眼：－2.50/－0.75×180→1.0。

【查体】右眼：结膜无充血，角膜透明，瞳孔居中，玻璃体透明，眼底未见异常。左眼：结膜无充血，角膜透明，瞳孔居中，玻璃体透明，眼底未见异常。

【个人史】否认眼部手术及眼部疾病史。

【家族史】否认圆锥角膜家族史。

右眼四联图显示角膜屈光力 K1 为 42.2D、K2 为 43.6D，角膜散光度数 1.4D，轴向 90.6°，最大角膜屈光力 43.8D，角膜最薄处为 480μm，角膜前后表面高度分别为＋4μm、＋11μm，形态规则、对称，呈领结样（图 7－43）。六联图显示厚度分布 CTSP 图为正常范围，PTI 图轻度均匀下滑，强化图显示前后表面高度图未见明显异常（图 7－44）。

左眼四联图显示角膜屈光力 K1 为 41.5D、K2 为 42.8D，角膜散光度数 1.4D，轴向 96.3°，最大角膜屈光力 43.3D，角膜最薄处为 478μm，角膜前后表面高度分别为＋3μm、＋9μm，形态规则、对称，呈领结样（图 7－45）。六联图显示厚度分布 CTSP 图为正常范围，PTI 图超过正常范围下限，强化图显示前后表面高度图未见明显异常（图 7－46）。

右眼 Corvis ST 角膜断层形态学联合生物力学评估显示，CBI 值偏高，为 0.98，BAD D 值为 2.29，TBI 值为 0.98（图 7－47），Vinciguerra 筛查报告 SP-A1 为 77.1（图 7－48）。该患者角膜偏薄，且生物力学指数 CBI 高，结合 Pentacam 断层扫描分析，TBI 值超过 0.5，该患者属于生物力学稳定性下降的薄角膜，不建议行角膜激光手术。

左眼 Corvis ST 角膜断层形态学联合生物力学评估显示，CBI 值升高，为 0.99，BAD D 值为 2.26，TBI 值为 1.00（图 7－49），Vinciguerra 筛查报告 SP-A1 为 88.8（图 7－50）。该患者角膜偏薄，小于 500μm，PTI 曲线超过正常范围下限，生物力学指数 CBI 偏高，结合 Pentacam 断层扫描分析，TBI 值超过 0.5，达到 1，提示为生物力学稳定性下降的薄角膜，不建议行角膜激光手术。

Pentacam 图像

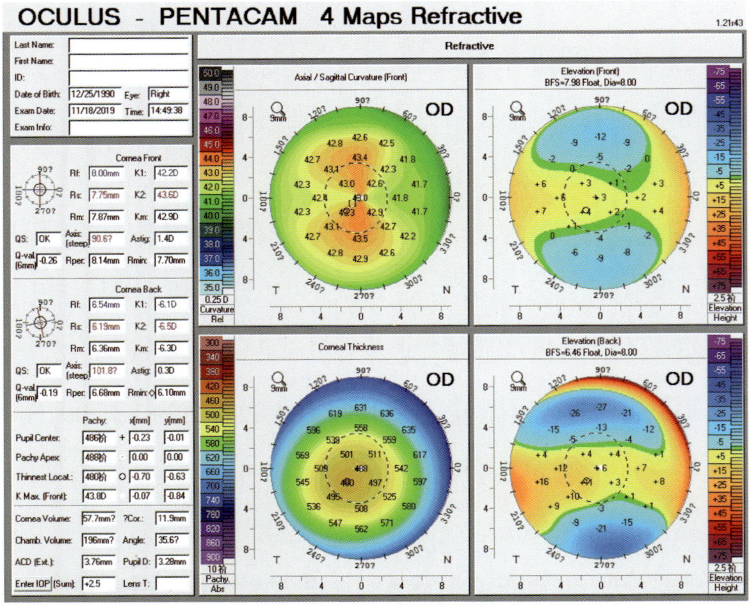

图 7－43 右眼屈光四联图

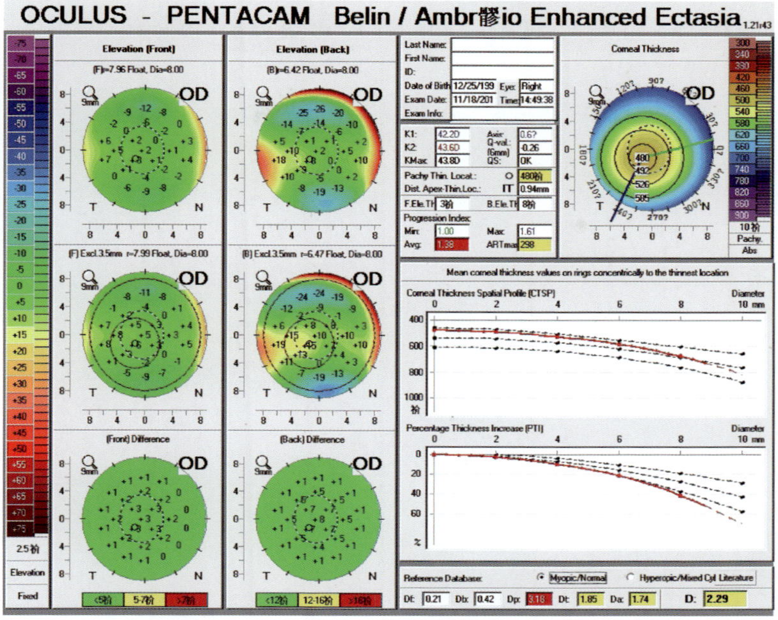

图 7－44 右眼 Belin 六联图

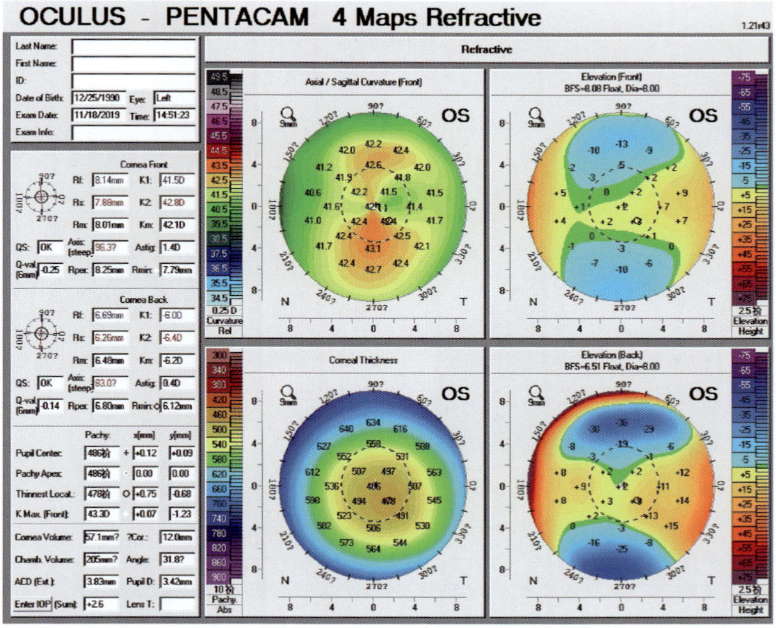

图 7－45 左眼屈光四联图

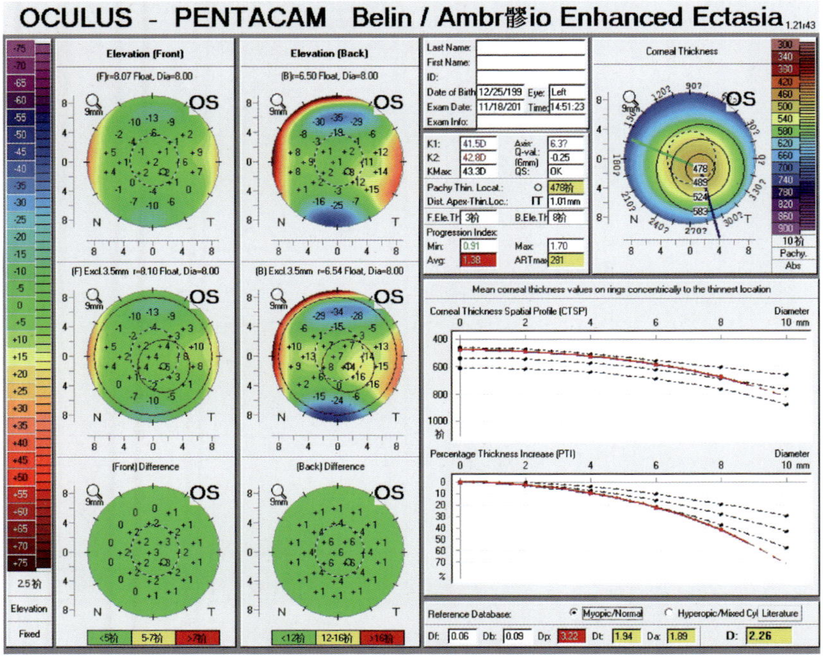

图 7－46 左眼 Belin 六联图

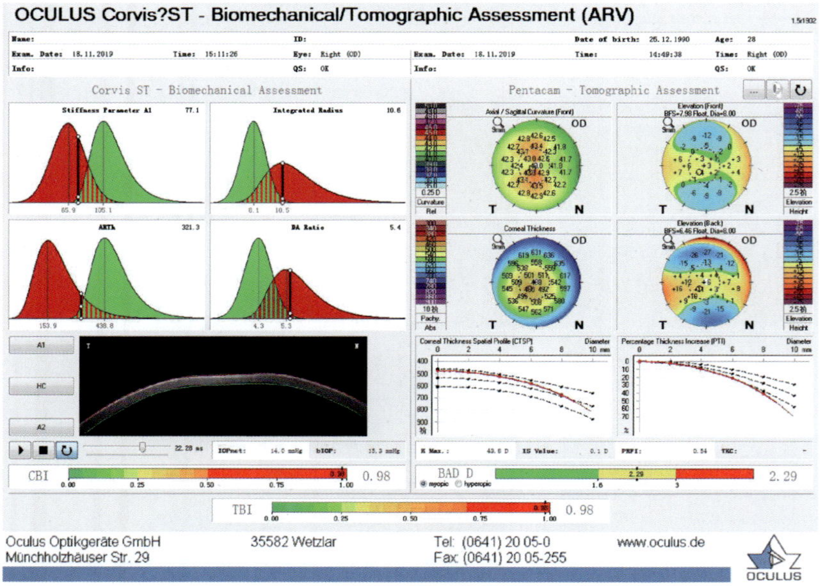

图 7－47 右眼角膜断层形态学联合生物力学评估

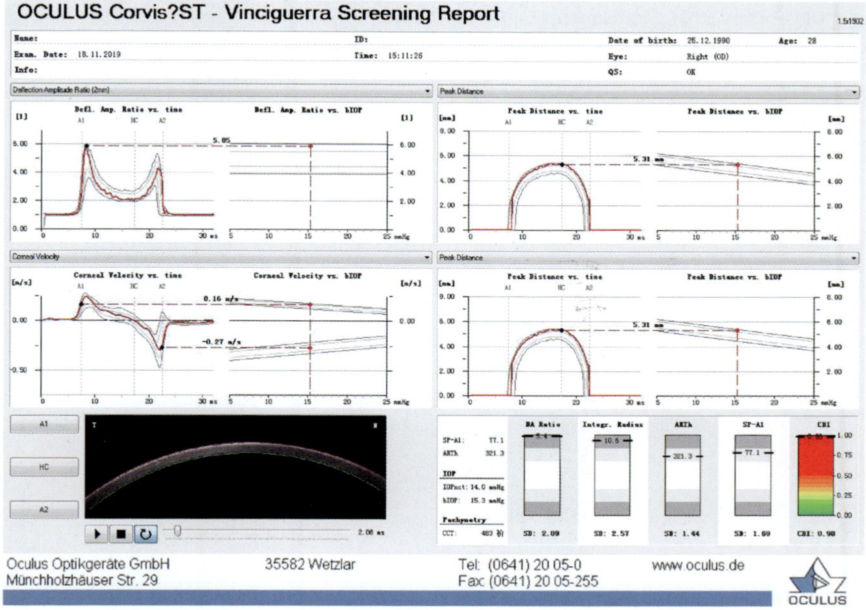

图 7－48　右眼 Vinciguerra 筛查报告

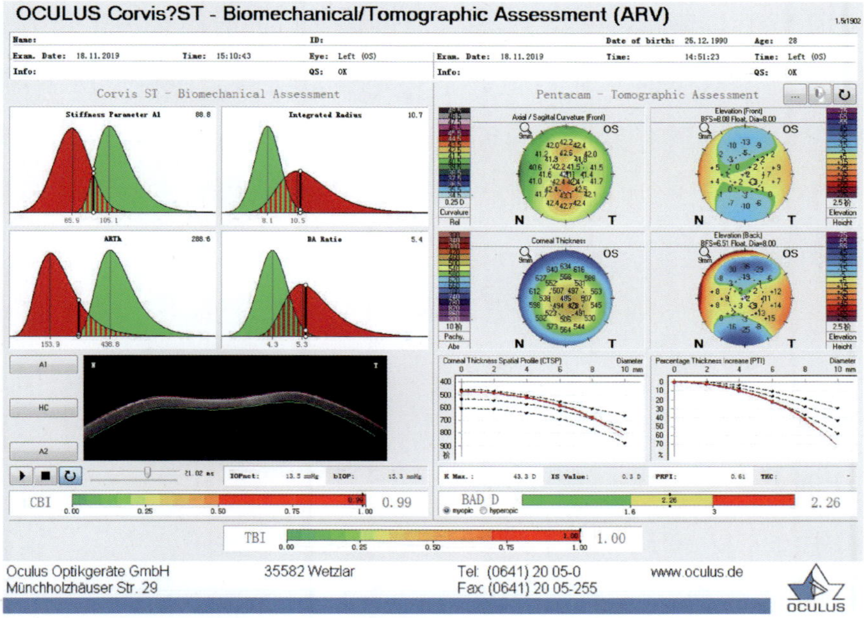

图 7－49　左眼角膜断层形态学联合生物力学评估

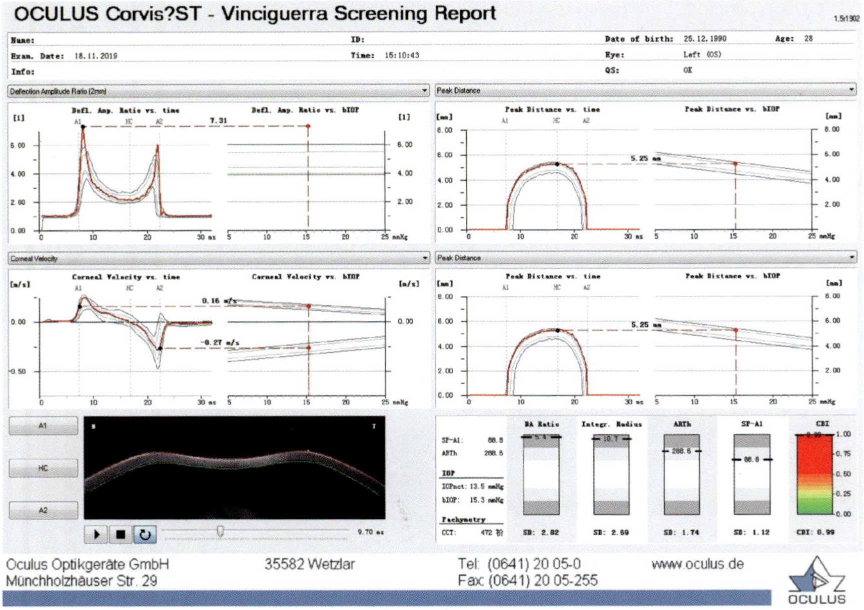

图 7－50　左眼 Vinciguerra 筛查报告

CBI 数值与角膜厚度相关，角膜厚度偏薄可同时表现为生物力学较为薄弱。但其对应的 CBI 数值并不一定异常增高。如本节所示，临床中我们也可观察到有很多薄角膜患者的 CBI 数值属于正常范围，考虑为正常角膜。反之，如果薄角膜患者的 CBI 增高，提示可能有角膜扩张风险，需谨慎制定下一步诊治方案。

如果临床上发现薄角膜患者，建议结合 Corvis ST 检查进一步诊断。

2. 前后表面形态异常

病例 1

女性，36 岁，双眼视力下降 10 余年，要求近视矫正。

【验光】右眼：－5.00/－0.25×30→1.0；左眼：－5.00/－0.50×15→1.0。

【查体】右眼：结膜无充血，角膜透明，瞳孔居中，玻璃体透明，眼底未见异常。左眼：结膜无充血，角膜透明，瞳孔居中，玻璃体透明，眼底未见异常。

【个人史】12 年前双眼重睑术。隐形眼镜配戴史 10 年，停戴 1 周。

【家族史】否认圆锥角膜家族史。

右眼四联图显示角膜屈光力 K1 为 44.6D、K2 为 44.9D，最大角膜屈光力为 45.4D。角膜最薄点厚度为 574μm，前表面最高点为+2μm，后表面最高点为+8μm（图 7-51）。从形态上看角膜前表面下方稍陡峭，前表面曲率图欠规则，而厚度在正常范围（图 7-52），后表面形态基本对称，且下方最陡处并非最薄点，并且相对较厚（590μm），不符合四位点合一的圆锥角膜诊断标准，考虑右眼为前表面形态异常。

左眼四联图显示角膜屈光力 K1 为 43.7D、K2 为 44.4D，最大角膜屈光力为 45.2D 角膜最薄点厚度为 569μm，前表面最高点为+3μm，后表面最高点为+8μm（图 7-53）。从形态上看角膜前表面下方稍陡峭，前表面曲率图欠规则，IHD 为 0.017（图 7-54），而厚度在正常范围（图 7-55），后表面形态基本对称，且下方最陡处并非最薄点，并且相对较厚（623μm），不符合四位点合一的圆锥角膜诊断标准，考虑左眼为前表面形态异常。

Corvis ST 角膜断层形态学联合生物力学评估显示右眼 CBI 值为 0.01，BAD D 值为 1.10，TBI 值为 0.24（图 7-56），Vinciguerra 筛查报告 SP-AI 值为 140.0（图 7-57），力学数据均为正常。

Corvis ST 角膜断层形态学联合生物力学评估显示左眼 CBI 值为 0.07，BAD D 值为 1.11，TBI 值为 0.21（图 7-58），Vinciguerra 筛查报告 SP-AI 值为 131.8（图 7-59），力学数据均为正常。

Pentacam 图像

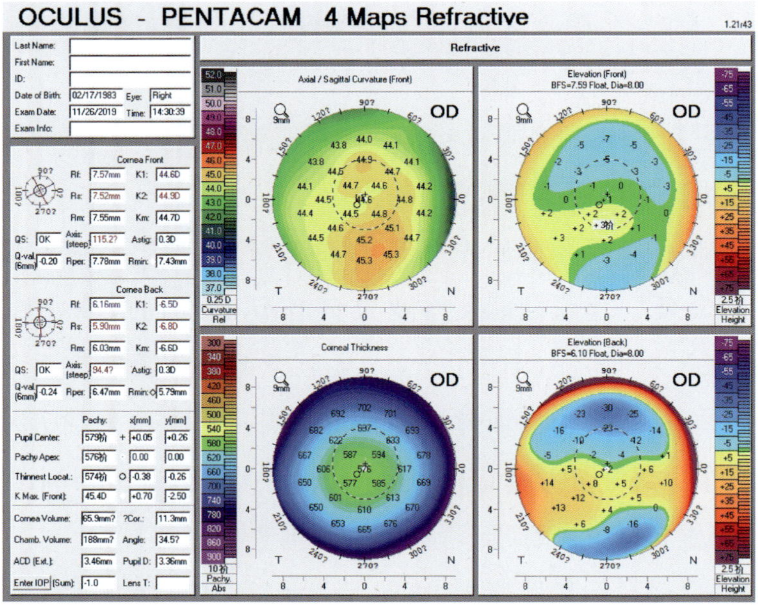

图 7－51 右眼屈光四联图

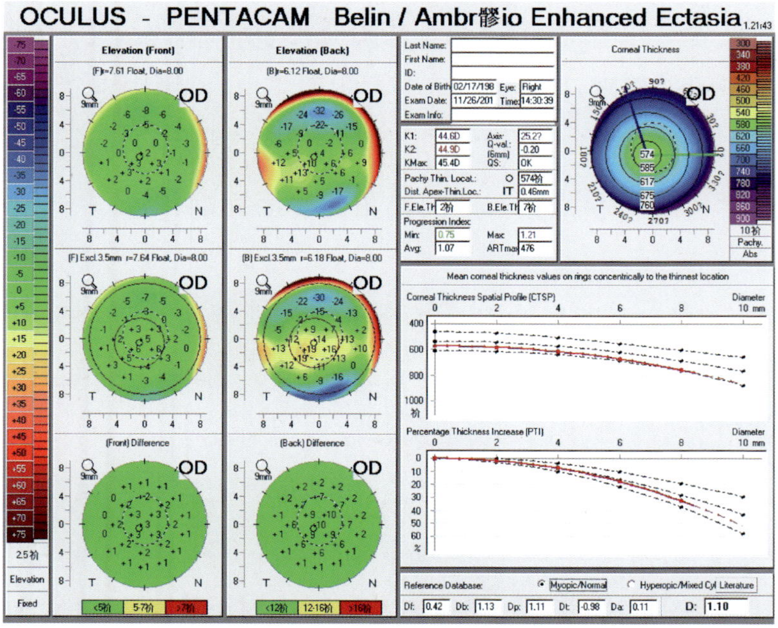

图 7－52 右眼 Belin 六联图

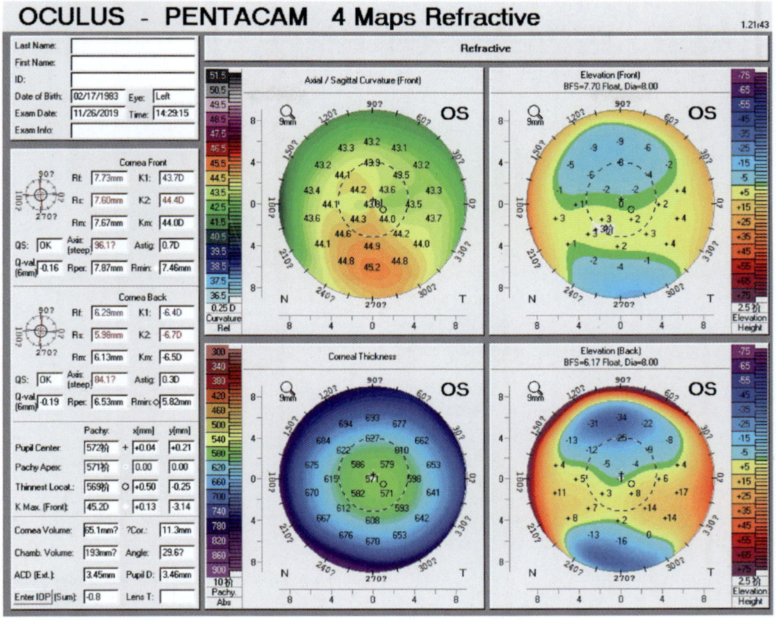

图 7－53　左眼屈光四联图

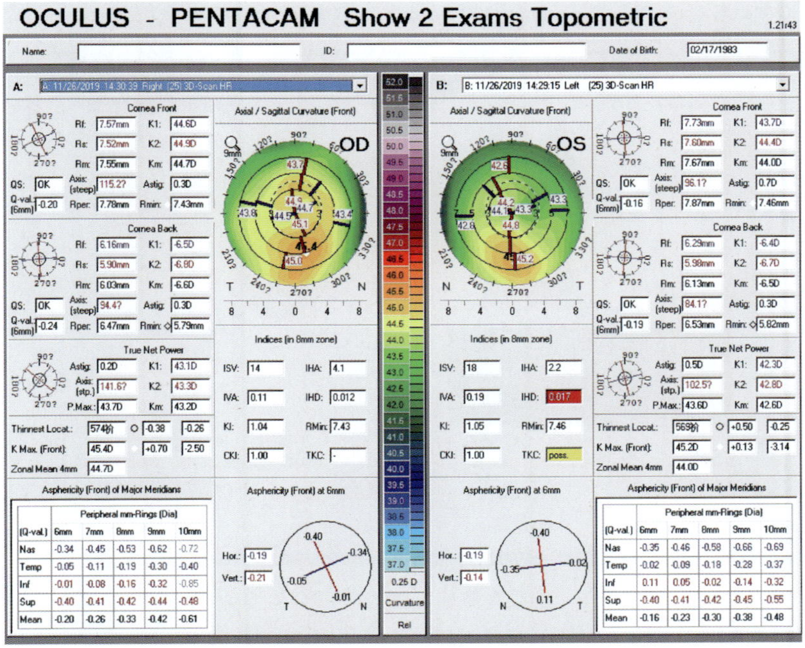

图 7－54　双眼图

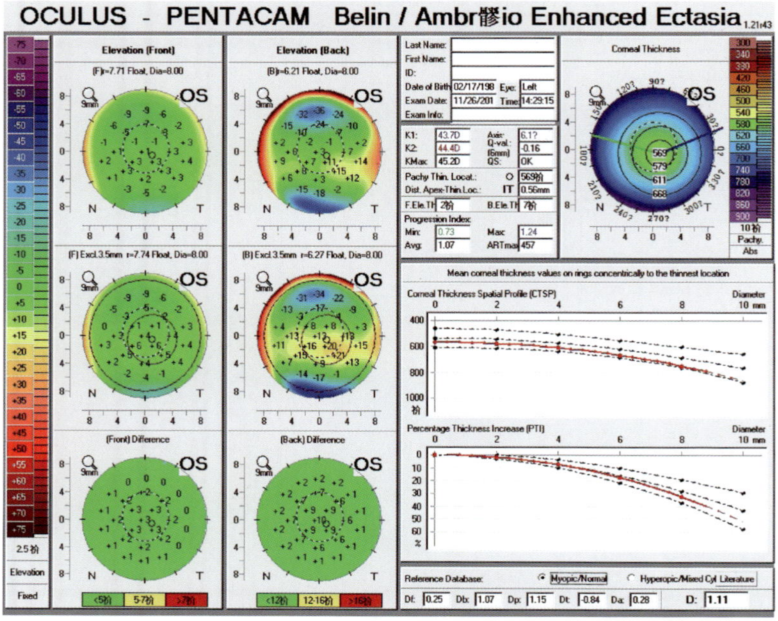

图 7－55　左眼 Belin 六联图

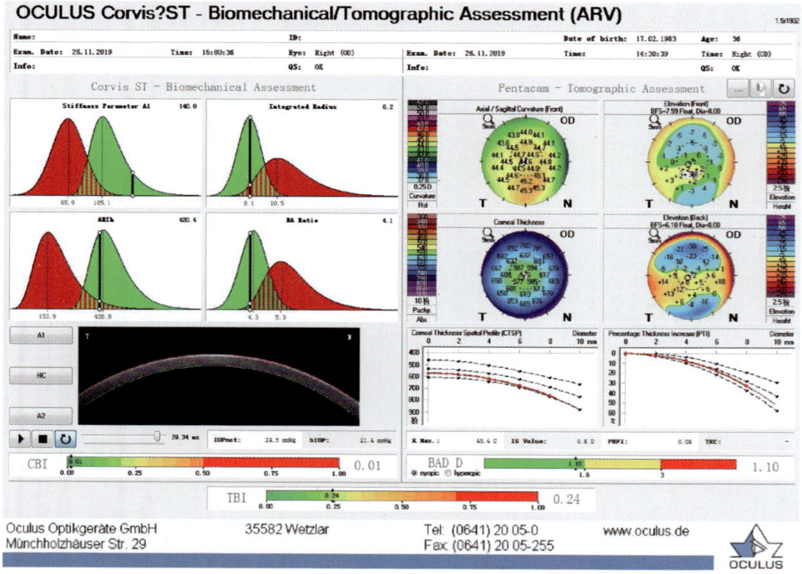

图 7－56　右眼角膜断层形态学联合生物力学评估

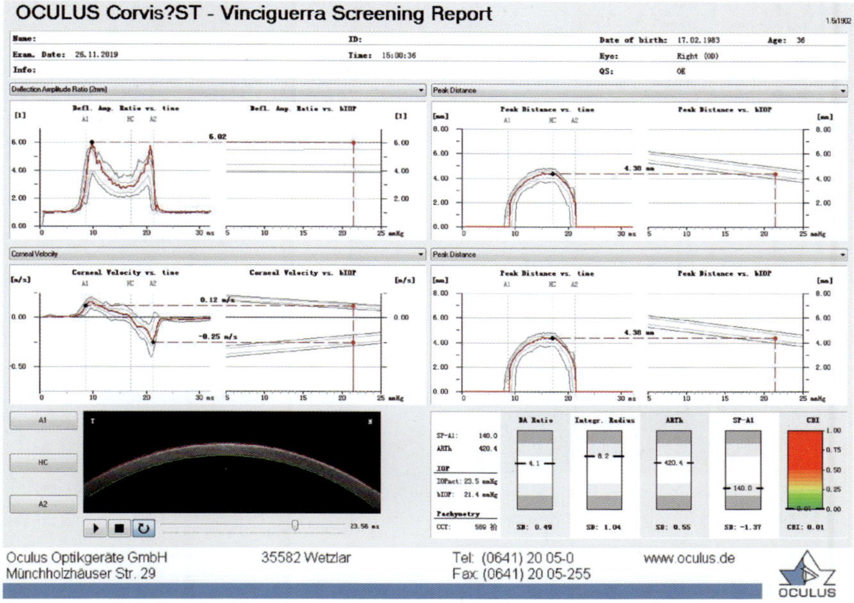

图 7－57　右眼 Vinciguerra 筛查报告

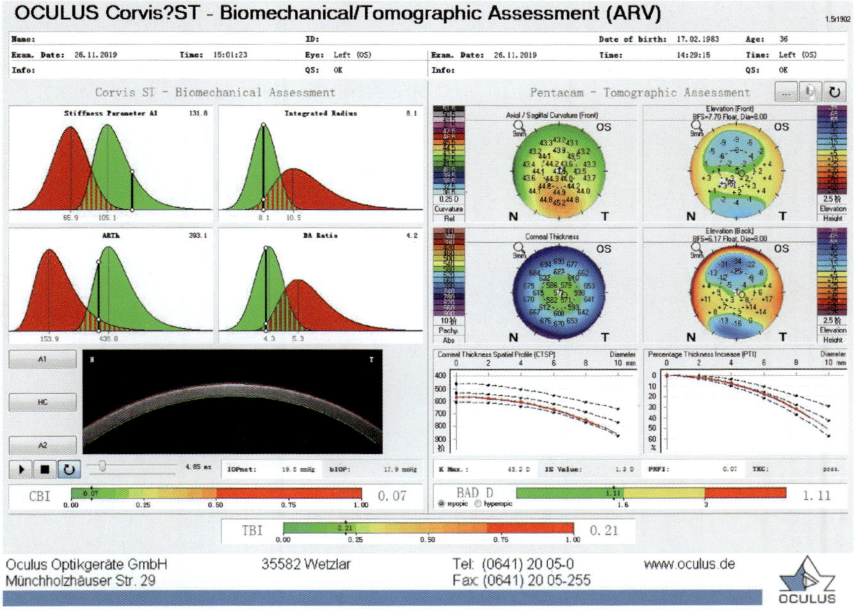

图 7－58　左眼角膜断层形态学联合生物力学评估

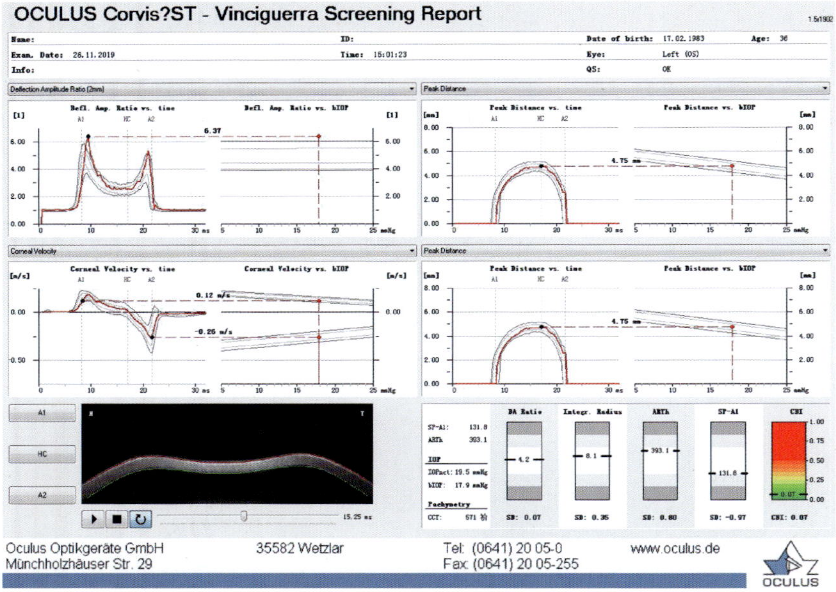

图 7－59　左眼 Vinciguerra 筛查报告

该患者角膜前表面形态欠佳，仅为下方陡峭，四联图提示，角膜厚度正常，后表面高度正常，角膜顶点与后表面最高点及角膜最薄点位置不重合，结合生物力学指标正常，可排除圆锥角膜。该患者角膜下方陡峭的表现，需考虑是否与重睑手术史、轻度下方睑裂闭合不全有关。与患者充分沟通，取得理解后，可行角膜激光手术。

病例 2

女性，26 岁，双眼近视 10 余年，要求脱镜。

【验光】右眼：－4.25/－1.25×15→1.0；左眼：－4.00/－2.50×155→0.6。

【查体】右眼：结膜无充血，角膜透明，瞳孔对光（＋），晶体透明，眼底未见明显异常。左眼：结膜无充血，角膜透明，瞳孔对光（＋），晶体透明，眼底未见明显异常。

【个人史】长期配戴软性接触镜。否认眼部手术及其他疾病史。

【家族史】否认圆锥角膜家族史。

右眼四联图显示角膜屈光力 K1 43.2D、K2 45.1D，角膜散光度数 1.9D，轴向 108.3°，最大角膜屈光力 45.4D，角膜最薄处 512μm，角膜后表面高度 10μm（图 7－60），即右眼角膜稍薄，散光轴位稍倾斜，其余未见明显异常（图 7－61）。

左眼四联图显示角膜屈光力 K1 41.4D、K2 44.4D，角膜散光度数 3.0D，轴向 66.4°，为斜轴散光，最大角膜屈光力 49.0D，角膜最薄处 470μm，角膜后表面高度 9μm（图 7－62），即左眼角膜前表面明显陡峭，角膜厚度明显较对侧眼更薄，厚度分布图亦显示异常（图 7－63），提示圆锥角膜可能。但是角膜后表面形态及高度均基本正常，且角膜最陡处在上方区域，该区域的高度、厚度与最薄点并不吻合，结合患者长期配戴接触镜，不排除角膜上皮分布不均匀影响形态，初步诊断为左眼圆锥角膜待排，建议患者停戴接触镜，择期复查。

首诊 Pentacam 图像

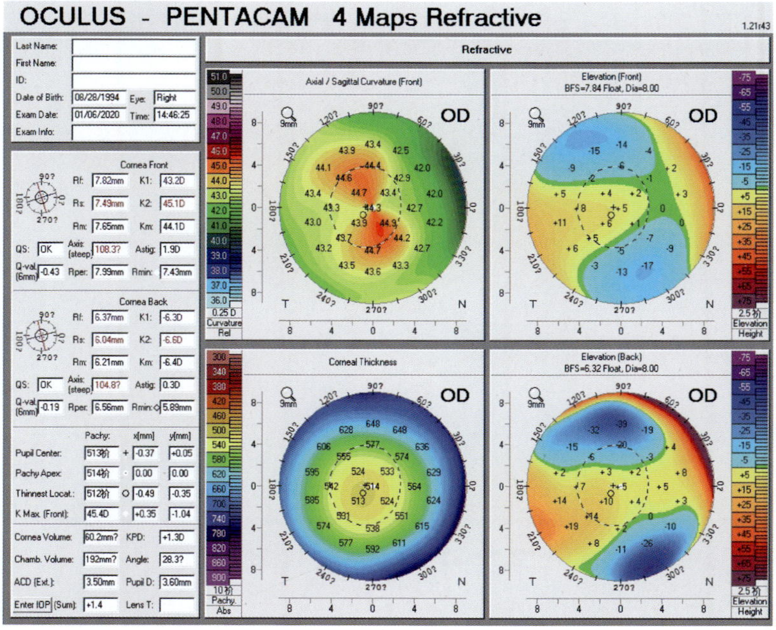

图 7－60 右眼屈光四联图

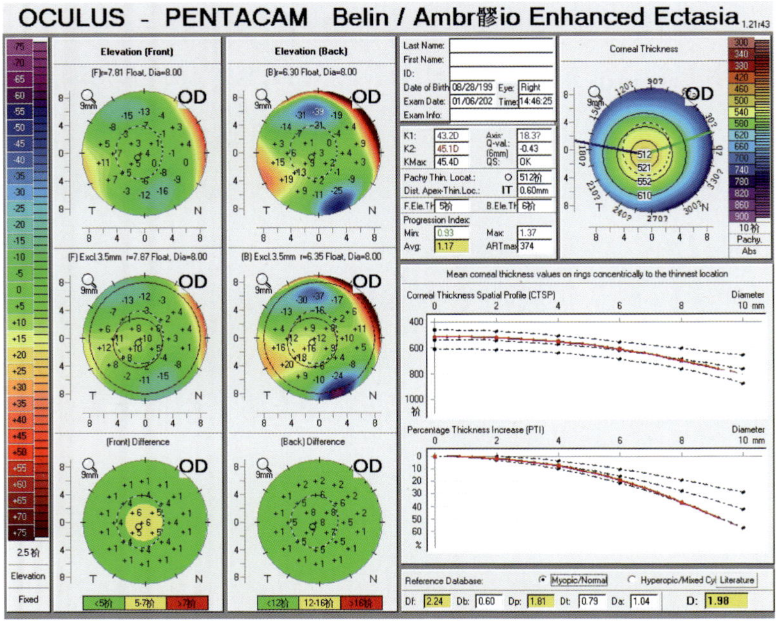

图 7-61　右眼 Belin 六联图

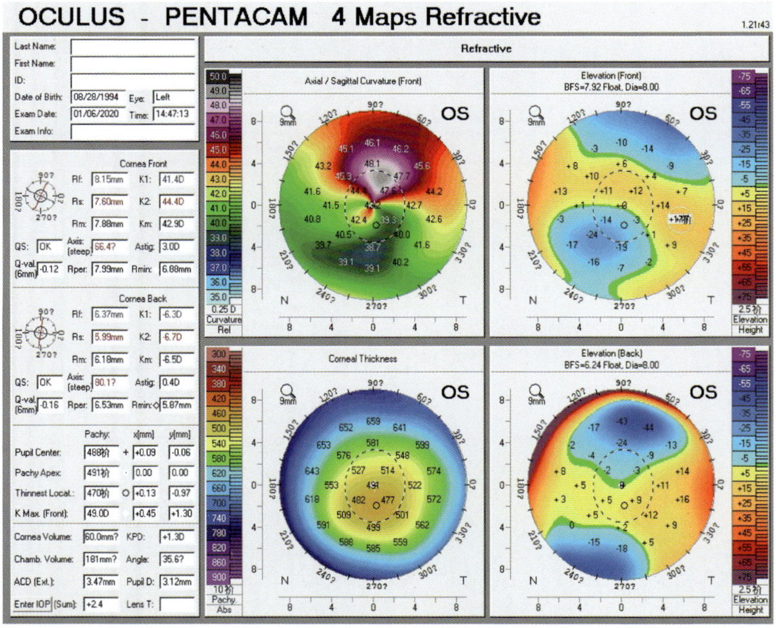

图 7-62　左眼屈光四联图

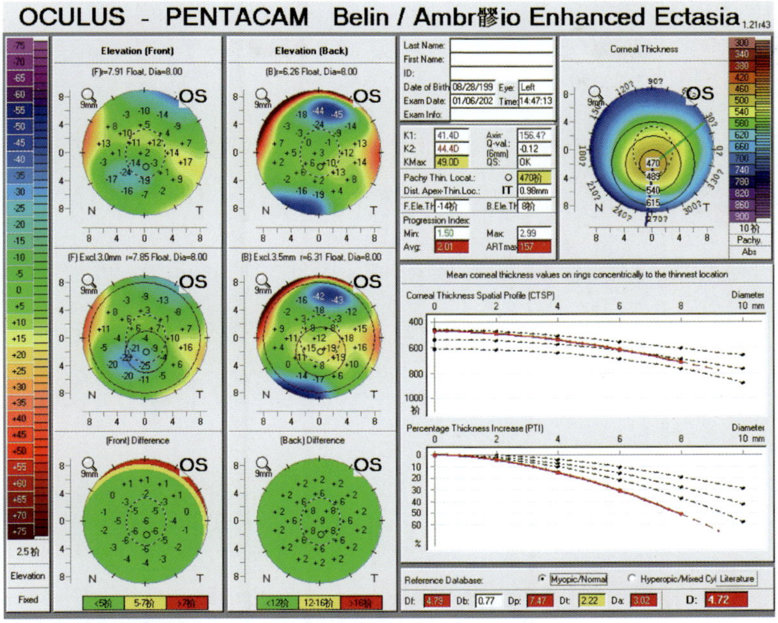

图 7-63 左眼 Belin 六联图

复诊时，右眼四联图显示角膜屈光力 K1 43.2D、K2 45.0D，角膜散光度数 1.8D，轴向 105.7°，最大角膜屈光力 45.3D，角膜最薄处 505μm，角膜后表面高度 8μm(图 7-64)。结果与 3 个月前基本一致，未见明显异常。

左眼四联图显示角膜屈光力 K1 42.9D、K2 45.0D，角膜散光度数 2.1D，轴向 79.6°，最大角膜屈光力 45.8D，角膜最薄处 497μm，角膜后表面高度 7μm(图 7-65)。较 3 个月前结果，左眼角膜形态趋于规则，前表面上方陡峭消失，后表面形态基本正常，角膜厚度增加，双眼角膜厚度基本一致，强化图显示前后表面高度未见明显异常(图 7-66 和图 7-67)。另外，主觉验光左眼变为 −3.50/−1.50×165 →1.0，综合以上结果，暂时排除左眼圆锥角膜诊断，考虑 3 个月前异常表现为受角膜上皮影响。

Corvis ST 角膜断层形态学联合生物力学评估显示，右眼 CBI 升高，为 0.98，BAD D 值为 2.02，TBI 值为 0.22（图 7－68 和图 7－69）；左眼 CBI 升高，为 0.96，BAD D 值为 2.03，TBI 值为 0.42（图 7－70 和图 7－71）；该患者双眼生物力学较一致，结合 Pentacam 断层扫描分析，TBI<0.5，支持排除左眼圆锥角膜。但患者角膜偏薄，在 500μm 左右，故生物力学指数 CBI 偏高，均大于 0.9，仍考虑为生物力学稳定性下降，建议继续观察，暂时不行角膜激光手术。

复诊 Pentacam 图像（给予人工泪液治疗 3 个月后）

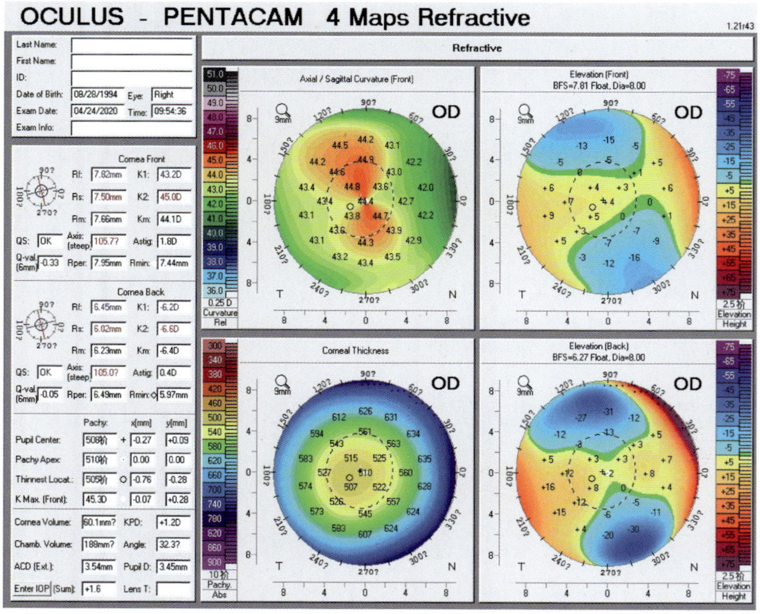

图 7－64　右眼屈光四联图

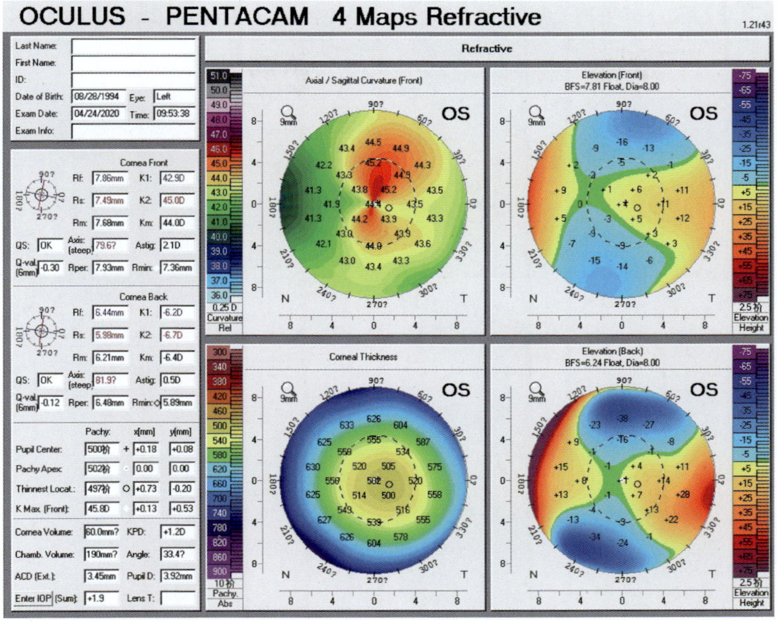

图 7－65 左眼屈光四联图

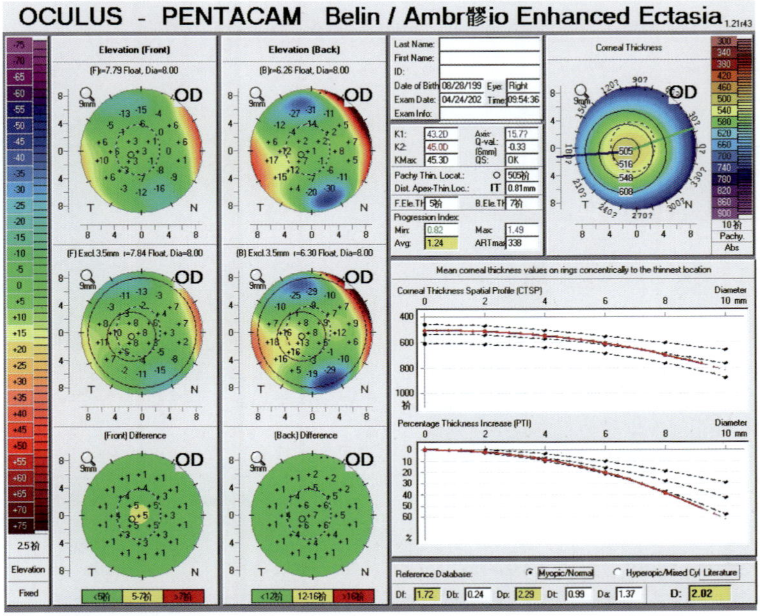

图 7－66 右眼 Belin 六联图

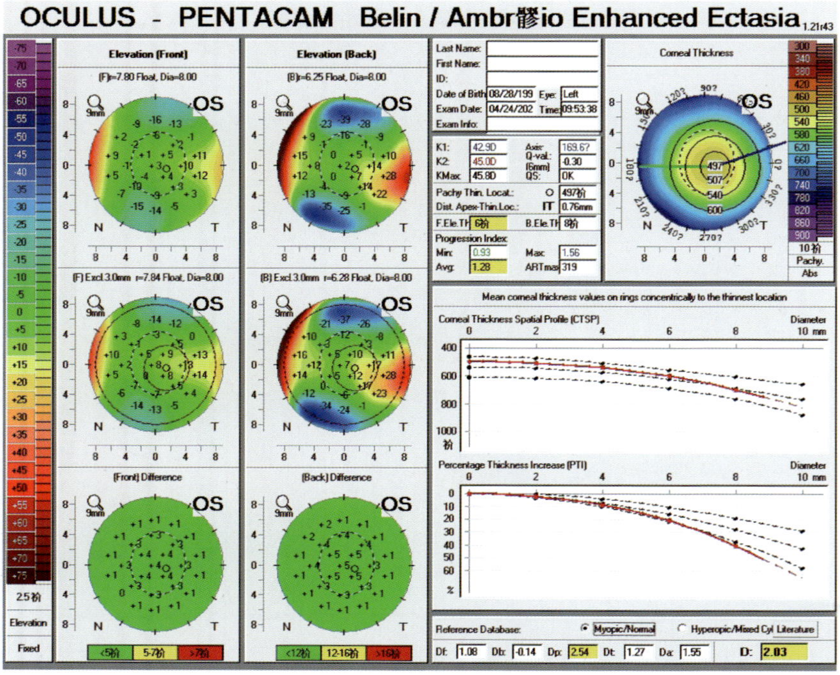

图 7－67 左眼 Belin 六联图

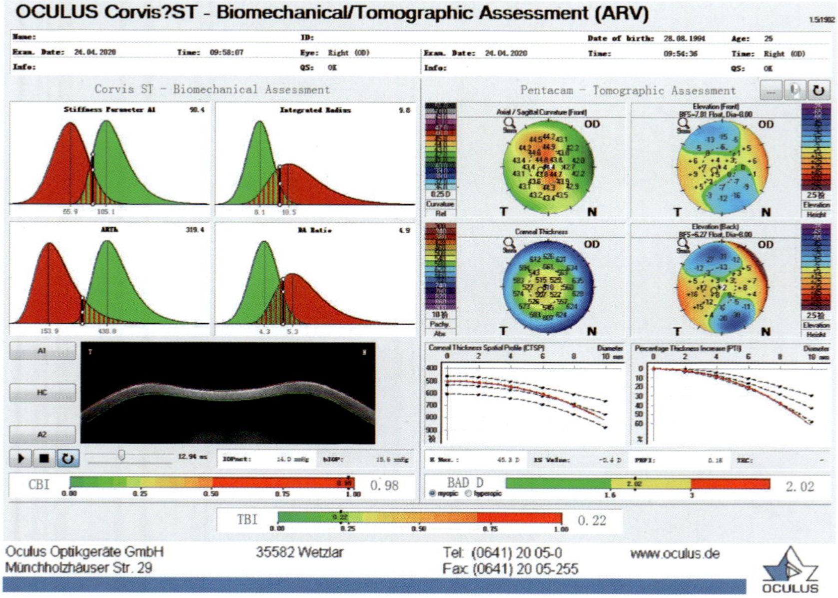

图 7－68 右眼角膜断层形态学联合生物力学评估

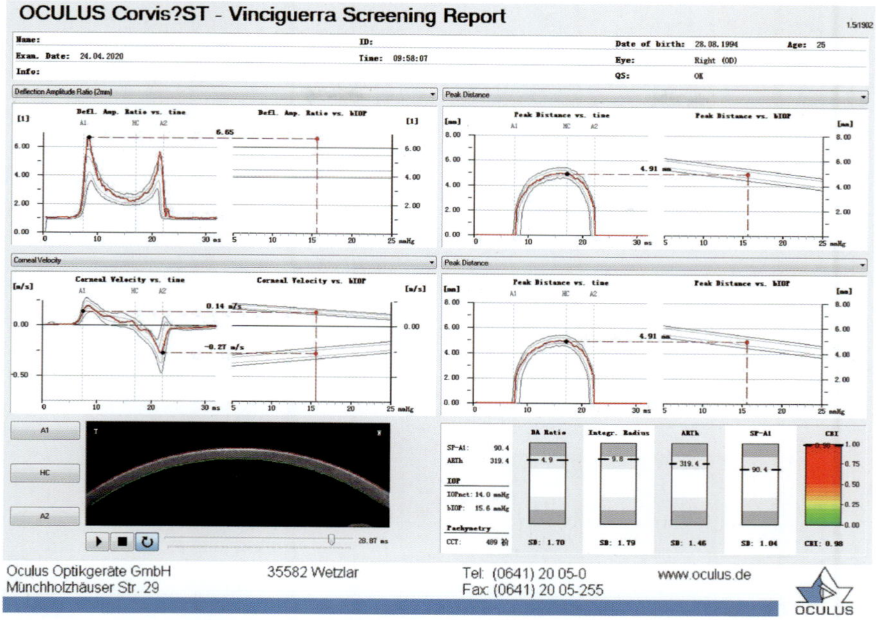

图 7－69　右眼 Vinciguerra 筛查报告

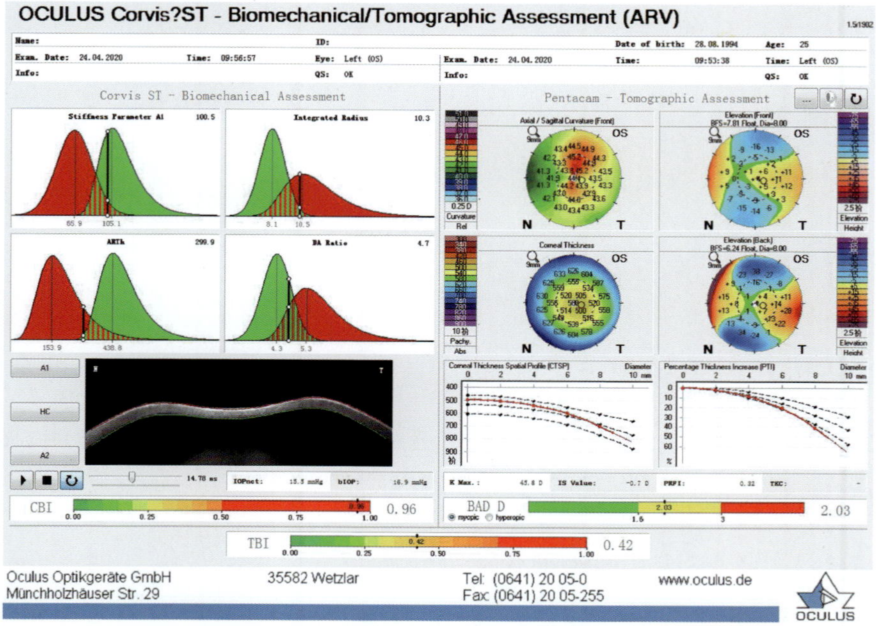

图 7－70　左眼角膜断层形态学联合生物力学评估

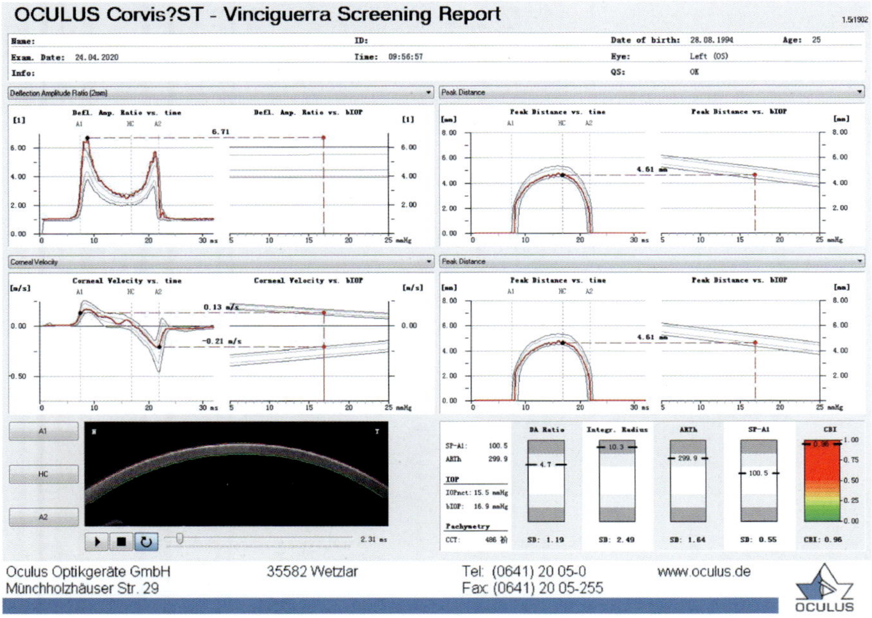

图 7-71　左眼 Vinciguerra 筛查报告

病例 3

男性，29 岁，双眼视远不清 10 年余要求矫正。

【验光】右眼：－2.25/－0.50×20→1.0；左眼：－1.50/－0.50×150→1.0。

【查体】右眼：结膜无充血，角膜透明，瞳孔居中，玻璃体透明，眼底未见异常。左眼：结膜无充血，角膜透明，瞳孔居中，玻璃体透明，眼底未见异常。

【个人史】否认其他眼部疾病及手术史。

【家族史】否认圆锥角膜家族史。

右眼角膜屈光力 K1 为 43.3D、K2 为 44.4D，角膜散光度数 1.1D，最大角膜屈光力为 45.6D(图 7－72)。四联图示角膜的最薄处 500μm，角膜前表面最高处＋5μm，角膜后表面最高处＋12μm(达到临界线)，与角膜顶点位置不重合，从形态上看角膜前表面下方陡峭且倾斜，虽然后表面形态基本对称，后表面高度达到临界线，六联图显示厚度分布 CTSP 图未见明显异常，PTI 图轻度下滑(图 7－73)。

左眼角膜屈光力 K1 为 43.4D、K2 为 44.0D，角膜散光度数 0.7D，最大角膜屈光力为 45.8D(图 7－74)。四联图示角膜的最薄处 498μm，角膜前表面最高处＋7μm，角膜后表面最高处＋8μm，与角膜顶点位置不重合。从形态上看角膜前表面下方陡峭且倾斜明显，后表面形态基本对称，高度未见抬高。六联图显示厚度分布 CTSP 图未见明显异常，PTI 图轻度下滑(图 7－75)。

Corvis ST 角膜断层形态学联合生物力学评估显示右眼 CBI 值为 0.43，BAD D 值为 1.99，但 TBI 值为 0.99(图 7－76)，Vinciguerra 筛查报告 SP-AI 值为 97.4(图 7－77)，提示右眼角膜生物力学降低，需密切随访，关注变化。

Corvis ST 角膜断层形态学联合生物力学评估显示左眼 CBI 值为 0.59，BAD D 值为 1.87，TBI 值为 0.86(图 7－78)，Vinciguerra 筛查报告 SP-AI 值为 94.3(图 7－79)，提示左眼角膜生物力学效应降低，需密切随访。

该患者双眼角膜下方明显陡峭且倾斜，TBI 超过 0.5，手术可能增加圆锥角膜风险，宜暂缓手术，密切观察角膜形态变化。

Pentacam 图像

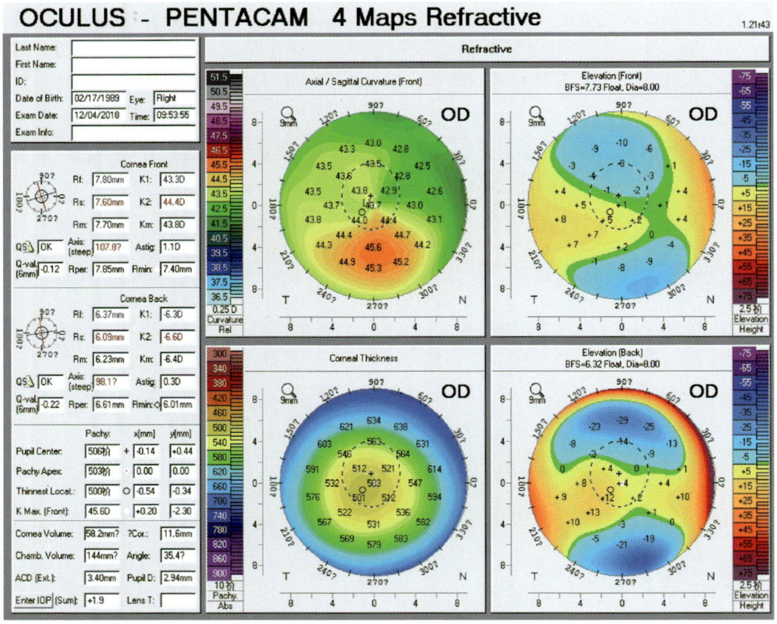

图 7－72　右眼屈光四联图

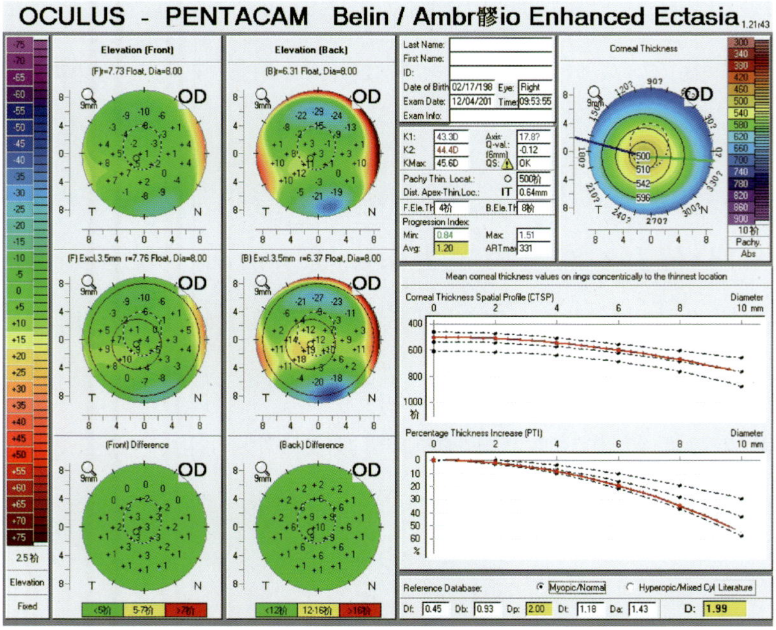

图 7－73　右眼 Belin 六联图

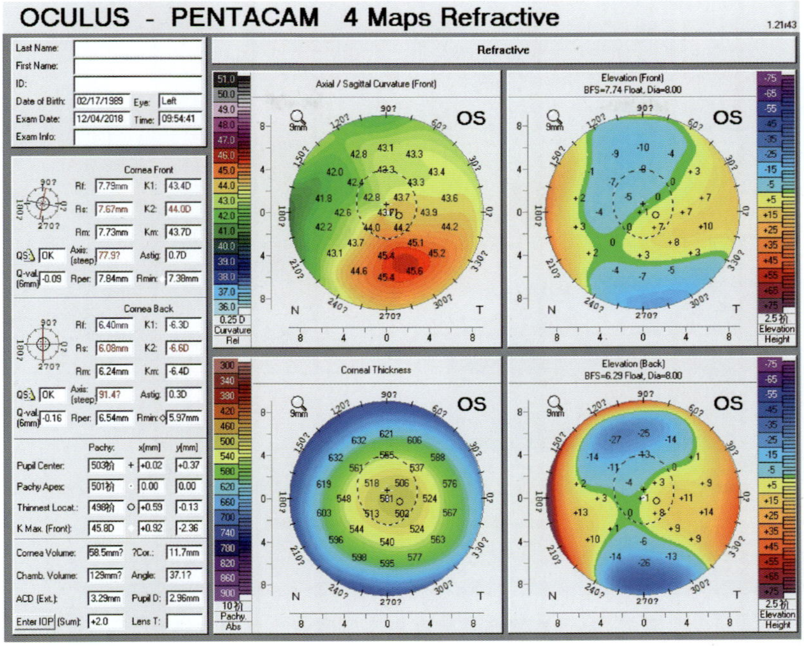

图 7 - 74　左眼屈光四联图

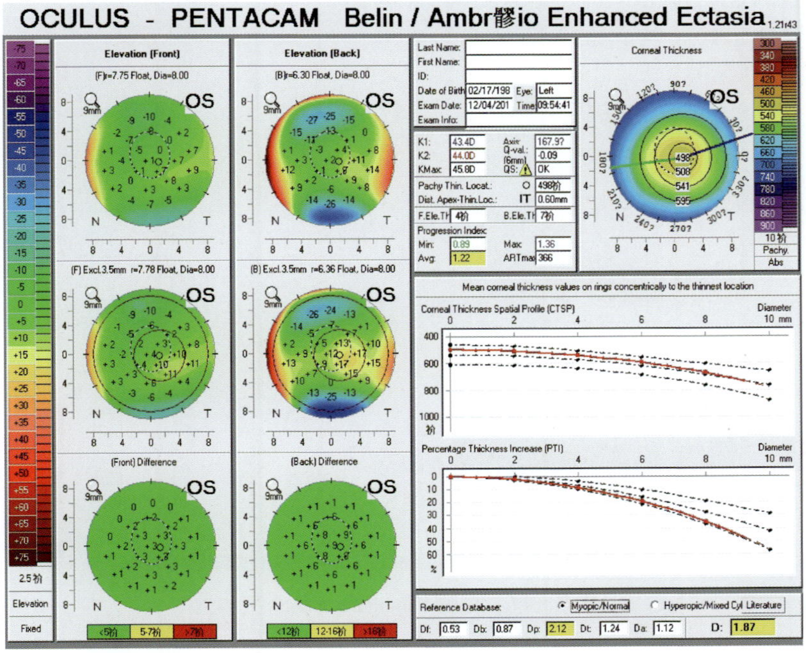

图 7 - 75　左眼 Belin 六联图

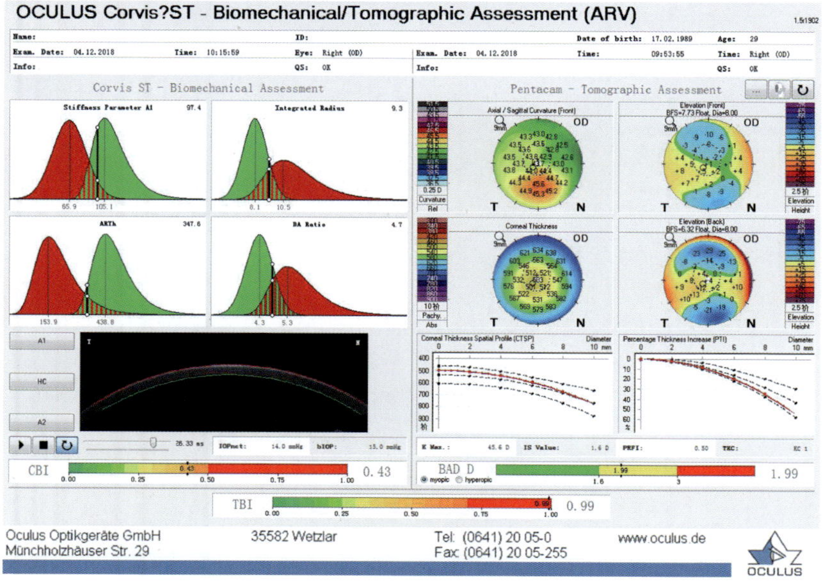

图 7－76　右眼角膜断层形态学联合生物力学评估

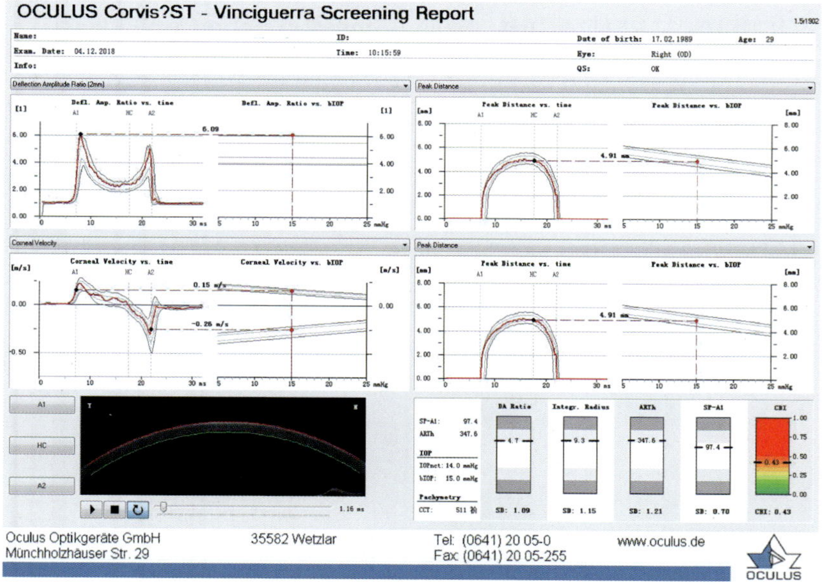

图 7－77　右眼 Vinciguerra 筛查报告

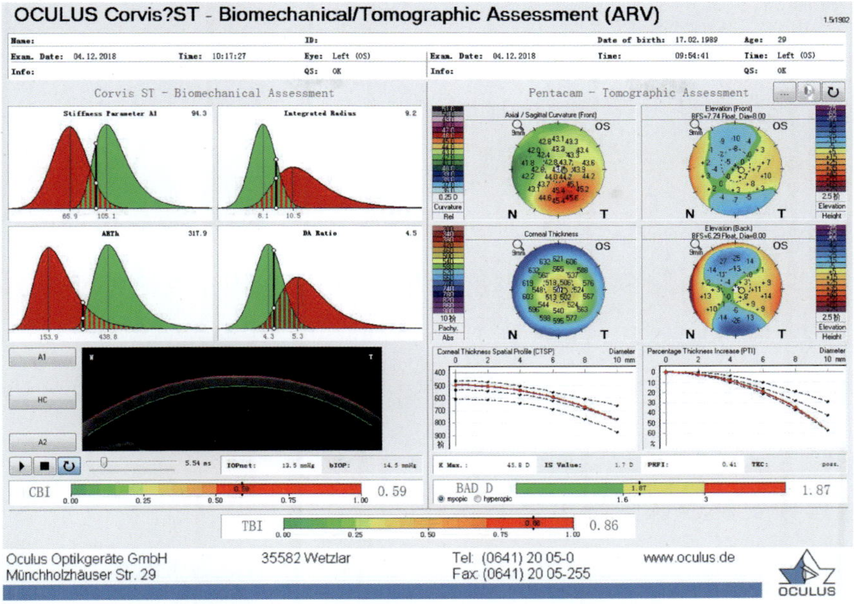

图 7－78　左眼角膜断层形态学联合生物力学评估

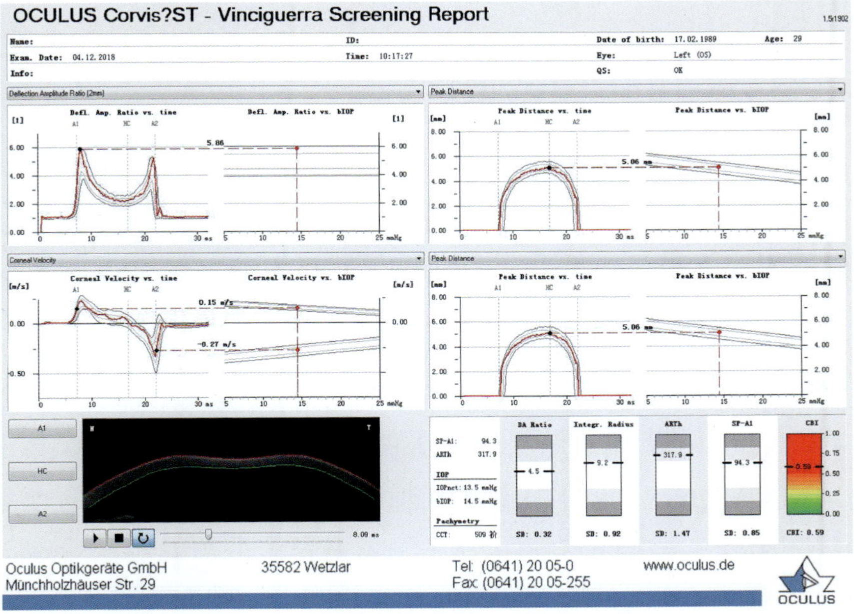

图 7－79　左眼 Vinciguerra 筛查报告

病例 4

女性，32 岁，双眼视力下降 10 余年，要求近视矫正。

【验光】右眼：－1.75/－1.50×85→1.0；左眼：－3.25/－0.75×100→1.0。

【查体】右眼：结膜无充血，角膜透明，瞳孔居中，玻璃体透明，眼底未见异常。左眼：结膜无充血，角膜透明，瞳孔居中，玻璃体透明，眼底未见异常。

【个人史】否认眼部手术及眼部疾病史。隐形眼镜配戴史 8 年，停戴 2 周。

【家族史】否认圆锥角膜家族史。

右眼四联图显示角膜屈光力 K1 为 44.6D、K2 为 45.4D，角膜散光度数 0.8D，轴向 178.7°，最大角膜屈光力 45.9D，角膜最薄处为 542μm，角膜前后表面高度分别为＋4μm、＋11μm，后表面形态呈中心岛型，高度在正常范围(图 7－80)。六联图显示厚度分布 CTSP 图、PTI 图于正常范围，强化图未见明显异常(图 7－81)。

左眼四联图显示角膜屈光力 K1 为 44.9D、K2 为 44.9D，角膜散光度数 0.1D，轴向 126.0°，最大角膜屈光力 45.6D，角膜最薄处为 542μm，角膜前后表面高度分别为＋4μm、＋11μm，后表面形态呈中心岛型，高度在正常范围(图 7－82)。六联图显示厚度分布 CTSP 图、PTI 图于正常范围，强化图未见明显异常(图 7－83)。

右眼 Corvis ST 角膜断层形态学联合生物力学评估显示，CBI 值为 0.18，BAD D 值为 1.38，TBI 值为 0.12(图 7－84)，Vinciguerra 筛查报告 SP-A1 为 106.7(图 7－85)。该患者角膜后表面形态欠佳，高度在正常范围，生物力学指数 CBI 于正常范围，结合 Pentacam 断层扫描分析，TBI 值小于 0.5，考虑为后表面形态欠佳，建议复查后确定是否可行角膜激光手术。

左眼 Corvis ST 角膜断层形态学联合生物力学评估显示，CBI 值为 0.03，BAD D 值为 1.43，TBI 值为 0.04（图 7－86），Vinciguerra 筛查报告 SP-A1 为 107.9（图 7－87）。该患者角膜后表面形态欠佳，高度在正常范围，生物力学指数 CBI 于正常范围，结合 Pentacam 断层扫描分析，TBI 值小于 0.5，考虑为后表面形态欠佳，建议复查后确定是否可行角膜激光手术。

Pentacam 图像

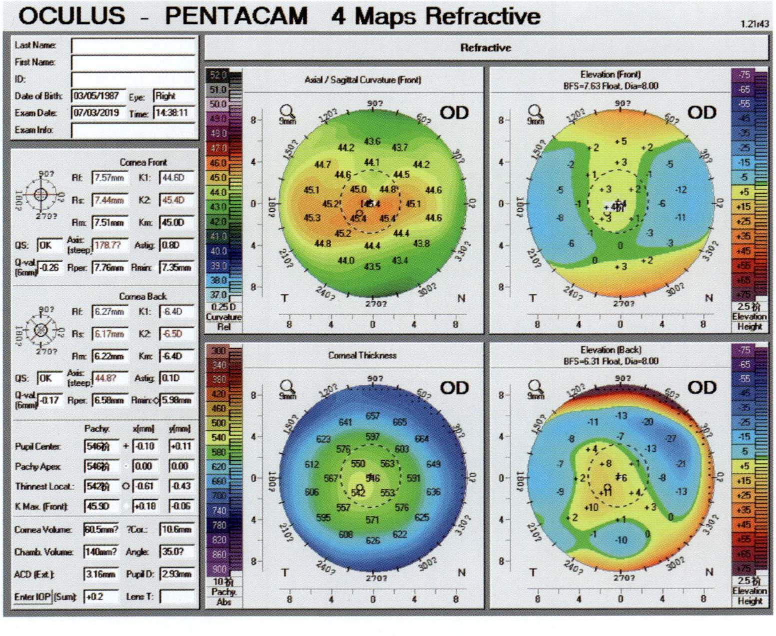

图 7－80　右眼屈光四联图

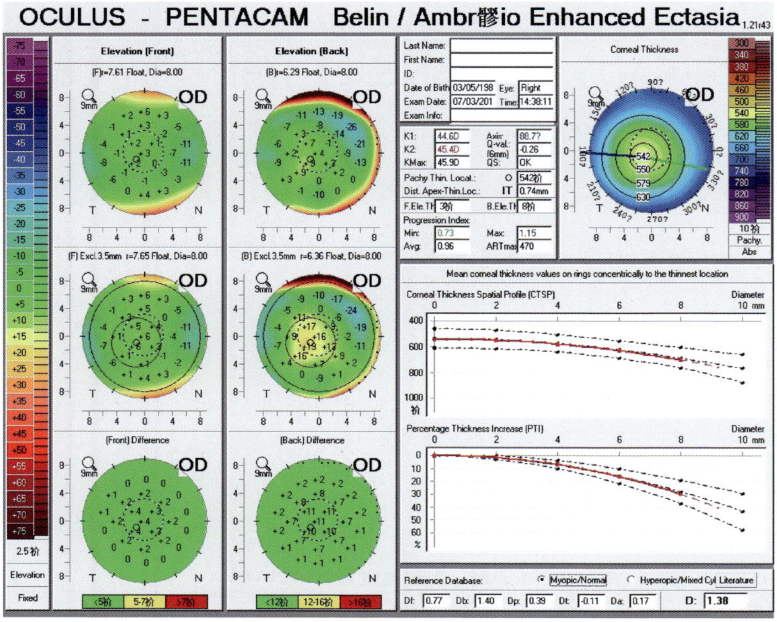

图 7－81 右眼 Belin 六联图

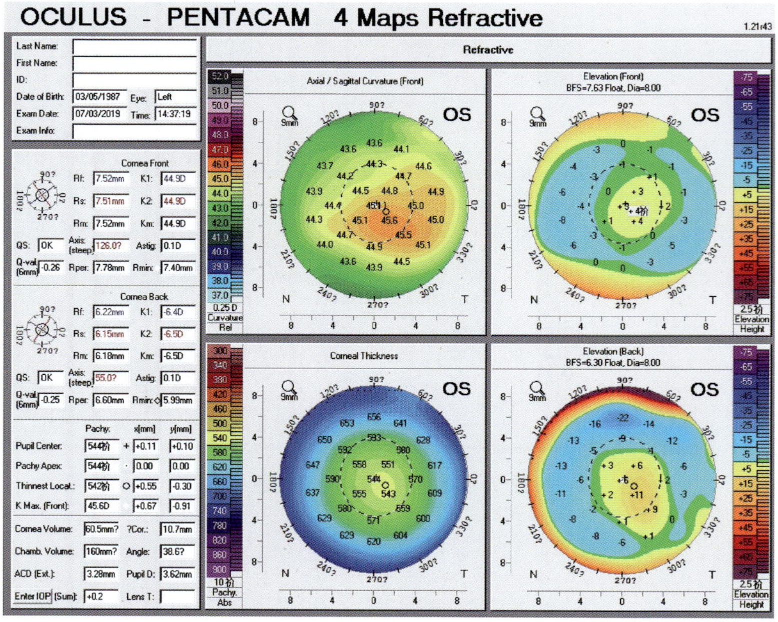

图 7－82 左眼屈光四联图

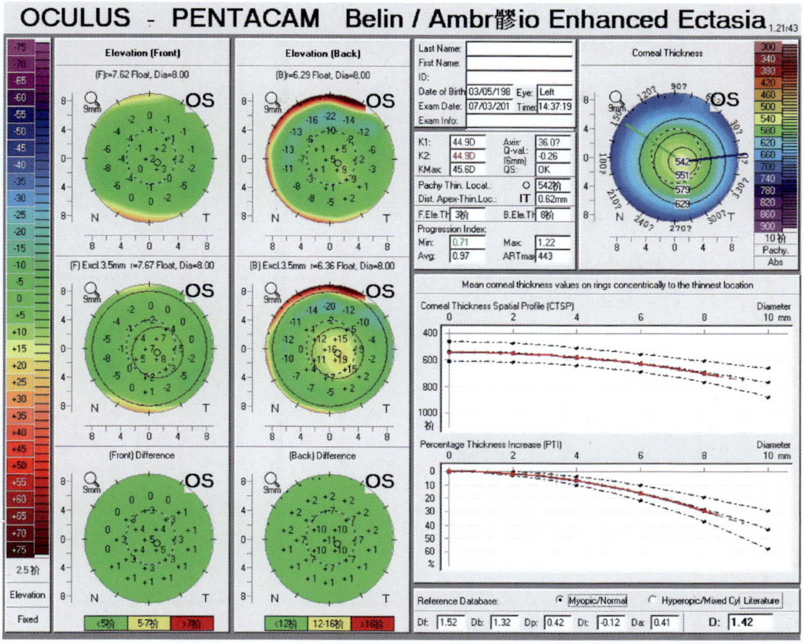

图 7－83　左眼 Belin 六联图

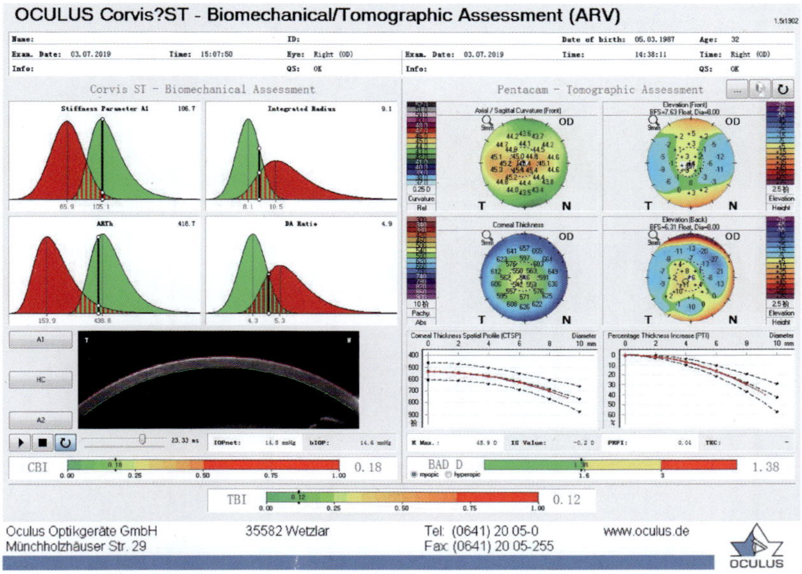

图 7－84　右眼角膜断层形态学联合生物力学评估

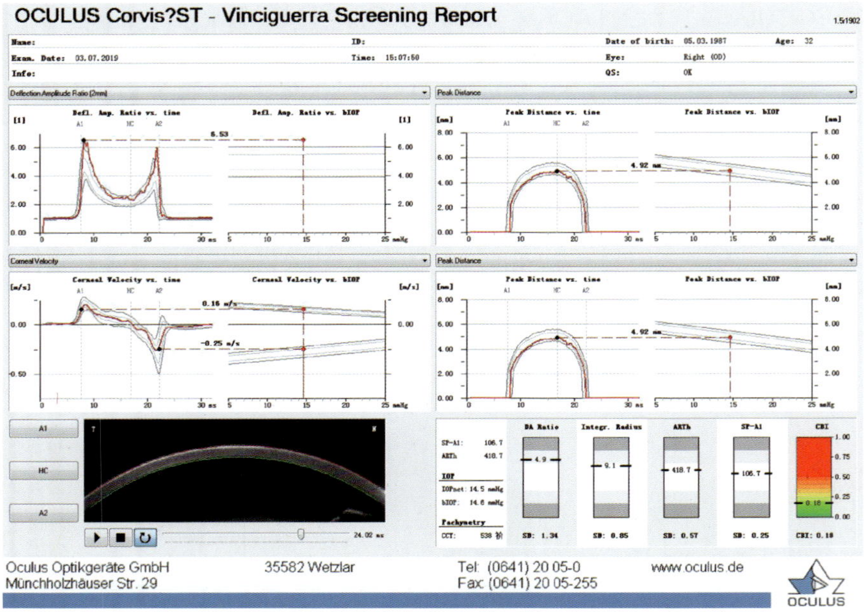

图 7-85 右眼 Vinciguerra 筛查报告

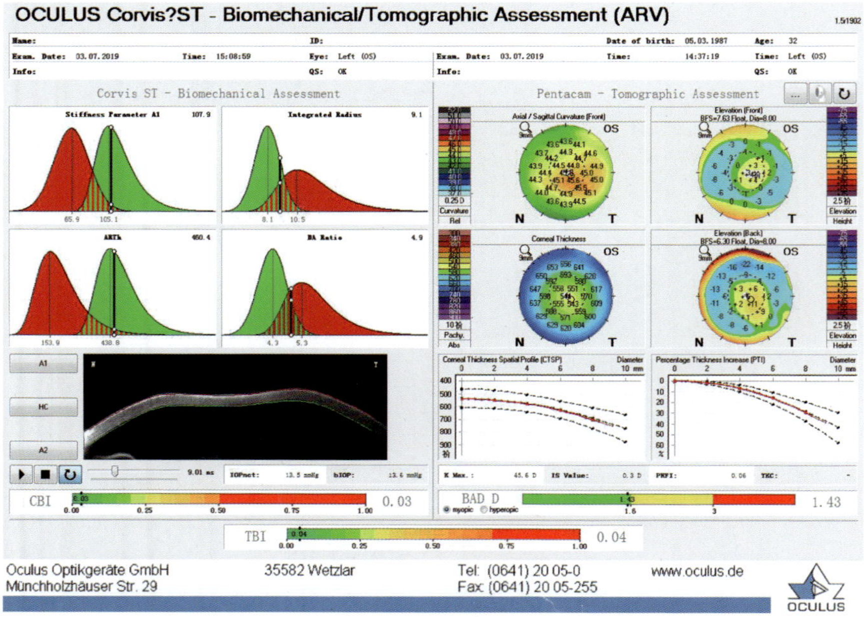

图 7-86 左眼角膜断层形态学联合生物力学评估

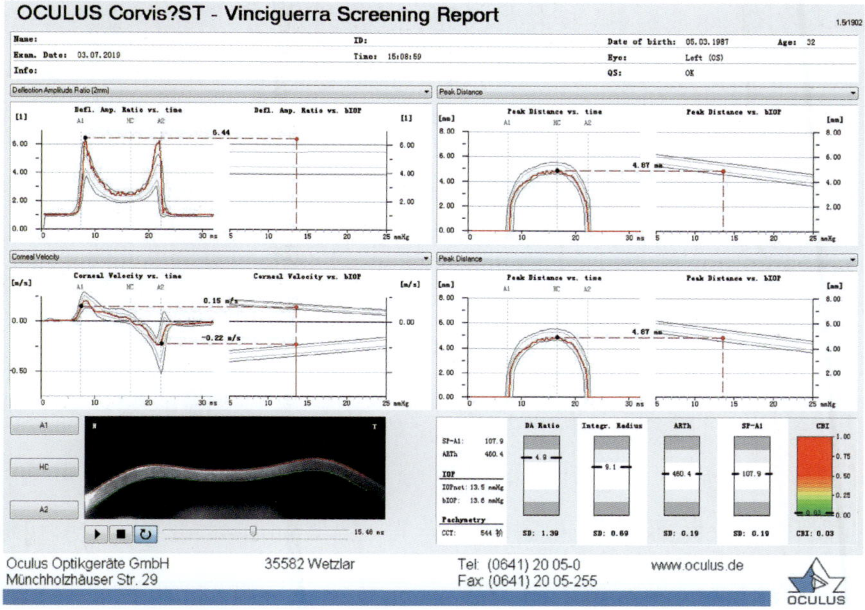

图 7－87 左眼 Vinciguerra 筛查报告

该患者属于相对小直径角膜(10.6mm)，左右眼后表面高度相似，形态均为锥形，但数值在正常范围。小直径角膜在 Pentacam 数据库模型中的形态相对有限，可信度需结合临床。

病例 5

女性，36 岁，双眼视力下降 15 年。否认接触镜配戴。

【验光】右眼：－7.00/－0.75×10→1.0；左眼：－6.75/－0.75×165→1.0。

【查体】右眼：结膜无充血，角膜透明，玻璃体透明，眼底未见异常。左眼：结膜无充血，角膜透明，玻璃体透明，眼底未见异常。

【个人史】2 年前行双眼重睑术。否认眼部疾病史。

【家族史】否认圆锥角膜家族史。

右眼四联图显示角膜屈光力K1为44.9D、K2为45.2D，角膜散光度数0.3D，轴向126.6°，最大角膜屈光力45.4D，角膜最薄处为563μm，角膜前后表面高度分别为+2μm、+13μm，后表面抬高，抬高区域呈“半岛形”（图7-88）。六联图显示厚度分布CTSP图、PTI图近正常范围下限，强化图前表面图像未见明显异常，后表面显示黄色，提示可疑异常（图7-89）。

左眼四联图显示角膜屈光力K1为44.8D、K2为45.4D，角膜散光度数0.6D，轴向93.5°，最大角膜屈光力45.9D，角膜最薄处为559μm，角膜前后表面高度分别为+2μm、+13μm，后表面抬高，呈“拱桥形”（图7-90）。六联图显示厚度分布CTSP图、PTI图近正常范围下限，强化图前表面图像未见明显异常，后表面显示黄色，提示可疑异常（图7-91）。

右眼Corvis ST角膜断层形态学联合生物力学评估显示，CBI值为0，BAD D值为1.60，TBI值为0.02（图7-92），Vinciguerra筛查报告SP-AI值为120.6（图7-93）。该患者角膜后表面形态欠佳，生物力学指数CBI于正常范围，结合Pentacam断层扫描分析，TBI值基本正常，考虑为后表面形态欠佳，建议复查后评估是否可行角膜激光手术。

左眼Corvis ST角膜断层形态学联合生物力学评估显示，CBI值为0，BAD D值为1.70，TBI值为0.13（图7-94），Vinciguerra筛查报告SP-AI值为135.0（图7-95）。该患者角膜后表面形态欠佳，生物力学指数CBI于正常范围，结合Pentacam断层扫描分析，TBI值基本正常，考虑为后表面形态欠佳，建议复查后评估是否可行角膜激光手术。

Pentacam 图像

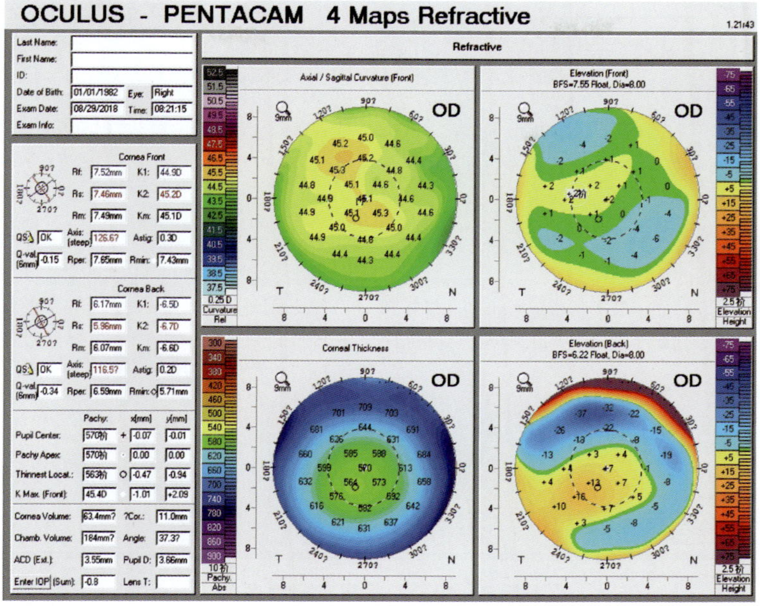

图 7－88　右眼屈光四联图

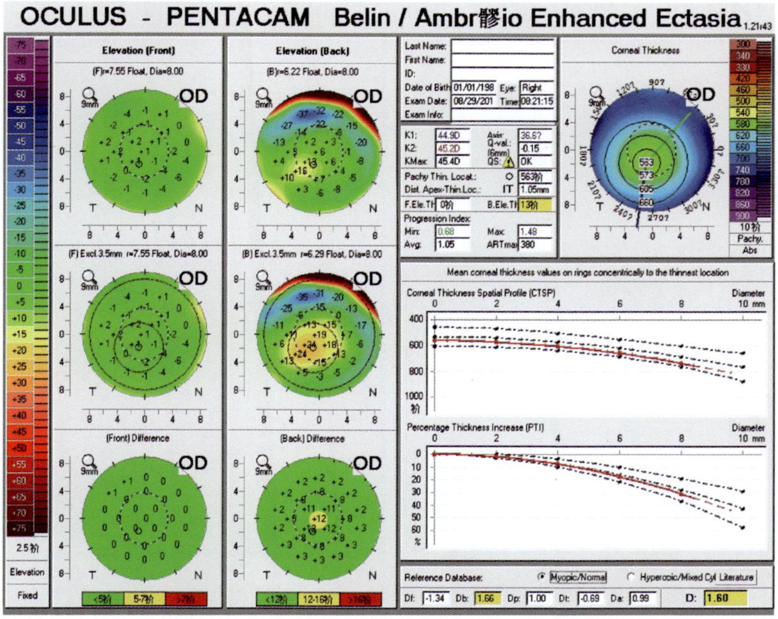

图 7－89　右眼 Belin 六联图

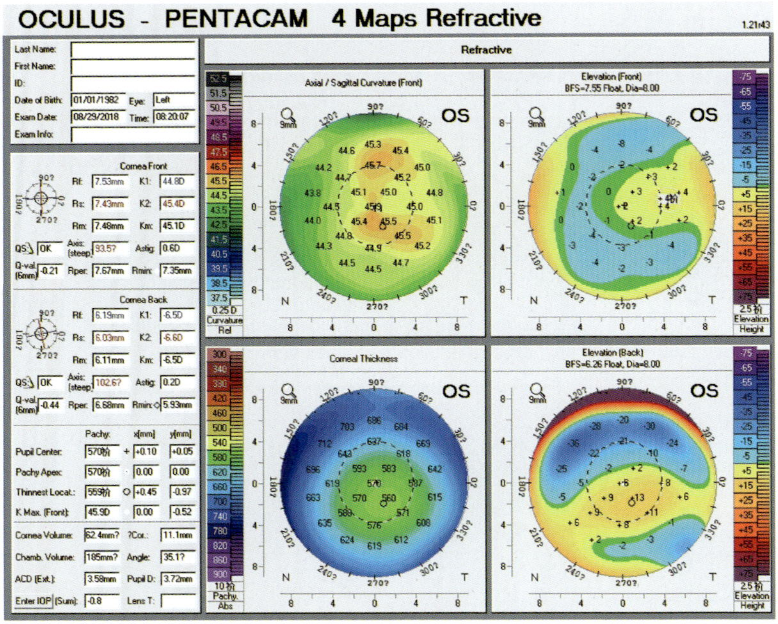

图 7 – 90　左眼屈光四联图

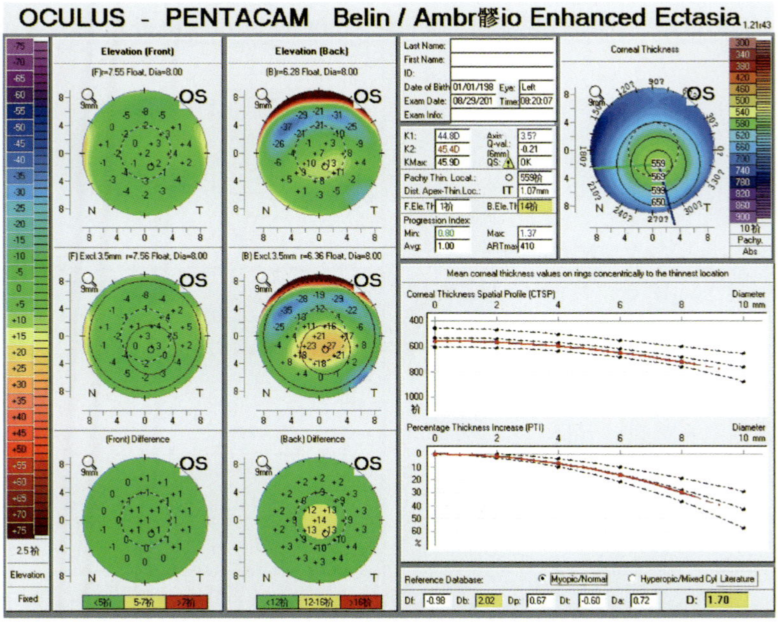

图 7 – 91　左眼 Belin 六联图

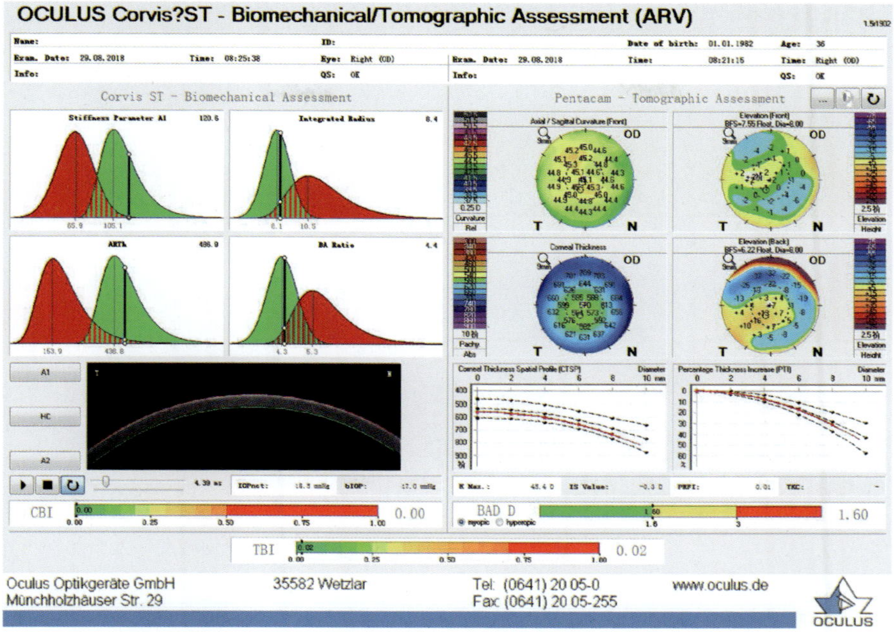

图 7－92　右眼角膜断层形态学联合生物力学评估

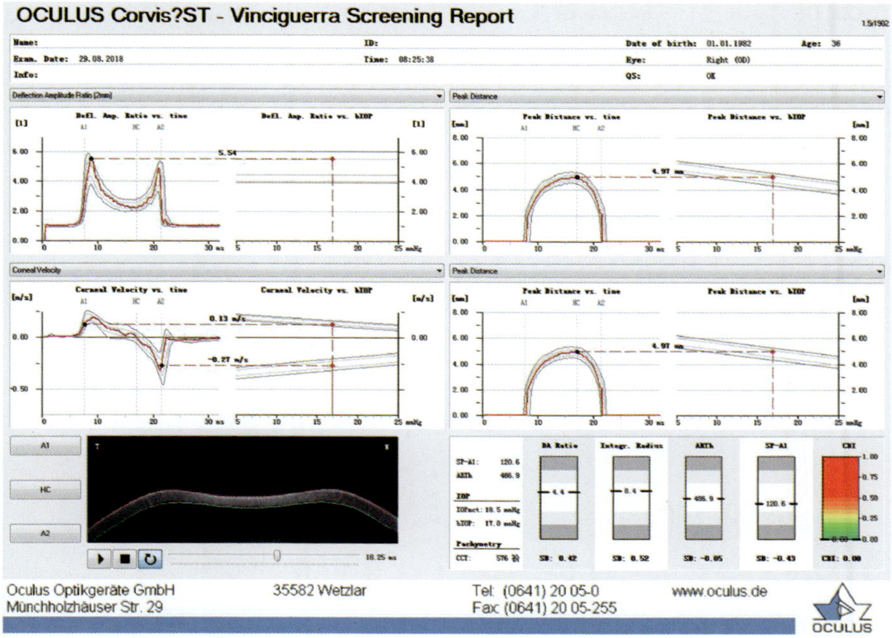

图 7－93　右眼 Vinciguerra 筛查报告

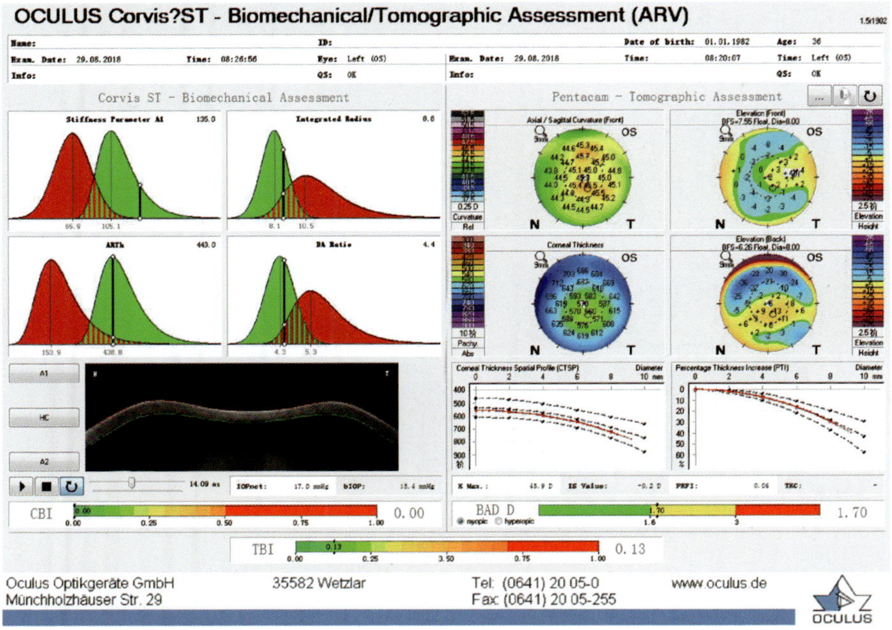

图 7－94　左眼角膜断层形态学联合生物力学评估

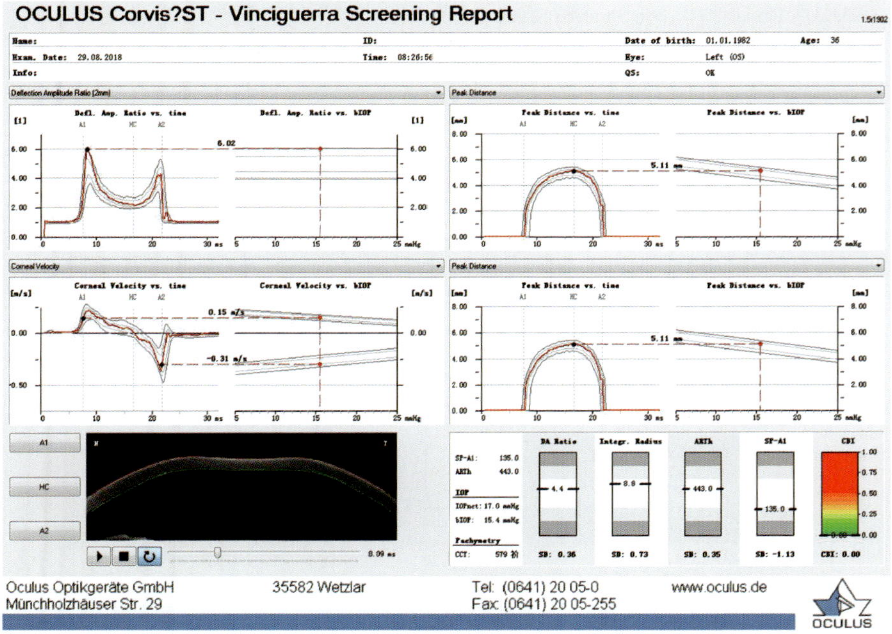

图 7－95　左眼 Vinciguerra 筛查报告

角膜前后表面形态异常与多种因素有关，如角膜上皮分布异常，因素可能包括隐形眼镜干扰、干眼；疲劳、熬夜；角膜直径偏小；眼睑因素，如眼睑压迫、眼睑闭合不全、重睑手术等。Pentacam 地形图评估角膜前表面存在异常，如 IHD 高、下方陡等，而厚度、后表面高度等未见明显异常表现，此时需去除隐形眼镜、疲劳、干眼等引起的上皮异常，并用人工泪液改善角膜上皮状态，去除以上干扰因素后进行复查。同样，如果检查时发现角膜后表面存在异常表现，也需排除影响因素后进行复查。

对于类似上述病例，需同时结合 Corvis ST 进行生物力学评估，如 CBI 及 TBI 结果正常，考虑与眼球外部干扰因素有关，或可进行角膜屈光手术。

3. 高度散光

病例

女性，18 岁，双眼视力下降 10 年，接触镜配戴 1 年，停戴 2 周。

【验光】右眼：－5.75/－2.50×180→1.0；左眼：－5.00/－2.50×180→1.0。

【查体】右眼：结膜无充血，角膜透明，瞳孔居中，玻璃体透明，眼底未见异常。左眼：结膜无充血，角膜透明，瞳孔居中，玻璃体透明，眼底未见异常。

【个人史】否认眼部手术及眼部疾病史。

【家族史】否认圆锥角膜家族史。

右眼四联图显示角膜屈光力 K1 为 40.0D、K2 为 42.0D，角膜散光度数 2.0D，轴向 94.9°，最大角膜屈光力 42.7D，角膜最薄处为 520μm，角膜前后表面高度分别为＋2μm、＋6μm，形态规则、对称，呈领结样（图 7－96）。六联图显示 Belin 曲线 CTSP 图在正常范围，PTI 图近正常范围下限，强化图未见明显异常异常（图 7－97）。

左眼四联图显示角膜屈光力 K1 为 38.9D、K2 为 43.3D，角膜散光度数 4.4D，轴向 79.6°，最大角膜屈光力 43.8D，角膜最薄处为 508μm，角膜前后表面高度分别为+5μm、+10μm，形态规则、对称，呈领结样（图 7－98）。六联图显示 Belin 曲线 CTSP 图在正常范围，PTI 图近正常范围下限，强化图未见明显异常异常（图 7－99）。

右眼 Corvis ST 角膜断层形态学联合生物力学评估显示，CBI 值为 0.02，BAD D 值为 1.19，TBI 值为 0.28（图 7－100），Vinciguerra 筛查报告 SP-AI 值为 93.9（图 7－101）。该患者角膜前表面对称性中度散光，生物力学指数 CBI 为 0.02，属于正常范围，结合 Pentacam 断层扫描分析，TBI 值小于 0.5，考虑为正常角膜，伴中度散光。

左眼 Corvis ST 角膜断层形态学联合生物力学评估显示，CBI 值为 0.04，BAD D 值为 1.74，TBI 值为 0.34（图 7－102），Vinciguerra 筛查报告 SP-AI 值为 124.1（图 7－103）。该患者角膜前表面对称性高度散光，生物力学指数 CBI 为 0.04，属于正常范围，结合 Pentacam 断层扫描分析，TBI 值小于 0.5，考虑为正常角膜，伴高度散光。

Pentacam 图像

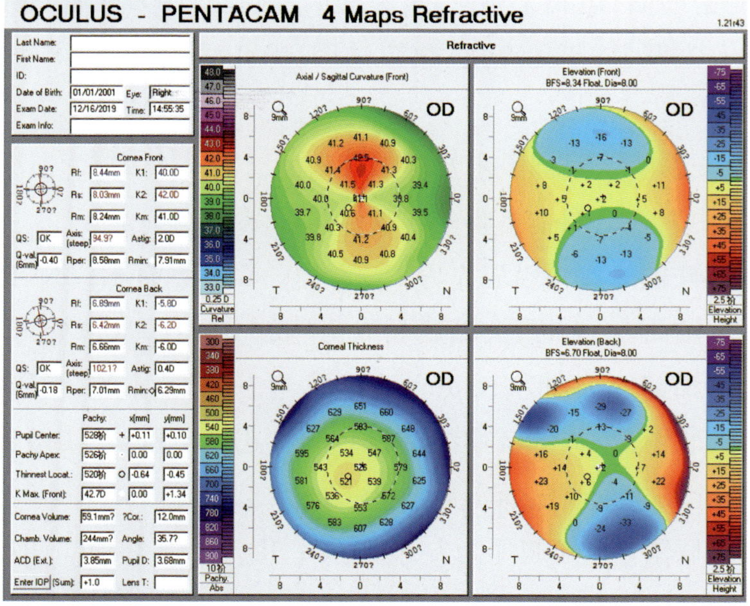

图 7－96　右眼屈光四联图

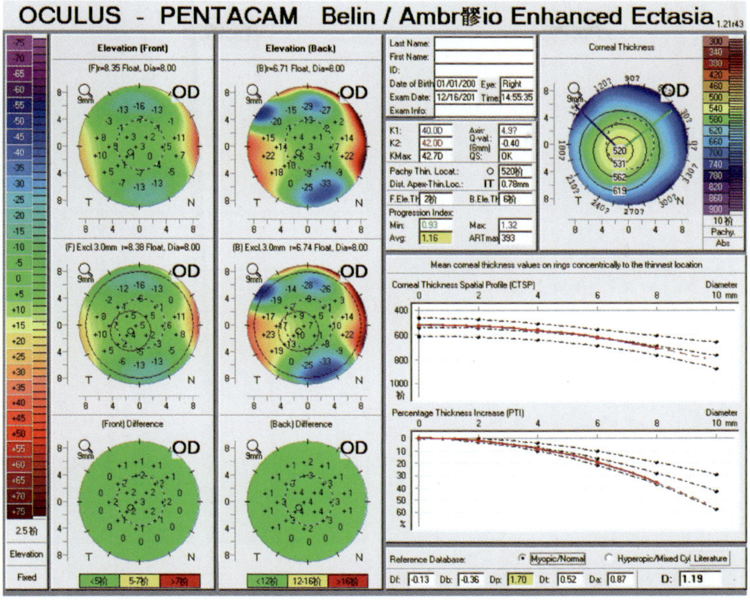

图 7－97　右眼 Belin 六联图

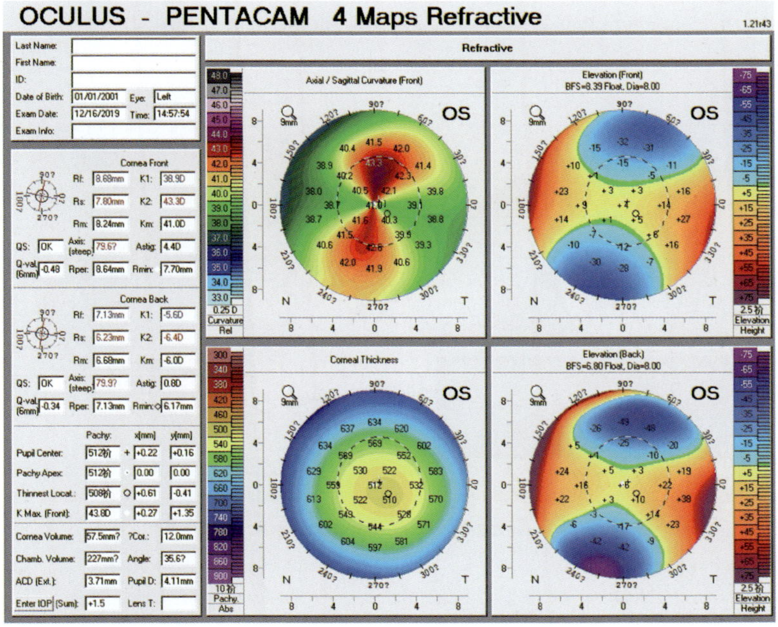

图 7－98　左眼屈光四联图

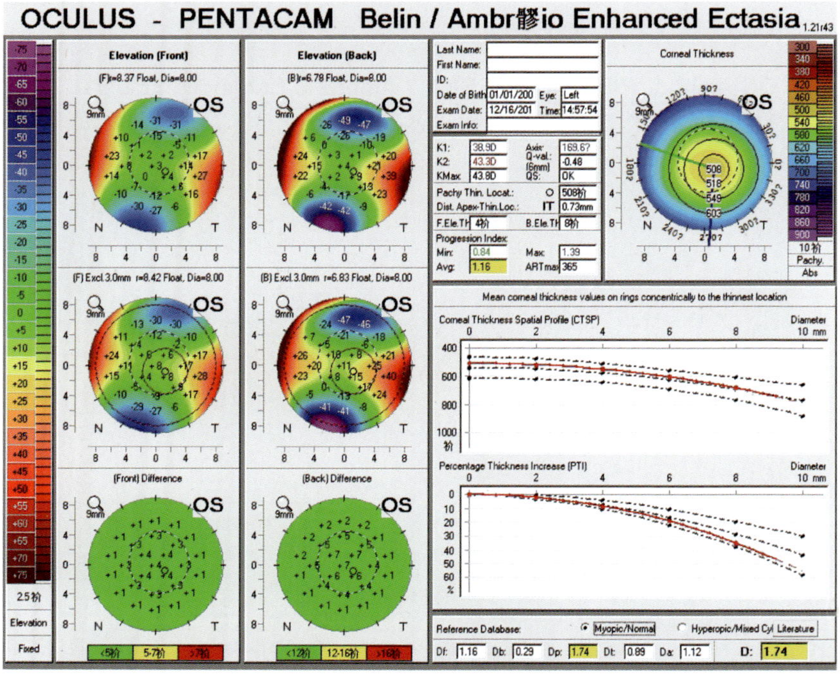

图 7－99 左眼 Belin 六联图

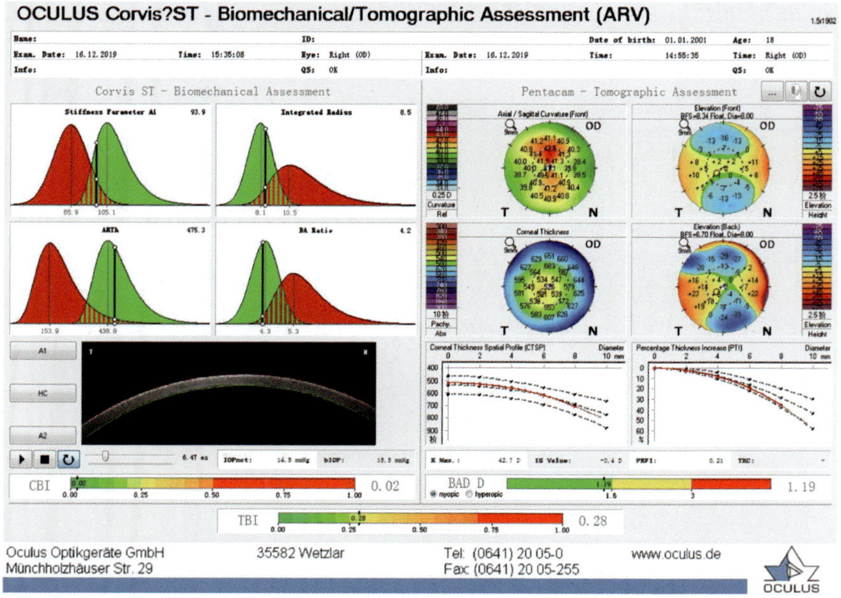

图 7－100 右眼角膜断层形态学联合生物力学评估

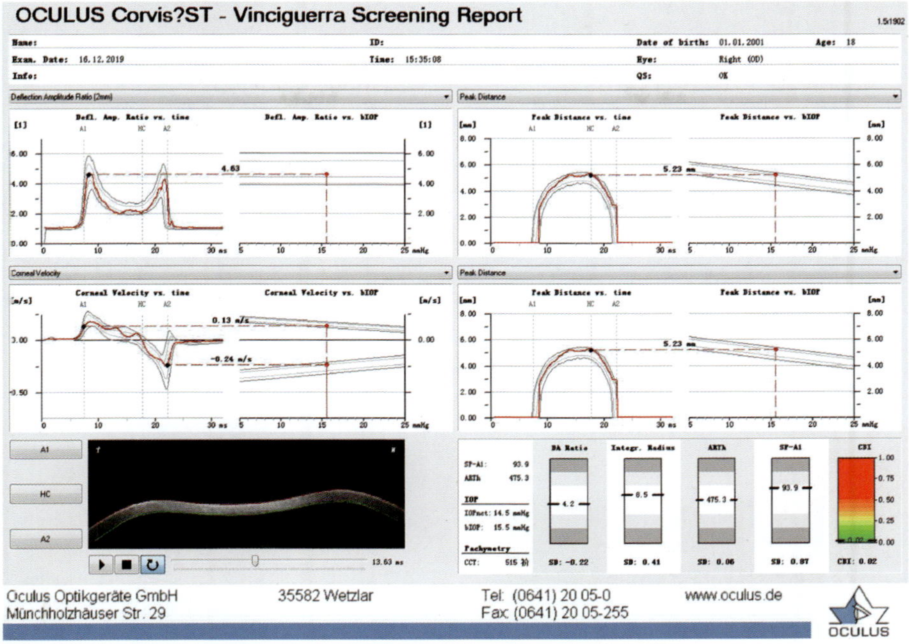

图 7－101　右眼 Vinciguerra 筛查报告

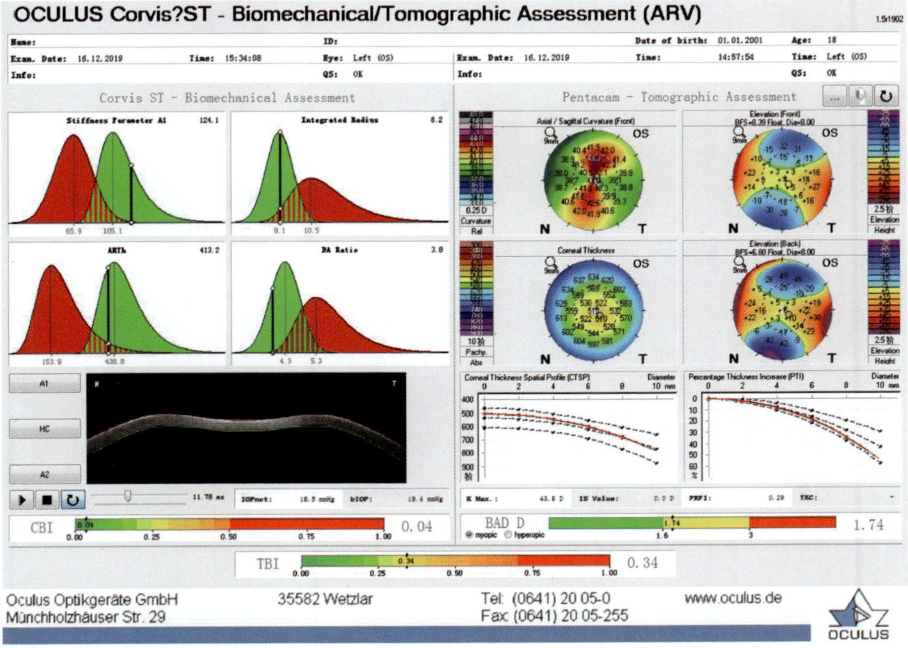

图 7－102　左眼角膜断层形态学联合生物力学评估

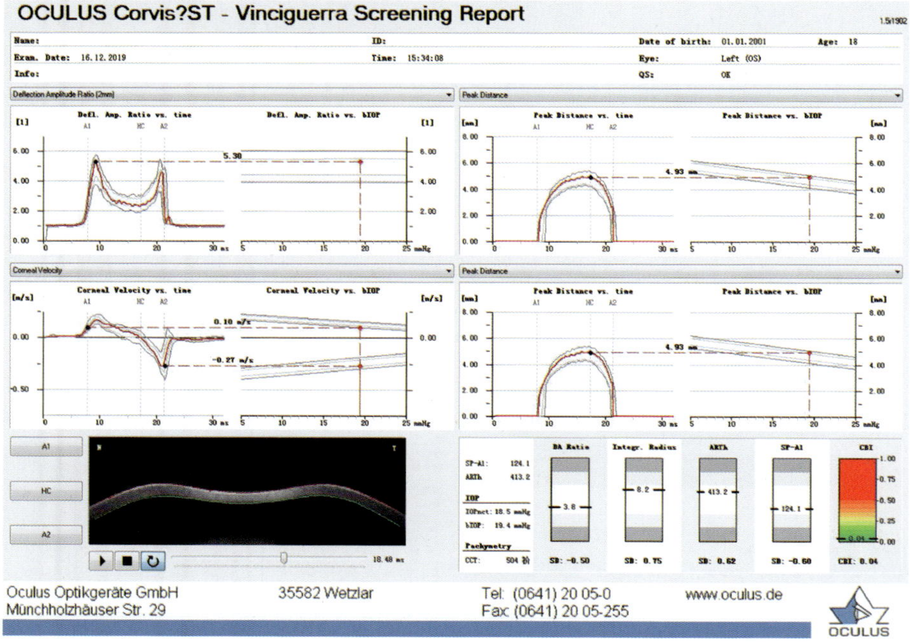

图 7－103　左眼 Vinciguerra 筛查报告

第四节　角膜激光术后

1. LASIK 术后

病例

男性，38 岁，双眼近视 20 年余，双眼 LASIK 术后 13 年。

【验光】术前右眼：−6.75/−0.75×145→1.2；术前左眼：−6.75/−0.25×20→1.0。术后右眼：−0.75→1.2；术后左眼：−0.25/−0.50×30→1.0

【查体】右眼：结膜无充血，角膜透明，Flap 在位，前房清，晶状体透明，眼底未见异常。左眼：结膜无充血，角膜透明，Flap 在位，前房清，晶状体透明，眼底未见异常。

【个人史】否认其他眼病疾病史。

【家族史】否认圆锥角膜家族史。

右眼四联图显示角膜屈光力 K1 为 38.9D、K2 为 40.5D，最大角膜屈光力 44.5D，角膜最薄处为 516μm，角膜前后表面高度分别为 −3μm、+1μm，形态规则、对称，光学区切削均匀，居中性良好（图 7-104 和图 7-105）；左眼四联图显示角膜屈光力 K1 为 39.0D、K2 为 40.5D，最大角膜屈光力 44.9D，角膜最薄处为 504μm，角膜前后表面高度分别为 +3μm、0μm，形态基本规则、对称，光学区切削均匀，居中性良好（图 7-106 和图 7-107）。

Corvis ST 角膜断层形态学联合生物力学评估显示，右眼 CBI 值为 0.80，BAD D 值为 2.32，TBI 值为 0.42（图 7-108）；左眼 CBI 值为 0.78，BAD D 值为 2.40，TBI 值为 0.87（图 7-109）。看似术后 CBI 及 TBI 值都出现了明显异常增高，但采用 CBI-LVC 模式，此数据库计算所得 CBI 数值均为 0（见红色标记，图 7-110 至图 7-113），提示患者术后角膜生物力学处于安全水平。

值得注意的是在机器自带的 CP 组合算法的数据库中纳入的均为非手术患者，激光矫正手术后角膜明显变薄，再应用同一算法，得到的结果与真实值会有一定偏差，目前 Corvis ST 已经建立 CBI-LVC 模式，建立激光术后数据库，针对激光矫正术后的角膜生物力学稳定性进行评估，对激光术后角膜生物力学性能下降的情况进行甄别，协助医生更早诊断激光术后角膜膨隆。

针对角膜激光术后患者，需考虑激光切削后的角膜形态表现，可采用 LVC 模块进行评估。

Pentacam 图像

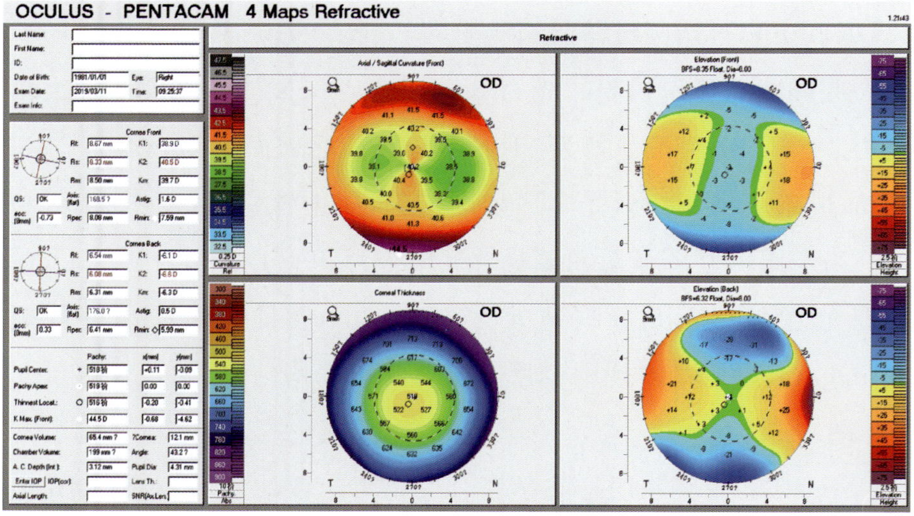

图 7－104　右眼屈光四联图

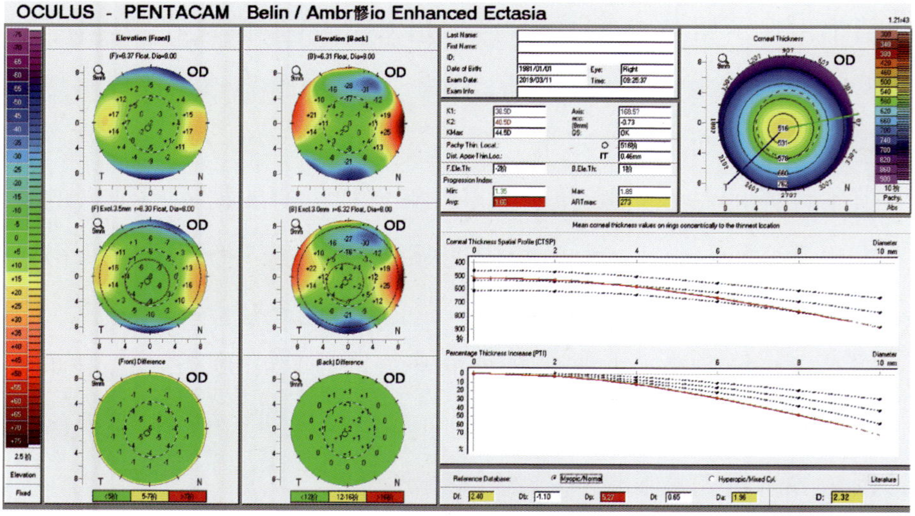

图 7－105　右眼 Belin 六联图

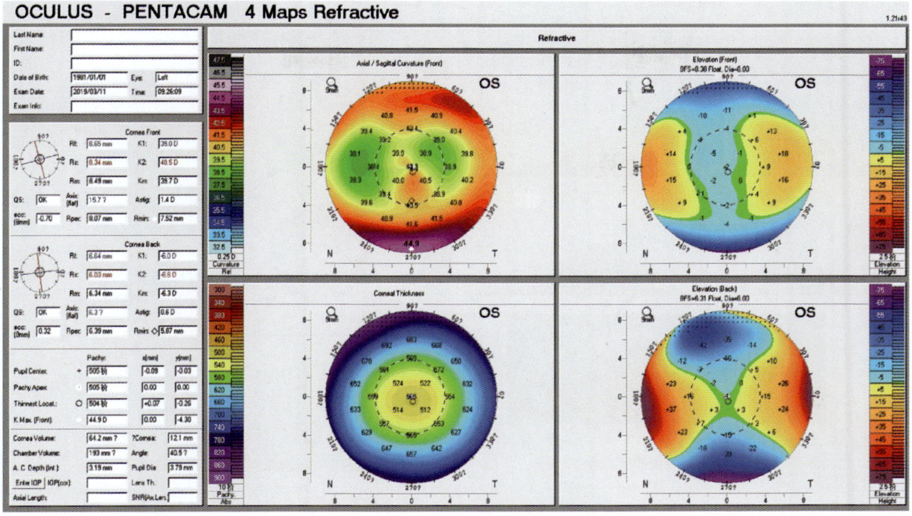

图 7－106　左眼屈光四联图

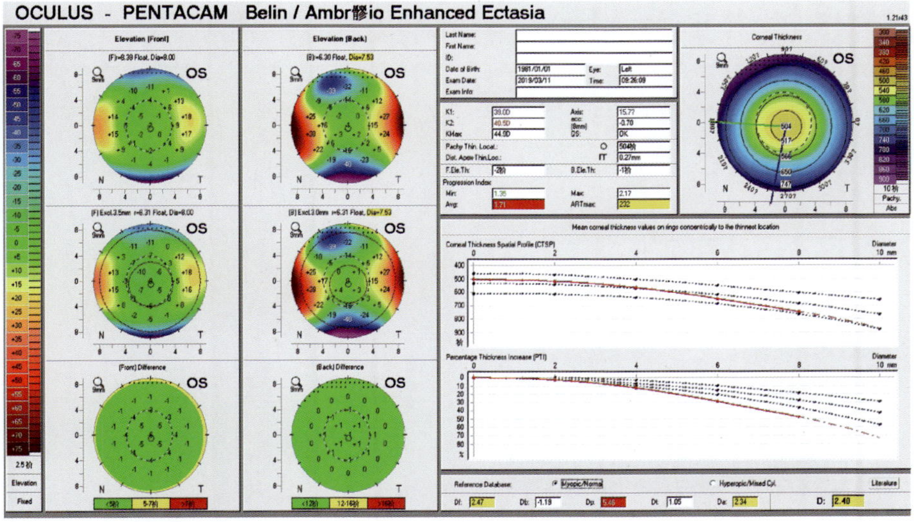

图 7－107　左眼 Belin 六联图

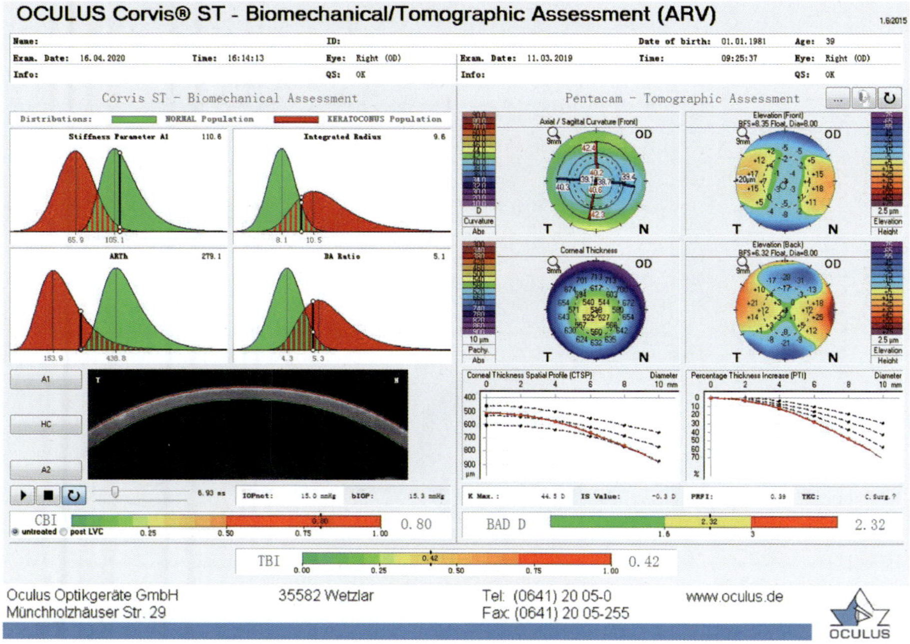

图 7－108　右眼角膜断层形态学联合生物力学评估

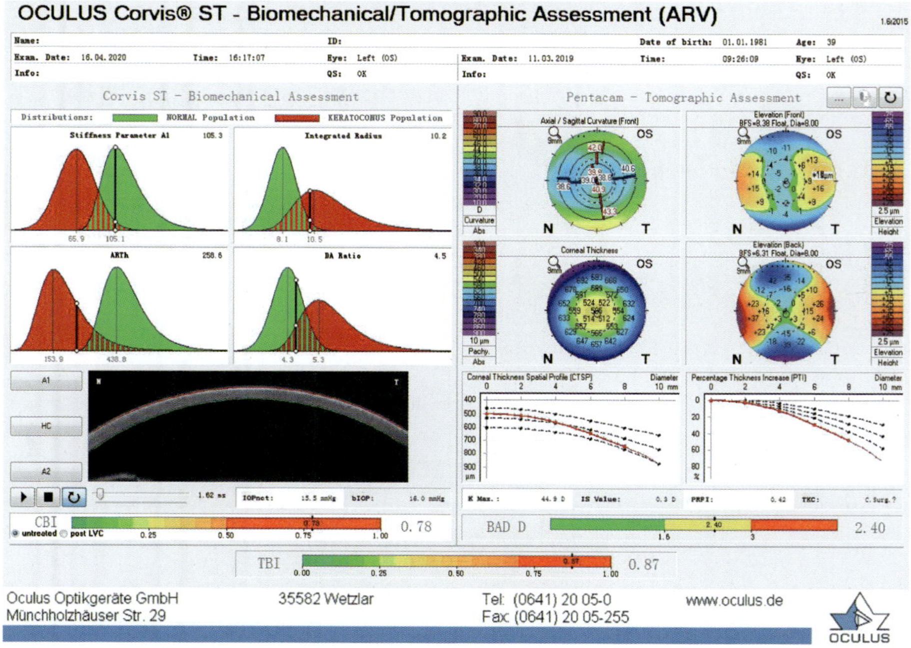

图 7－109　左眼角膜断层形态学联合生物力学评估

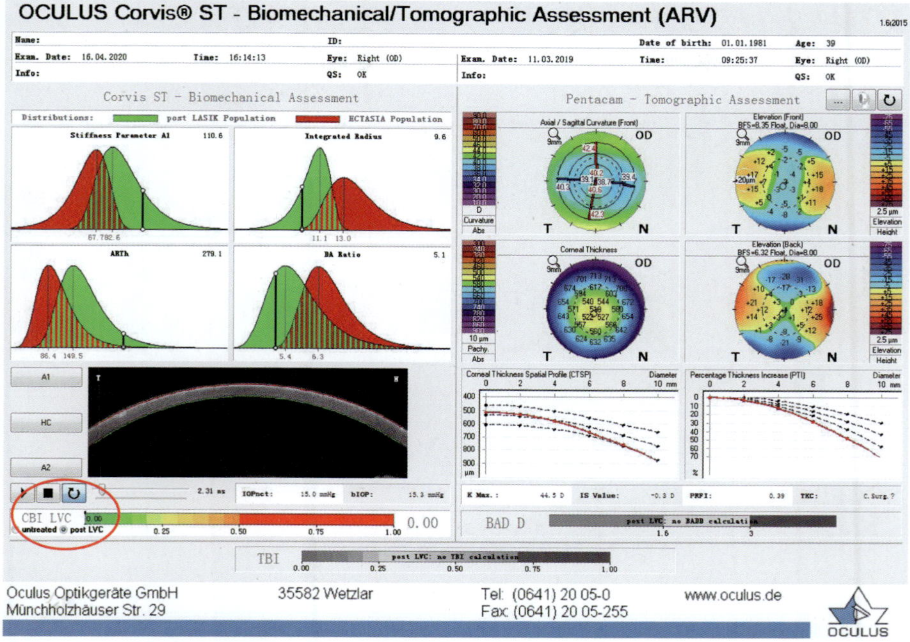

图 7－110　右眼角膜断层形态学联合生物力学评估(CBI-LVC 模式)

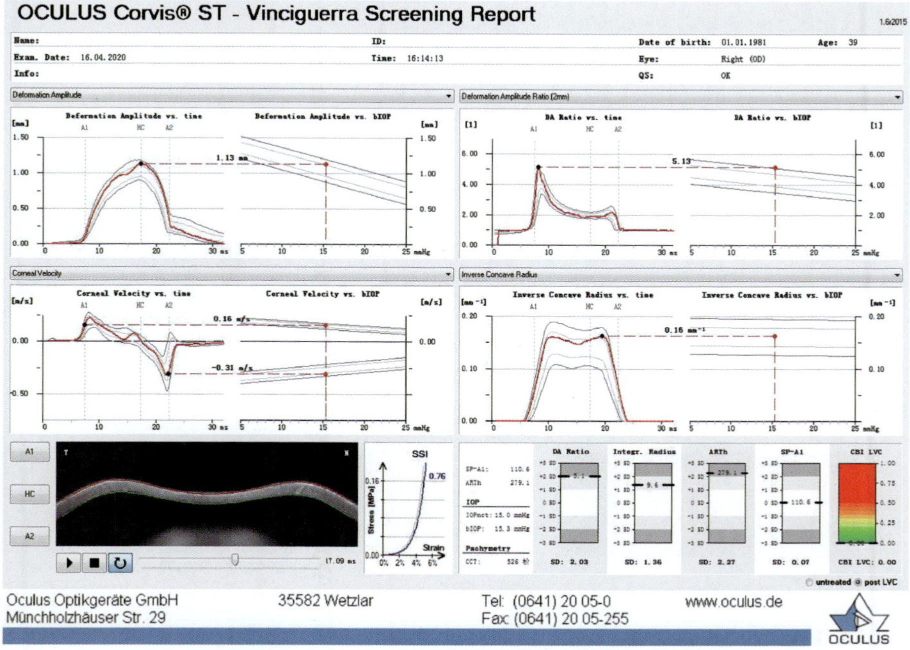

图 7－111　右眼 Vinciguerra 筛查报告

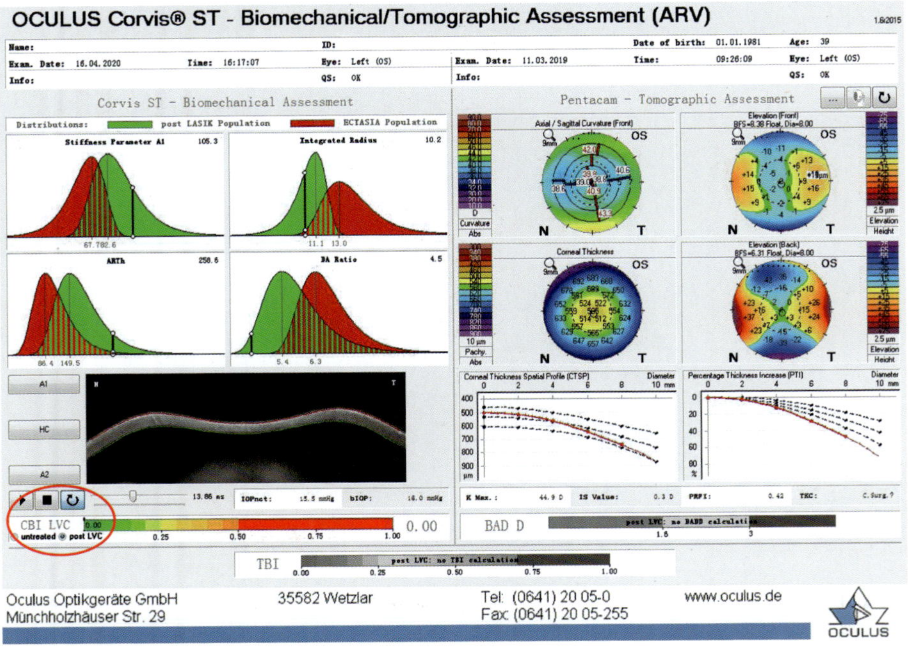

图 7－112　左眼角膜断层形态学联合生物力学评估(CBI-LVC 模式)

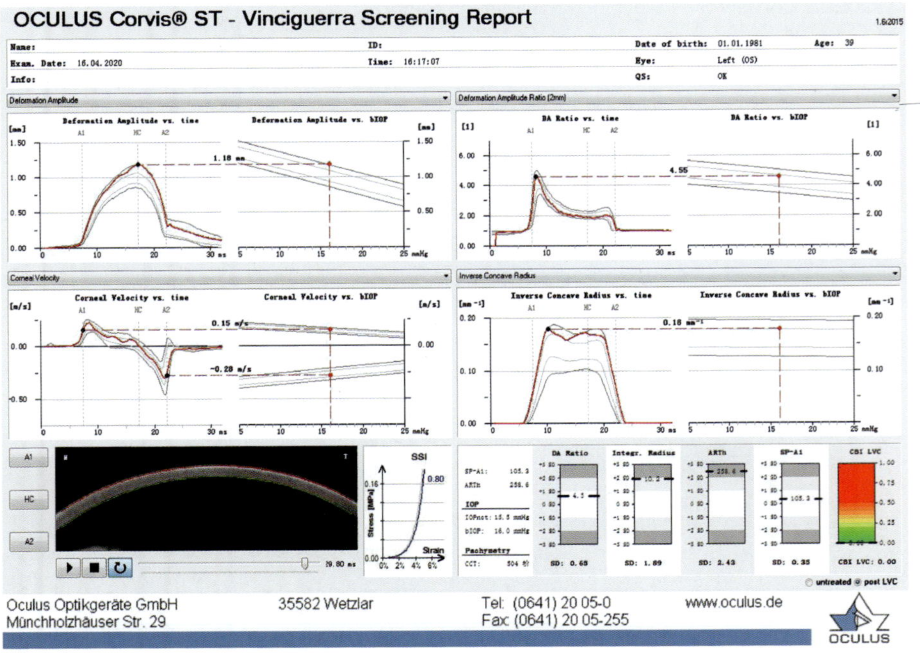

图 7－113　左眼 Vinciguerra 筛查报告

2. SMILE 术后

病例

男性，32 岁，双眼近视 10 年余，双眼 SMILE 术后 3 年。

【验光】术前右眼：－1.75/－0.75×170→1.2；左眼：－1.50/－0.75×10→1.0。术后右眼：－0.25→1.2；左眼：－0.25/－0.50×30→1.0。

【查体】右眼：结膜无充血，角膜透明，角膜帽在位，前房清，晶状体透明，眼底未见异常。左眼：结膜无充血，角膜透明，角膜帽在位，前房清，晶状体透明，眼底未见异常。

【个人史】否认其他眼病疾病史。

【家族史】否认圆锥角膜家族史。

右眼四联图显示角膜屈光力 K1 为 40.4D、K2 为 40.9D，最大角膜屈光力 44.0D，角膜最薄处为 450μm，角膜前后表面高度分别为 0μm、＋3μm，形态规则、对称（图 7－114 和图 7－115）；左眼四联图显示角膜屈光力 K1 为 40.3D，K2 为 41.1D，最大角膜屈光力 44.6D，角膜最薄处为 455μm，角膜散光 0.8D，角膜前后表面高度分别为 0μm、－3μm，形态规则、对称（图 7－116 和图 7－117）。

SMILE 术后的 Corvis ST 角膜断层形态学联合生物力学评估结果与 LASIK 术后类似，CBI、BAD D 及 TBI 值均明显增高爆红（图 7－118 和图 7－119），但使用 Corvis ST 更新的激光术后数据库 CBI-LVC 计算所得 CBI 数值为 0（见红色标记）（图 7－120 和图 7－121），提示患者术后角膜生物力学处于安全水平。

Pentacam 图像

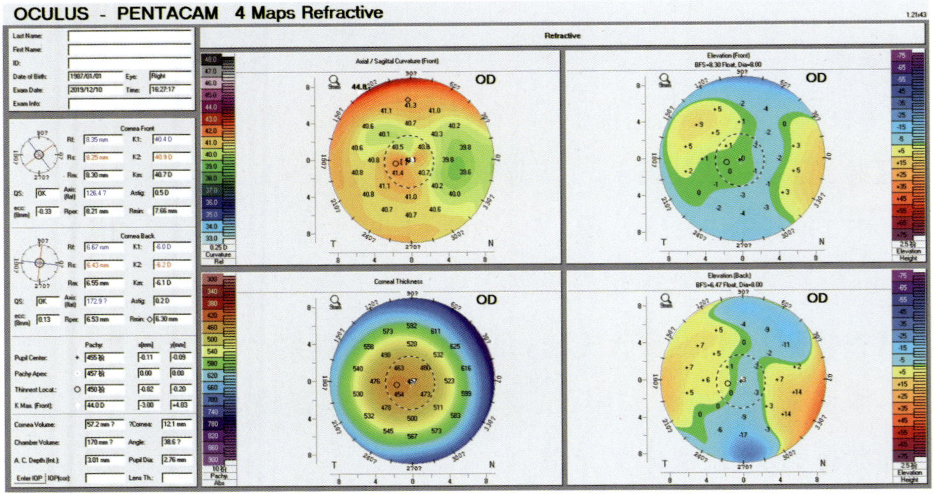

图 7－114　右眼屈光四联图

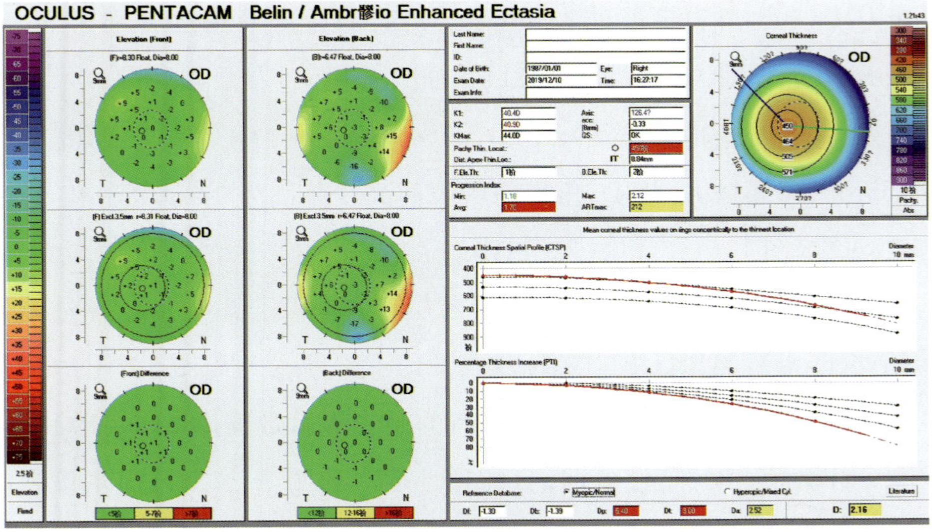

图 7－115　右眼 Belin 六联图

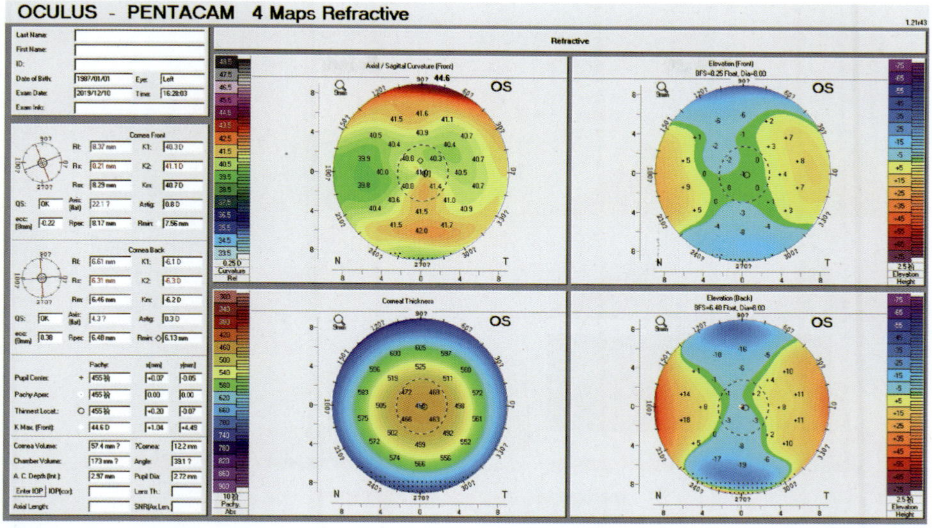

图 7－116　左眼屈光四联图

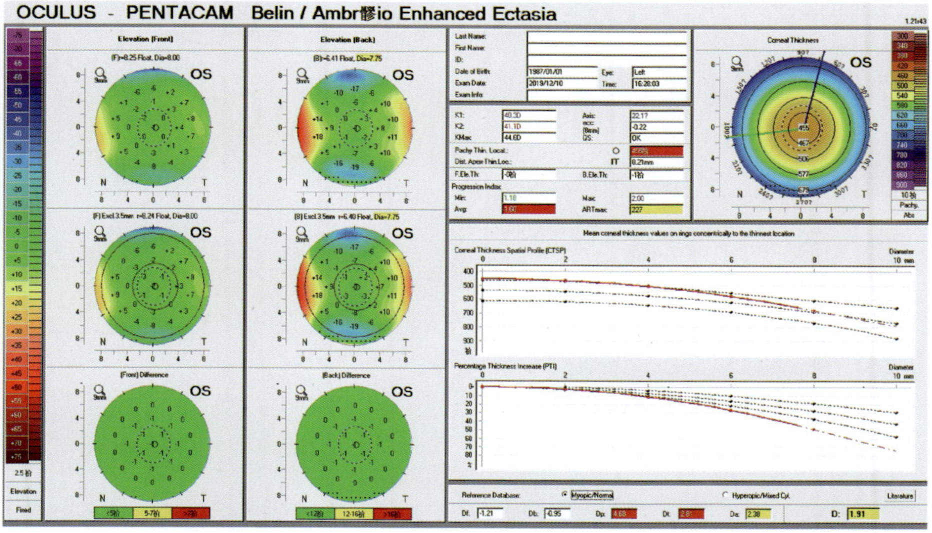

图 7－117　左眼 Belin 六联图

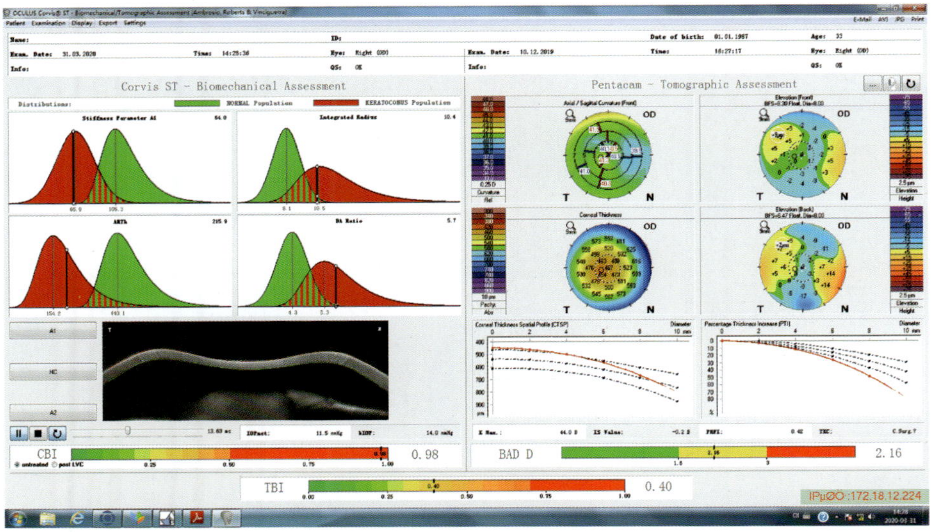

图 7－118　右眼角膜断层形态学联合生物力学评估

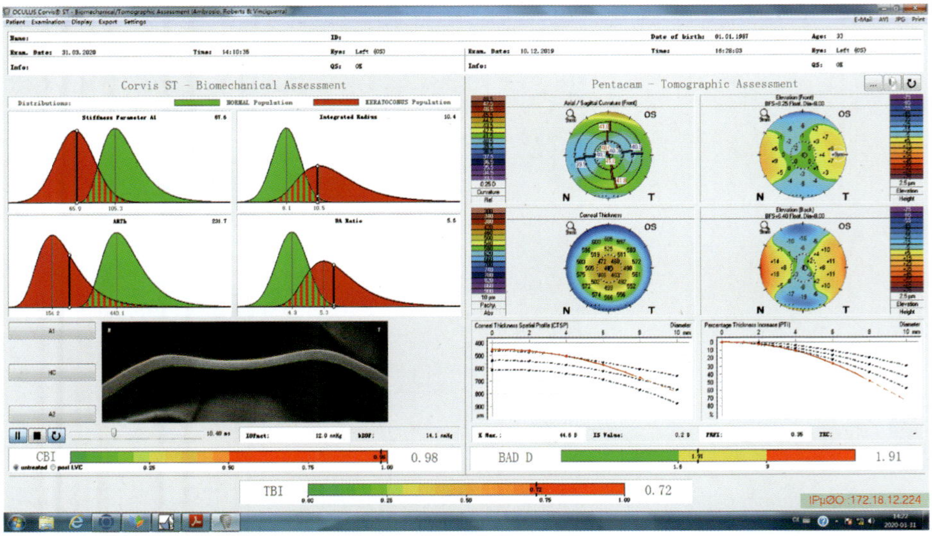

图 7－119　左眼角膜断层形态学联合生物力学评估

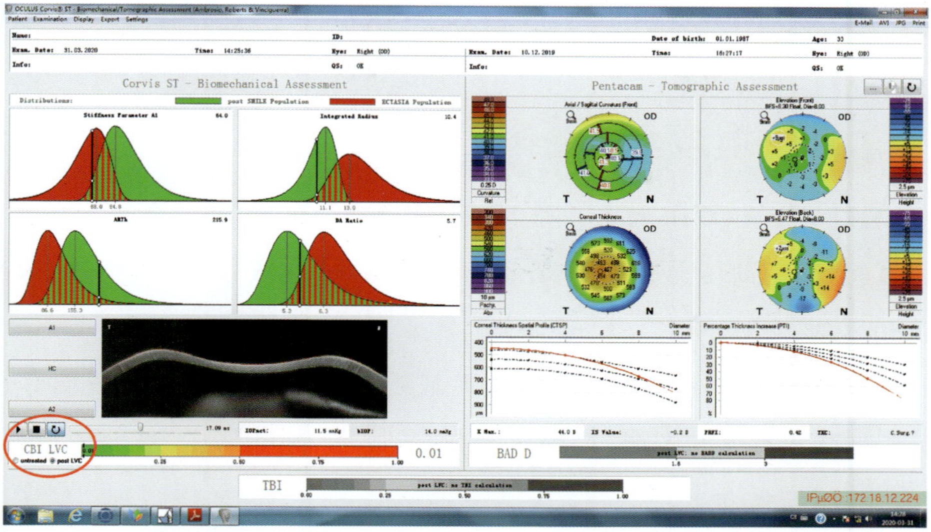

图 7 - 120　右眼角膜断层形态学联合生物力学评估(CBI-LVC 模式)

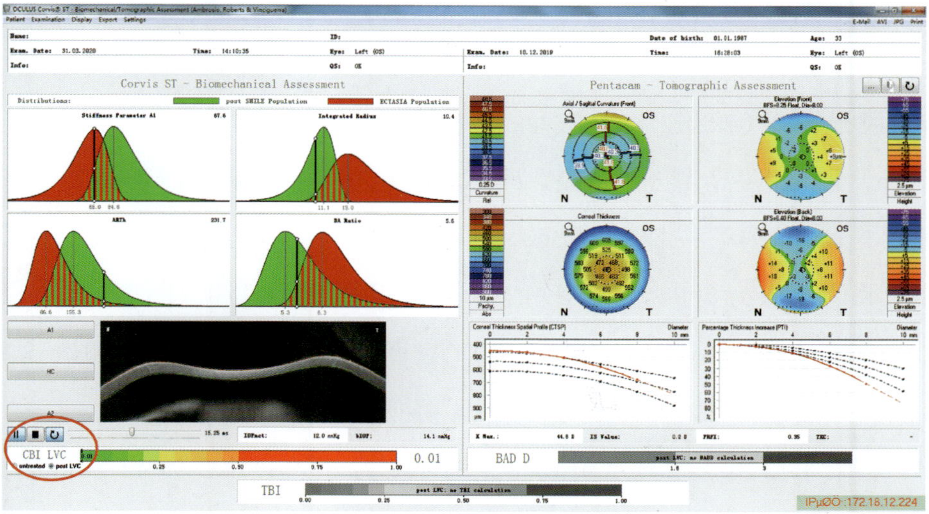

图 7 - 121　左眼角膜断层形态学联合生物力学评估(CBI-LVC 模式)

第五节　角膜基质环植入术后

病例

男性，30 岁，双眼视力下降 15 年，无接触镜配戴史。

【验光】右眼：+3.75/−3.25×35→0.6；左眼：+4.75/−4.50×90→0.7。

【查体】右眼：结膜无充血，角膜基质环在位，瞳孔居中，玻璃体透明，眼底未见异常。左眼：结膜无充血，角膜明，瞳孔居中，玻璃体透明，眼底未见异常。

【个人史】10 月前外院行右眼角膜基质环植入(ICRS)术。

【家族史】否认圆锥角膜家族史。

右眼 ICRS 术前四联图显示角膜屈光力 K1 为 44.3D、K2 为 46.0D，最大角膜屈光力为 54.3D(图 7－122)。角膜下方陡峭，前表面最陡点与角膜最薄点(492μm)、前表面最高点(+23μm)及后表面最高点(+42μm)数值明显异常增高，且四位点合一，圆锥角膜诊断明确(图 7－123和图 7－124)。Corvis ST 角膜断层形态学联合生物力学评估显示 CBI 值为 0.94，BAD D 值为 5.58，TBI 值为 1.00(图 7－125)，均明显增高；Vinciguerra 筛查报告 SP-AI 值为 100.1(图 7－126)。这些结果提示右眼角膜生物力学效应明显降低。

右眼术后四联图显示角膜屈光力 K1 为 37.5D、K2 为 41.0D，最大角膜屈光力为 52.4D。角膜最薄点厚度为 474μm，后表面最高点高度为+60μm(图 7－127～图 7－129)。Corvis ST 角膜断层形态学联合生物力学评估显示左眼 CBI 值为 1.0，BAD D 值为 8.28，TBI 值为 1.00，均明显增高(图 7－130)；Vinciguerra 筛查报告 SP-AI 值为 77.4(图 7－

131)，明显异常，提示右眼角膜生物力学效应明显降低。

（1）ICRS 术前

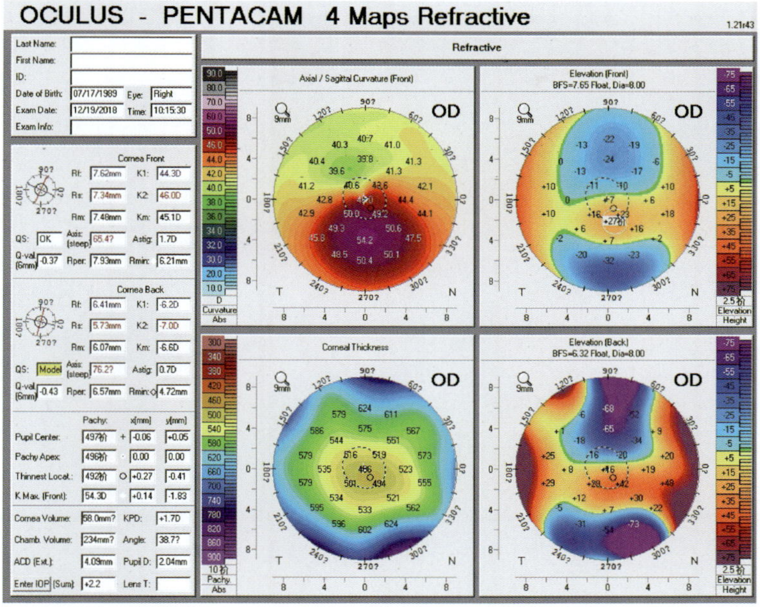

图 7－122　右眼屈光四联图

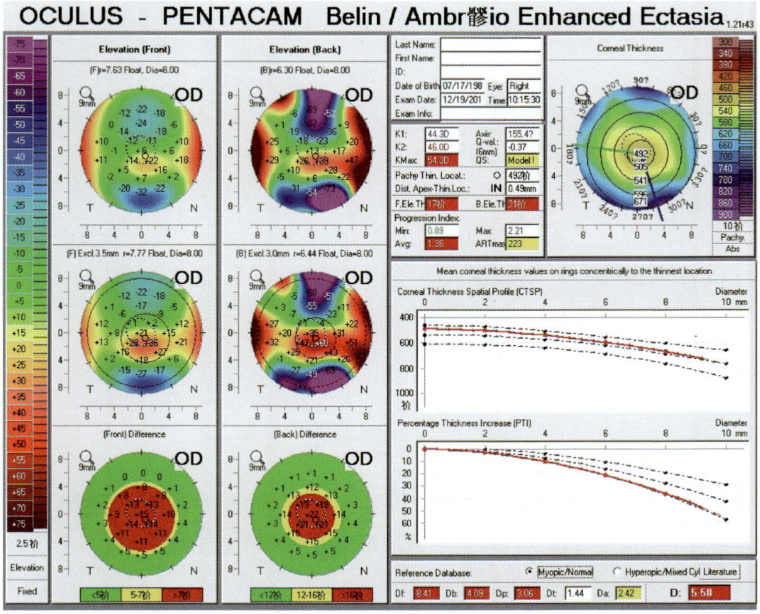

图 7－123　右眼 Belin 六联图

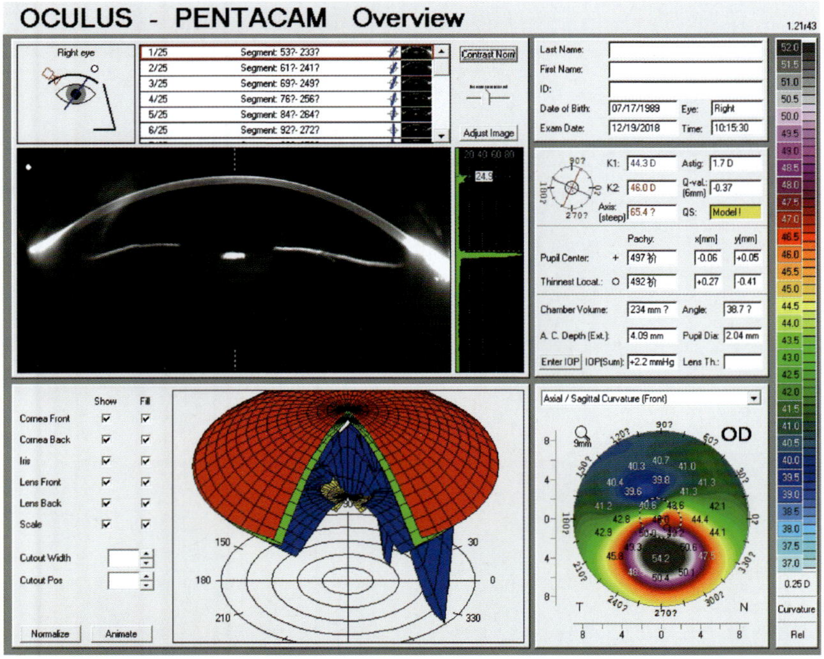

图 7－124　右眼概貌图

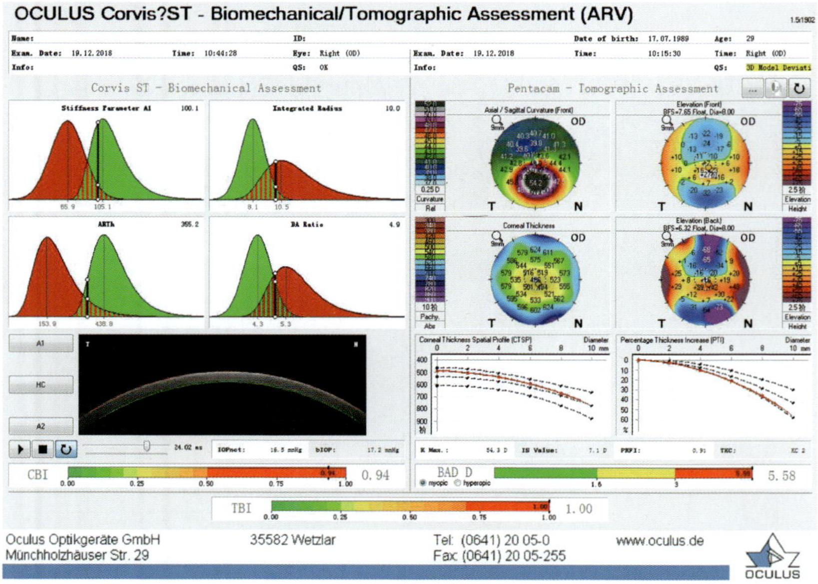

图 7－125　右眼角膜断层形态学联合生物力学评估

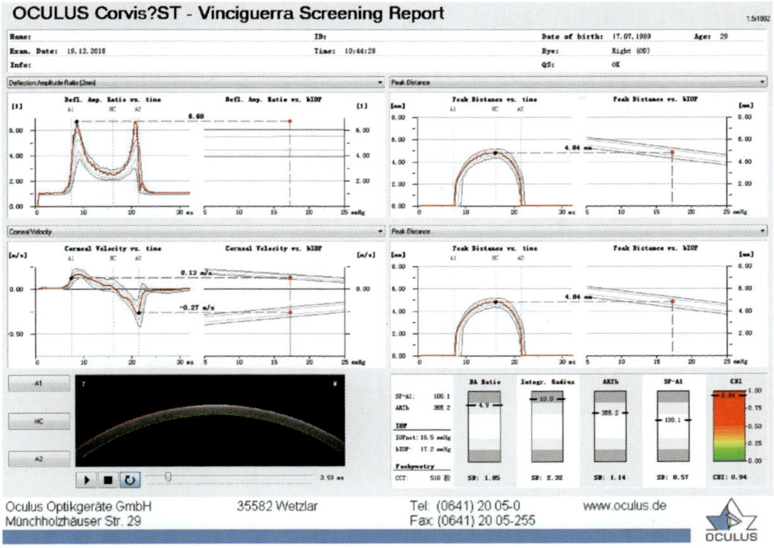

图 7 - 126　右眼 Vinciguerra 筛查报告

（2）ICRS 术后

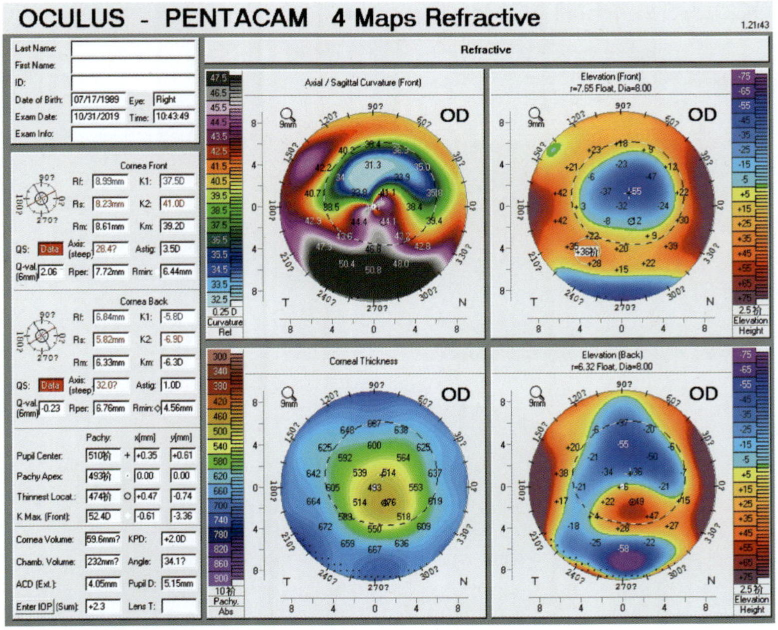

图 7 - 127　右眼屈光四联图

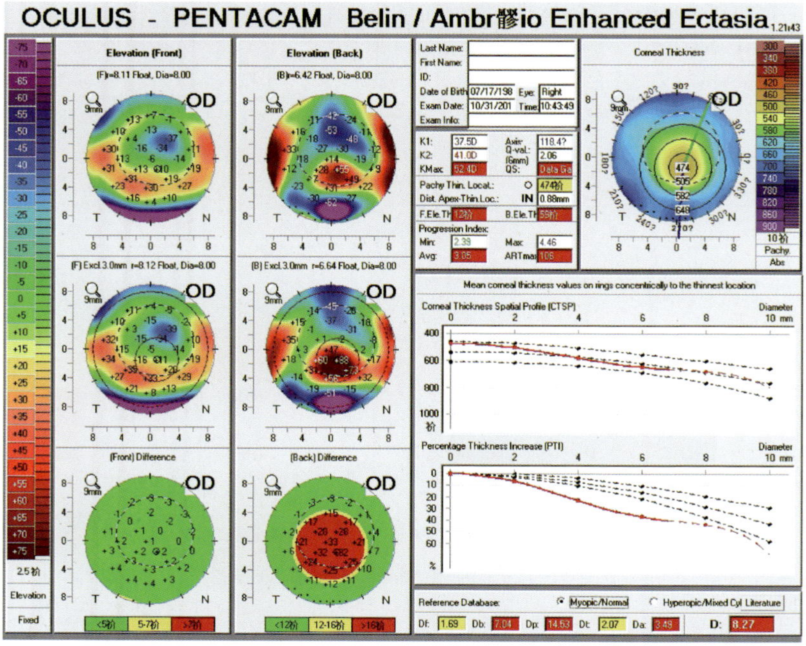

图 7－128　右眼 Belin 六联图

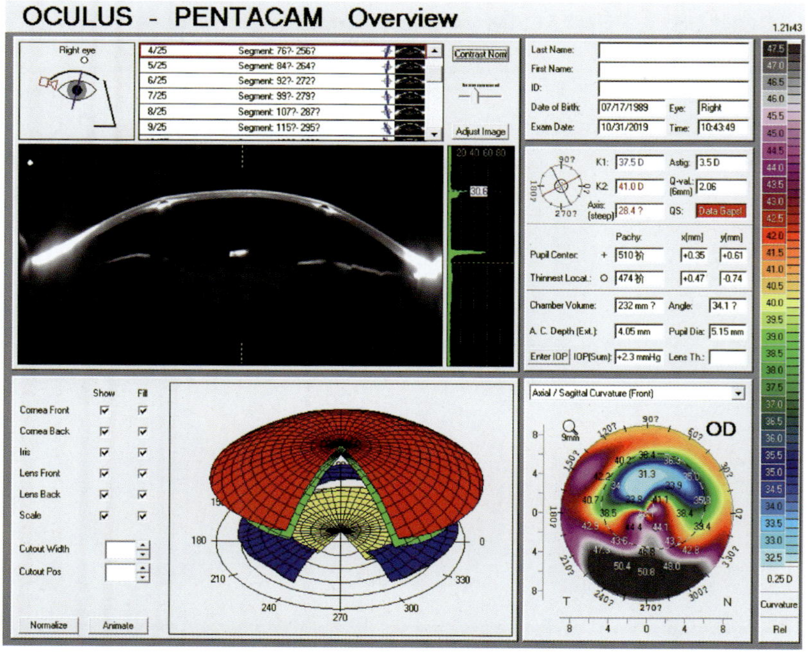

图 7－129　右眼概貌图

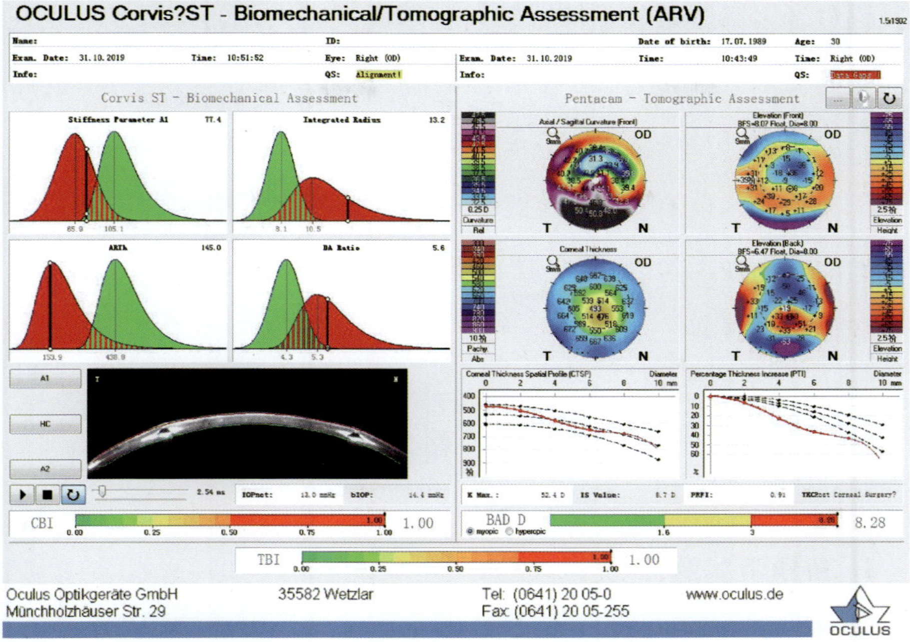

图 7 - 130　右眼角膜断层形态学联合生物力学评估

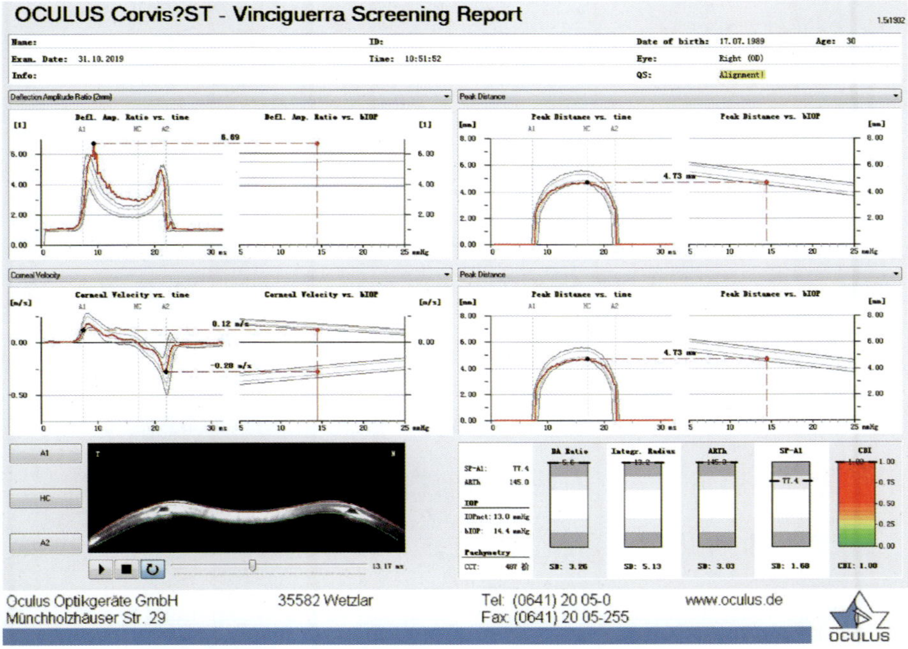

图 7 - 131　右眼 Vinciguerra 筛查报告

该患者因圆锥角膜曾行右眼角膜基质环植入术。术后复查发现角膜前表面曲率下降，形态不规则明显，后表面高度有所抬高，厚度略有下降。生物力学检查发现，手术前后 CBI、TBI 均明显升高，刚度指数 SP-A1 数值较术前有所下降，提示角膜力学强度下降。这与基质环植入手术的损伤性操作、破坏角膜基质结构是否也有关，术后远期形态及力学变化仍需观察。

第六节　角膜混浊

1. 角膜带状变性

病例

女性，9 岁，双眼进行性视力下降 2 年。

【验光】右眼：＋1.00/－0.75×180→0.8；左眼：＋1.50/－0.50×180→0.7。

【查体】右眼：结膜无充血，角膜中央透明，上、下方少量浅层混浊，基质透明，12 点、2 点、8 点角膜缘缝线在位，前房清，瞳孔欠圆，IOL 在位，眼底未见异常。左眼：结膜无充血，角膜中央带状混浊，前房清，晶状体透明，眼底窥不清。

【个人史】幼年特发性关节炎(JIA)病史。双眼葡萄膜炎病史。右眼半年前行角膜清创术。右眼 1 周前白内障摘除＋IOL 植入术。

【家族史】否认圆锥角膜家族史。

左眼四联图显示角膜屈光力 K1 为 41.2D、K2 为 42.2D，最大角膜屈光力为 44.3D。角膜最薄点厚度为 397μm，后表面最高点高度为

+17μm(图 7-132 和图 7-133)。

Corvis ST 角膜断层形态学联合生物力学评估显示左眼 CBI 值为 1,BAD D 值为 17.23,TBI 值为 0.91(图 7-134),均明显增高;然而,Corvis ST 眼压/角膜厚度测量显示角膜厚度为 255μm(图 7-135),与角膜地形图及 OCT 测量结果差异大(图 7-136),考虑为角膜混浊导致图像采集受到影响,从而导致角膜厚度测量产生误差,进而影响 CBI 计算结果,生物力学检查参数可信度下降。

Pentacam 图像

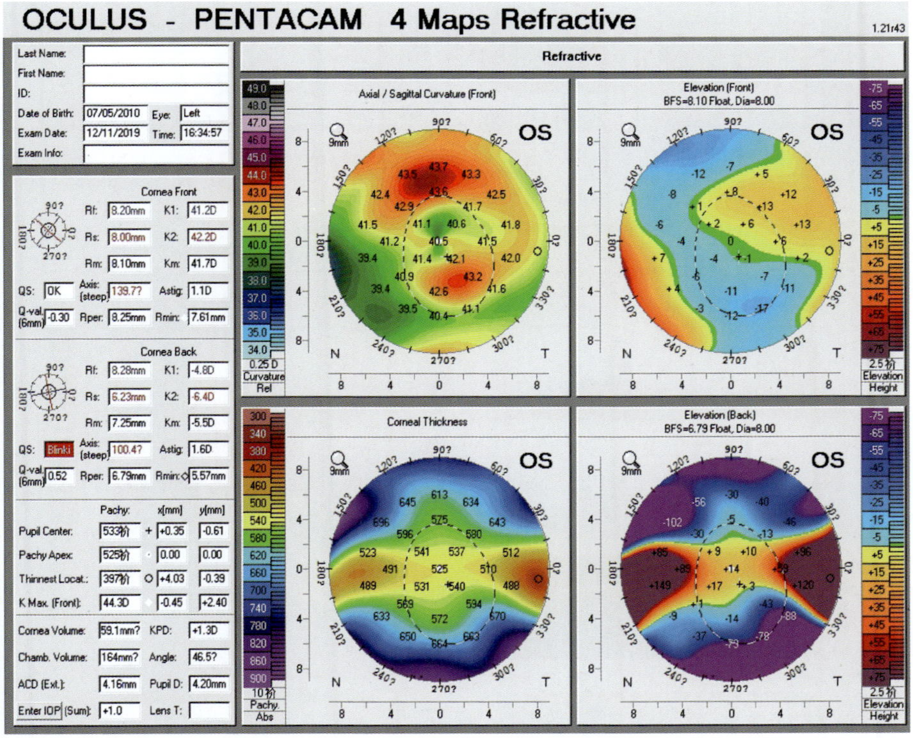

图 7-132　左眼屈光四联图

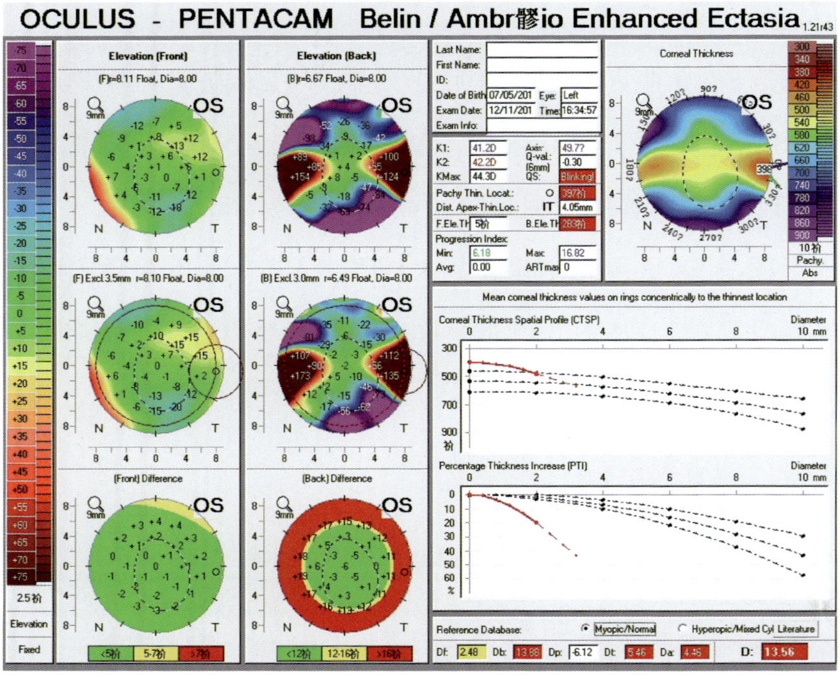

图 7－133 左眼 Belin 六联图

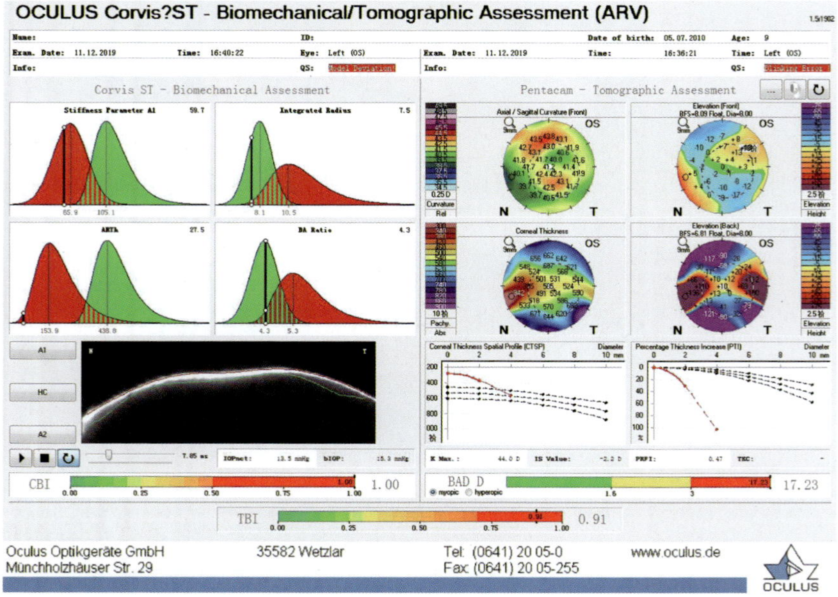

图 7－134 左眼角膜断层形态学联合生物力学评估

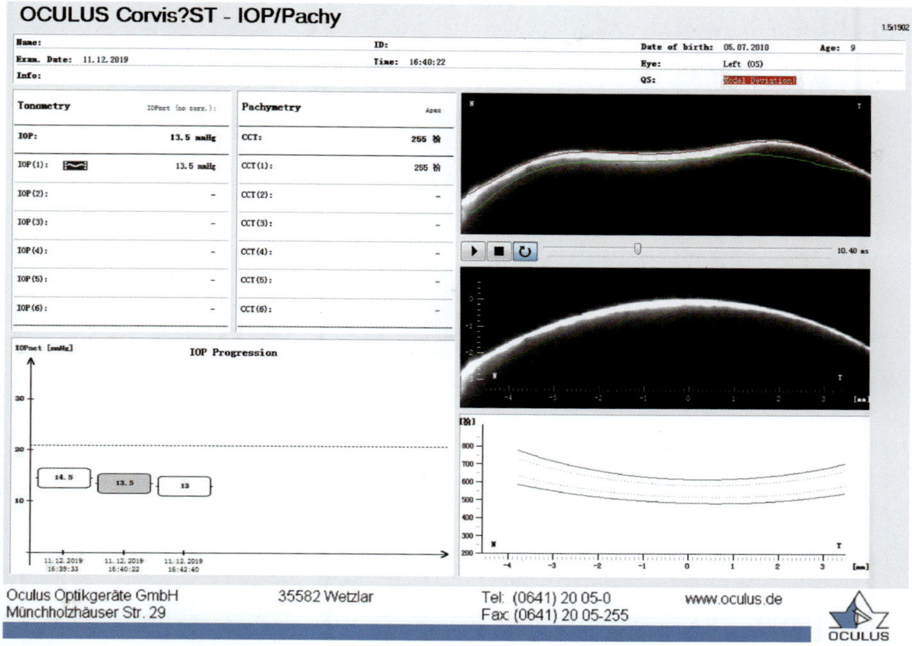

图 7－135　左眼眼压/厚度图

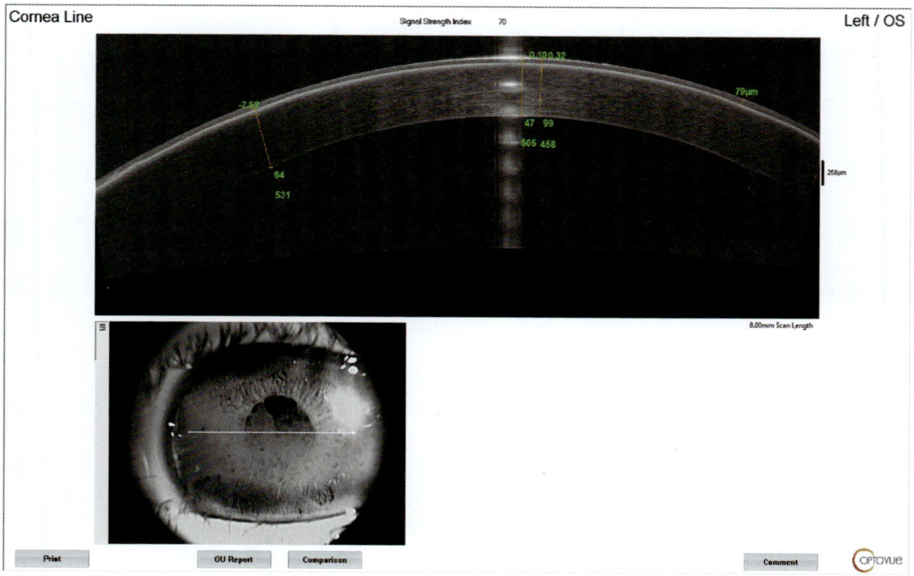

图 7－136　左眼前节 OCT 图

2. 角膜上皮植入

病例

男性，51 岁，右眼碰伤后 2 月余。

【验光】右眼：−2.00×135→0.6；左眼：+0.75→1.0。

【查体】右眼：结膜无充血，角膜中央斜行斑翳以及前基质层，余角膜透明，前房清，晶状体透明，眼底未见异常。左眼：结膜无充血，角膜透明，前房清，晶体透明，眼底未见异常。

【个人史】否认眼部手术及眼部疾病史。

【家族史】否认圆锥角膜家族史。

右眼四联图显示角膜屈光力 K1 为 47.3D、K2 为 48.9D，最大角膜屈光力为 52.6D。角膜最薄点厚度为 519μm，后表面最高点高度为 +14μm（图 7－137 和图 7－138）。

Corvis ST 角膜断层形态学联合生物力学评估显示左眼 CBI 值为 1，BAD D 值为 1.54，TBI 值为 0.98（图 7－139），均明显增高；然而，眼压/角膜厚度测量显示角膜厚度为 531（图 7－140），与角膜地形图及 OCT 测量结果差异较大（图 7－141），考虑与角膜混浊导致图像采集受到影响有关，从而导致角膜厚度测量产生误差，进而影响 CBI 计算结果，生物力学检查参数可信度下降。

Corvis ST 检查时，如遇到角膜混浊患者，图像采集会受到不同程度的干扰，角膜厚度测量可信度低，与真实值偏差大，从而影响 CBI 指数的计算。该类患者行 Corvis ST 检查时需谨慎解读结果。

Pentacam 图像

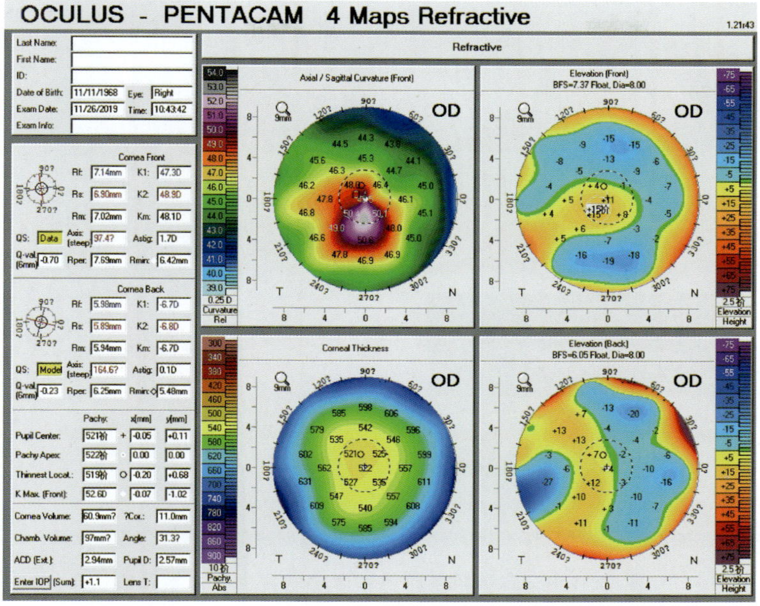

图 7－137　右眼屈光四联图

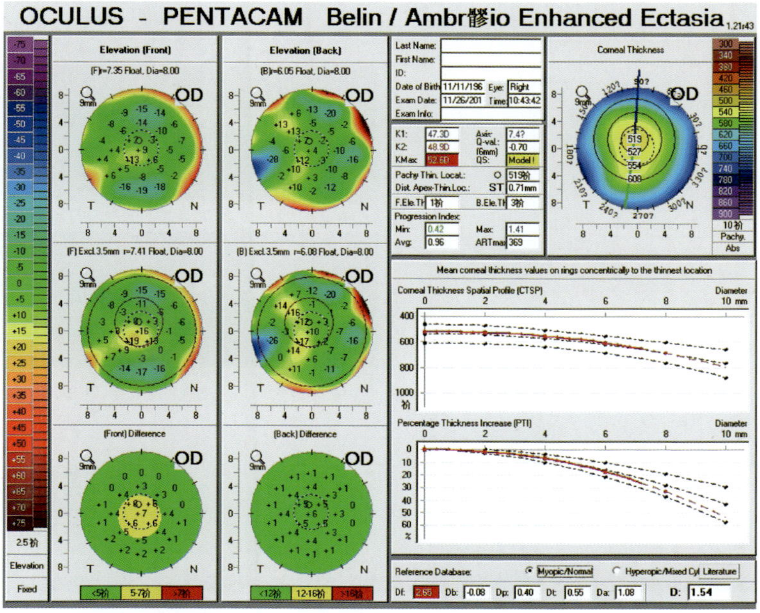

图 7－138　右眼 Belin 六联图

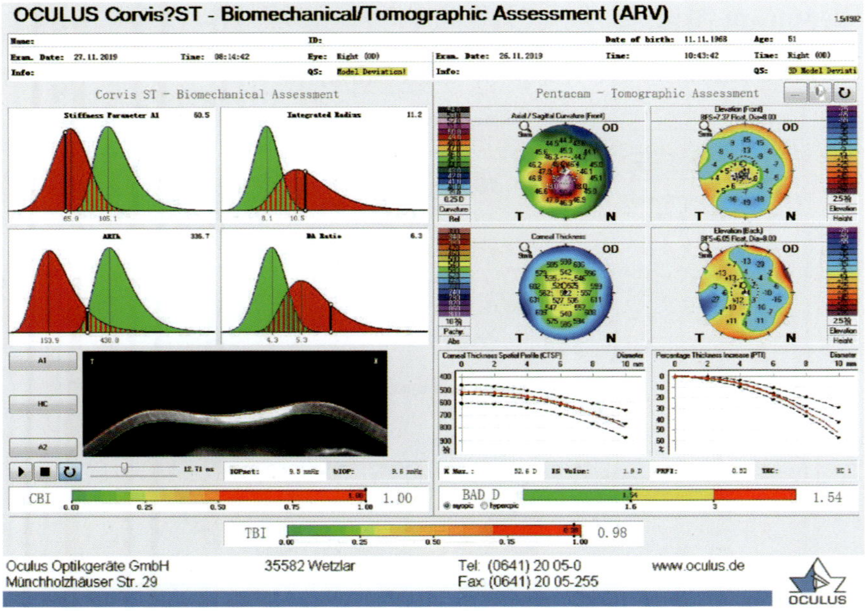

图 7－139　右眼角膜断层形态学联合生物力学评估

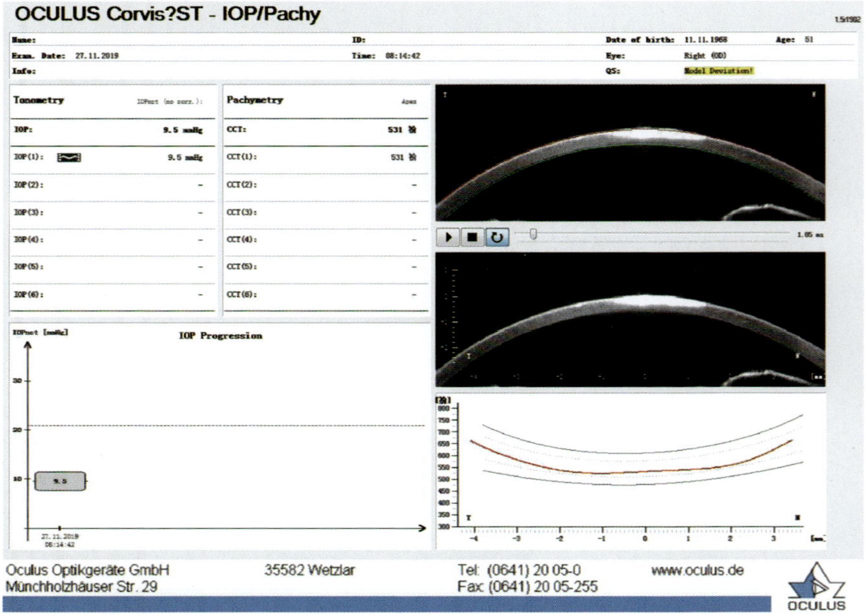

图 7－140　右眼眼压/厚度图

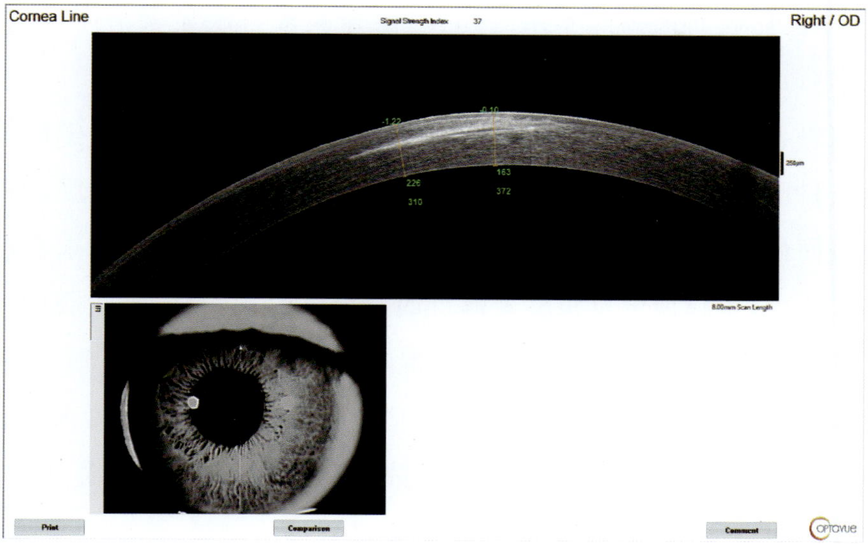

图 7－141　右眼前节 OCT 图

3. 角膜混浊

病例

男性，23 岁，左眼 FS－LASIK 术后 2 年，视力下降 1 周。

【验光】右眼 Plano→1.0；左眼－0.75/－0.25D×85→0.6。术前右眼－3.50D，左眼－2.75D，角膜最薄点右 499μm，左 494μm。

【查体】右眼：结膜无充血，角膜瓣在位，对合好，中央偏下方基质轻混，约 2mm×3mm，余角膜透明，前房深清，晶状体透明，眼底未见明显异常。左眼：结膜稍充血，角膜瓣在位，对合好，中央偏下方基质混浊，约 5mm×5mm，余角膜尚透明，前房深清，晶状体透明，眼底未见明显异常。

右眼屈光四联图为典型角膜激光矫正术后表现（图 7－142），前后表面未见明显异常增高，角膜顶点区未见异常变薄。左眼角膜最薄点 479μm，角膜后表面最高点＋27μm，数值异常增高，位于角膜中央偏上方，与角膜最薄点重合（图 7－143）。角膜前表面最高点＋10μm，位于角膜下方，前后表面最高点不重合，且左眼角膜较右眼显著增厚，不符合激光术后正常厚度，角膜地形图表现不符合圆锥角膜诊断。

该患者为外院考虑左眼激光术后圆锥角膜，转来复旦大学附属眼耳鼻喉科医院要求行角膜交联。患者激光术后视力下降，角膜最薄点与后表面最高点重合，均提示需警惕圆锥角膜。但是地形图未有前后表面最高点，角膜顶点及角膜最薄点四位合一表现，且发现角膜明显增厚，裂隙灯下可以看到明显角膜基质混浊(图 7－144 和图 7－145)，故考虑为角膜基质炎引起的异常角膜地形图改变。该患者予以氟米龙滴眼液及更昔洛韦滴眼液治疗 1 周后，角膜恢复透明，地形图恢复正常(图 7－146 和图 7－147)，裸眼视力提高至 1.2。

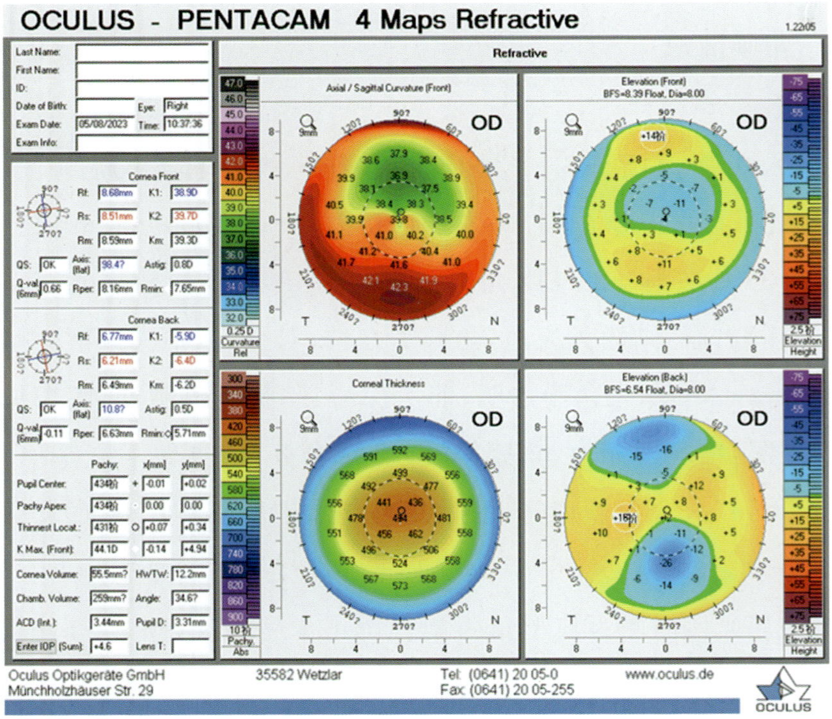

图 7－142　右眼屈光四联图 1

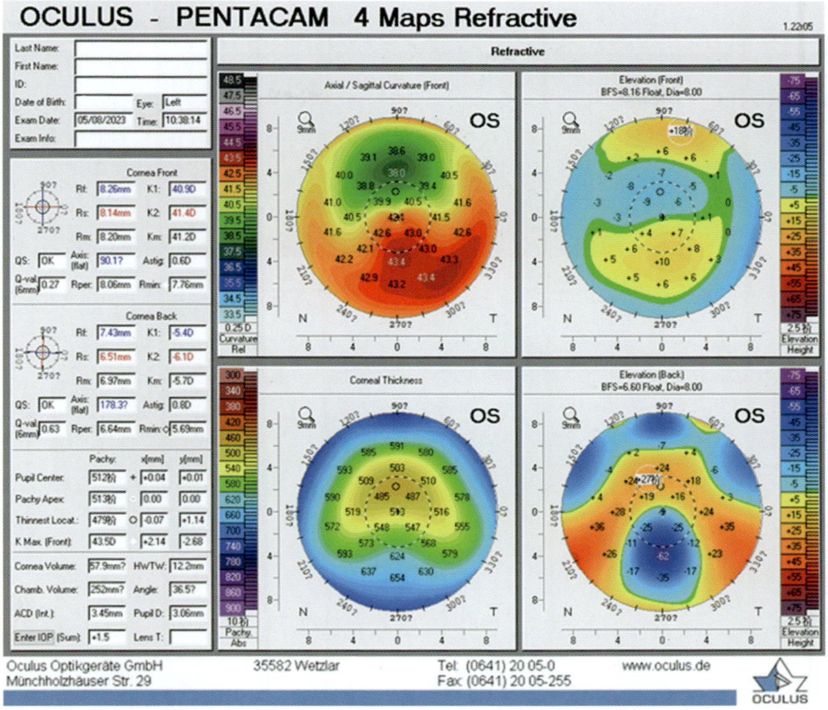

图 7－143　左眼屈光四联图 1

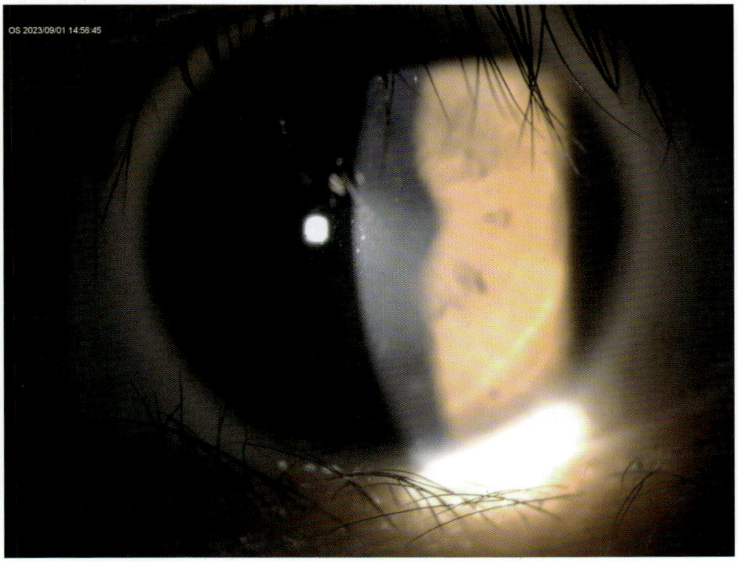

图 7－144　右眼眼前段照相

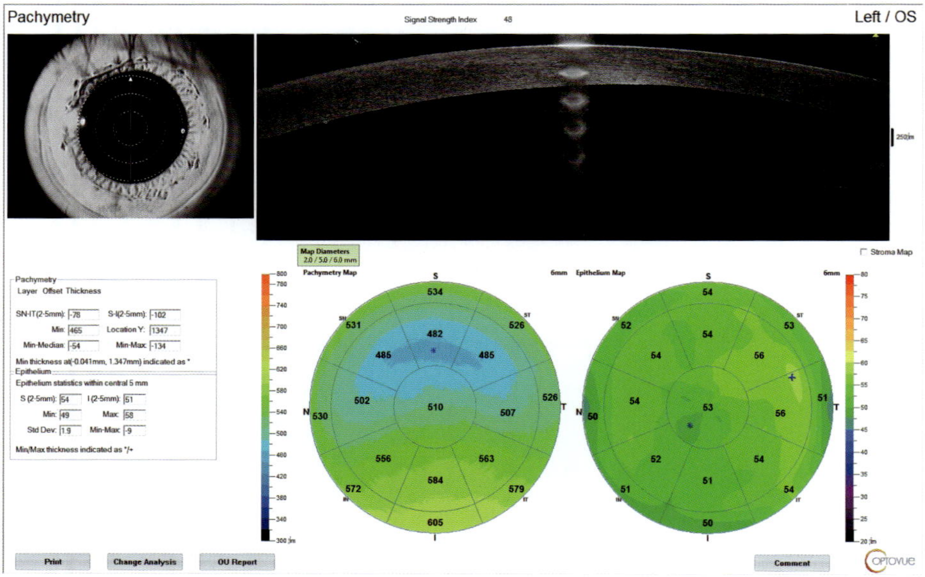

图 7－145　左眼前节 OCT 图

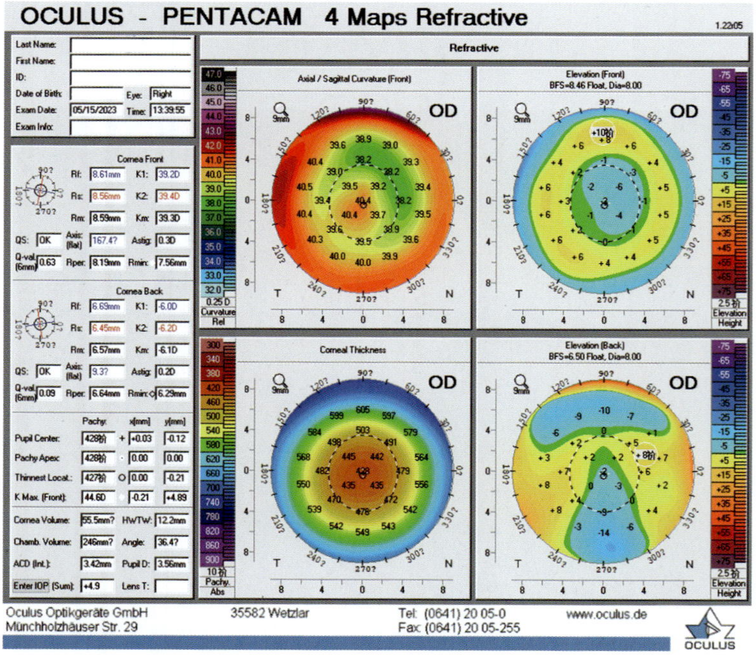

图 7－146　右眼屈光四联图 2

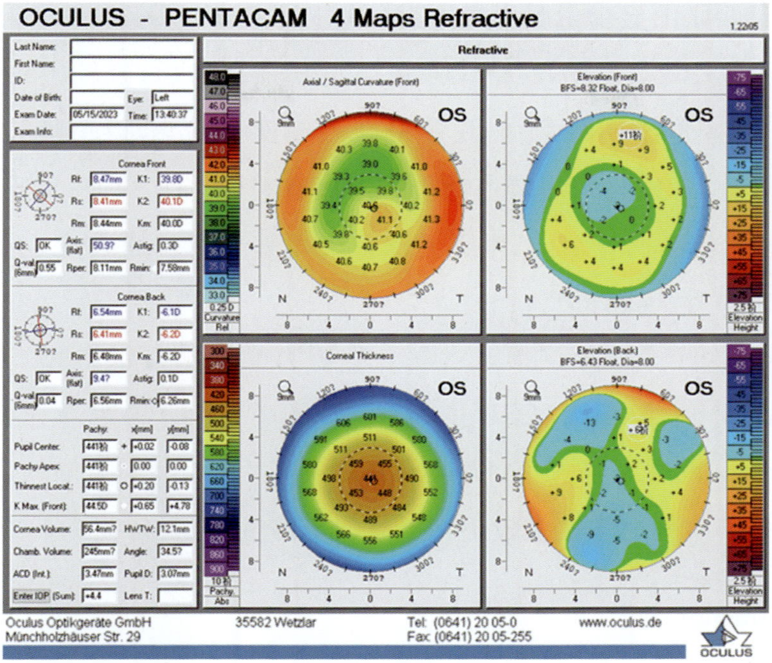

图 7－147　左眼屈光四联图 2

第七节　角膜移植术后

病例

女性，25 岁，双眼视力进行性下降 10 年余。

【验光】右眼：－1.50/－2.0×30→0.3；左眼－2.25/－4.5×100→0.2。

【查体】右眼：结膜无充血，角膜植片在位，8 点缝线在位，前房水清，晶状体透明，眼底未见明显异常。左眼：结膜无充血，角膜前凸，尚透明，前房水清，晶状体透明，眼底未见明显异常。

【个人史】4 年前外院行右眼深板层角膜移植术，左眼 5 个月前行角膜交联术。否认其他眼部疾病及手术史

【家族史】否认圆锥角膜家族史。

右眼四联图显示角膜屈光力 K1 为 41.8D、K2 为 48.1D，最大角膜屈光力为 55.0D（图 7－148）。深板层角膜移植术后，视轴区角膜透明性良好，角膜厚度明显增加，角膜最薄点厚度 591μm，但角膜前表面形态极不规则，考虑与术后移植片边缘瘢痕有关（图 7－149）；角膜后表面最高点＋65μm，明显抬高，考虑与深板层角移保留角膜内皮，不完全去除受体角膜后基质有关。

Corvis ST 角膜断层形态学联合生物力学评估显示右眼 CBI 值为 1.0，BAD D 值为 8.39，TBI 值为 0.86（图 7－150）均明显异常增高，Vinciguerra 筛查报告 SP-AI 值为 88.8（图 7－151），角膜偏软，提示术后右眼角膜生物力学效应较正常仍有明显降低，需密切关注其变化。

Pentacam 图像

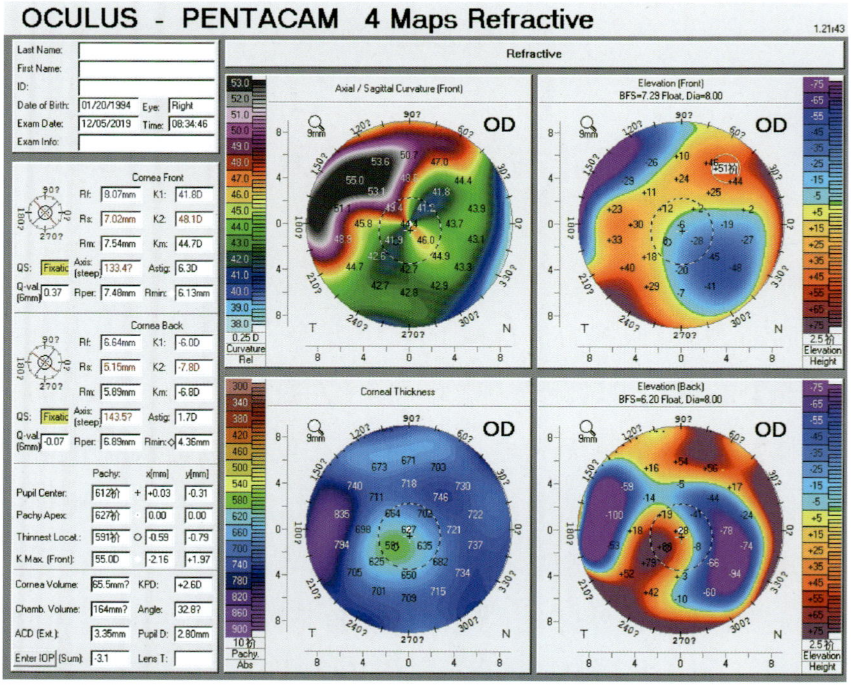

图 7－148　右眼屈光四联图

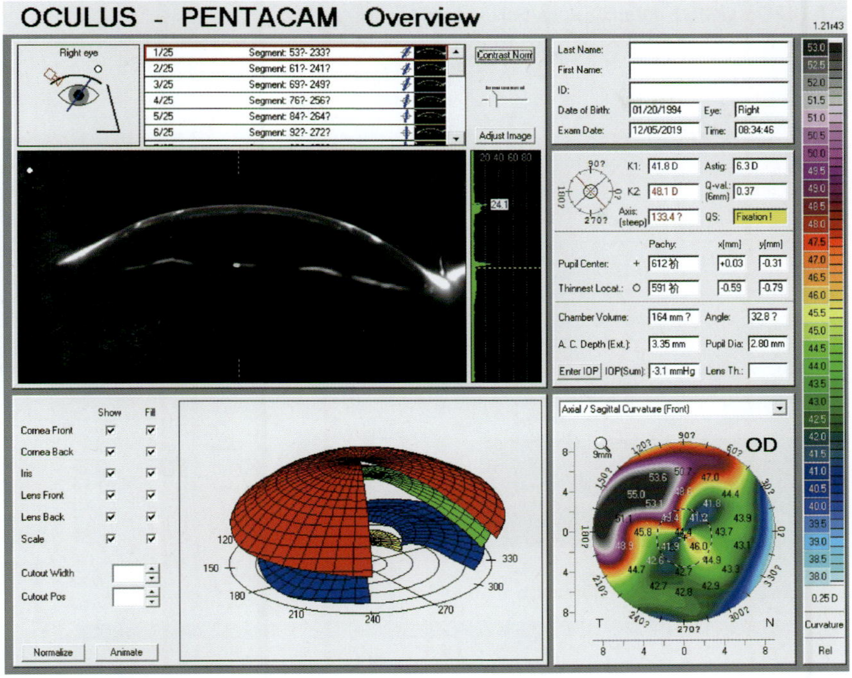

图 7－149 右眼概貌图

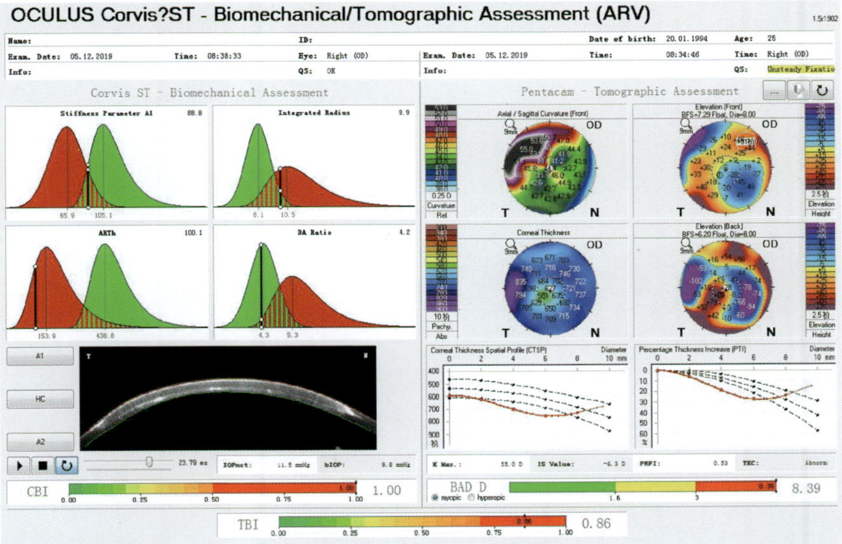

Oculus Optikgeräte GmbH
Münchholzhäuser Str. 29
35582 Wetzlar
Tel: (0641) 20 05-0
Fax: (0641) 20 05-255
www.oculus.de

图 7－150 右眼角膜断层形态学联合生物力学评估

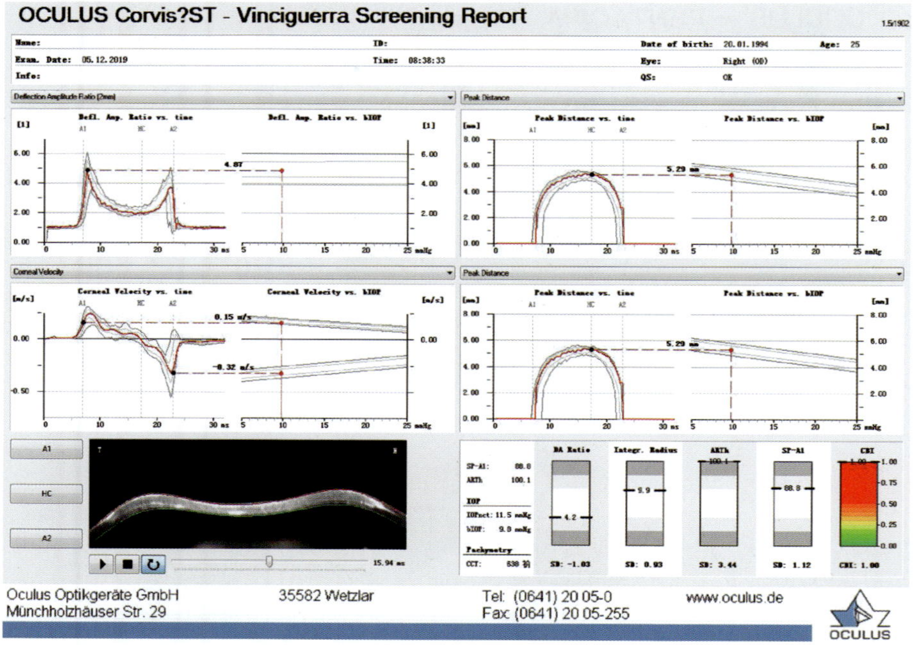

图 7 - 151　右眼 Vinciguerra 筛查报告

致　谢

感谢各位读者对2015年及2020年出版的《圆锥角膜Pentacam图像解析》和《圆锥角膜Pentacam & Corvis ST图像解析》的喜爱，本书在此基础上根据读者建议做出一定修改，并增加了最新角膜生物力学软件包括以中国人数据库为基础的cCBI评价体系等内容，希望对大家的临床工作有所帮助。

Pentacam眼前节全景仪及Corvis ST角膜生物力学测量仪近年来在我国很多屈光手术中心得到应用，已成为屈光手术的常规检查项目和诊断标准之一，为屈光手术保驾护航。感谢仪器的研发团队，感谢德国Oculus公司为本书提供资料和授权。

本书的临床实例图片除来自Oculus的以外，均来自复旦大学附属眼耳鼻喉科医院视光学中心的临床检查，我们在学习、消化和吸收新技术的过程中，应该对临床患者充满感恩之情。

感谢周行涛教授在本书编撰过程中的悉心指导和细致审核，我们将始终以周行涛教授为榜样，不断学习提高自己的临床水平，为广大患者提供更安全优质的治疗。

感谢国家卫健委授予的“周行涛近视小分队”荣誉称号，我们将一如既往全力以赴做好近视防控及矫正工作。

感谢全体编委及团队成员，感谢汪琳、牛凌凌、徐海鹏、石碗如、朴明子、罗秀梅、郑晓红等老师的贡献，感谢施逸红、蔡海蓉、姜琳、丁燕兰、刘鎏、汤静等老师的真诚帮助。

张晓宇　孙　玲

2024 年 1 月于上海